U0182011

典型各向异性粒子对波束的散射

张华永　王明军　著

科学出版社

北　京

内 容 简 介

在不同种类、不同形状各向同性粒子对波束散射特性研究的基础上，进一步探索粒子与波束相互作用特性，开展各向异性粒子对波束散射特性的研究十分必要。本书主要介绍典型各向异性粒子与波束相互作用后的散射特征及其规律，是作者团队近年来研究成果的总结。全书共 6 章，即绪论、各向异性媒质中的场用矢量波函数展开、各向异性粒子对高斯波束的散射、高斯波束经过各向异性圆柱和平板的传输、各向异性粒子对任意波束的散射、任意波束经过各向异性圆柱和平板的传输。为了便于读者学习，书中提供相关的 Matlab 程序。

本书可供电子科学与技术、电子信息工程、电磁与无线技术、光学工程和通信与信息系统专业的高年级本科生、研究生，以及相关领域的工程技术人员阅读和参考。

图书在版编目(CIP)数据

典型各向异性粒子对波束的散射/张华永,王明军著.—北京：科学出版社，2023.1

ISBN 978-7-03-073162-3

Ⅰ.①典… Ⅱ.①张… ②王… Ⅲ.①粒子–电波散射–研究 Ⅳ.①TN011

中国版本图书馆 CIP 数据核字(2022)第 173347 号

责任编辑：宋无汗 郑小羽 / 责任校对：崔向琳
责任印制：赵 博 / 封面设计：陈 敬

科 学 出 版 社 出版

北京东黄城根北街 16 号
邮政编码：100717
http://www.sciencep.com

北京富资园科技发展有限公司印刷
科学出版社发行 各地新华书店经销

*

2023 年 1 月第 一 版 开本：720 × 1000 1/16
2024 年 1 月第二次印刷 印张：12
字数：242 000

定价：120.00 元
(如有印装质量问题，我社负责调换)

前　言

对于复杂系统中随机介质波传播与散射特性的研究，在理论推导和模型建立的过程中，一般假定介质是各向同性的。各向异性介质在外加电场和磁场的作用下，介质的极化强度、磁化强度的方向和外加电场、磁场的方向并不一致，这为在理论推导和数值计算方面开展介质的波传播与散射特性研究带来了很多困难，也具有很强的挑战性。作为随机介质的一种类型，不同几何形状的典型各向异性粒子对波束的散射特性，是波传播研究中的一个重要课题。

本书论述各向异性粒子对波束的散射，如球、椭球和圆柱形粒子。全书共 6 章，第 1 章为绪论，介绍国内外各向异性粒子对波束散射的研究进展，并简要介绍典型各向异性媒质的电磁特性；第 2 章详细推导并给出典型各向异性媒质中的电场和磁场用球矢量和圆柱矢量波函数展开的表达式，为后续讨论粒子对波束的散射提供理论基础；第 3 章介绍 T 矩阵方法应用于各向异性粒子对高斯波束散射的研究；第 4 章讨论高斯波束经过各向异性圆柱和平板的传输特性；第 5、6 章介绍应用投影法分别将第 3、4 章的研究内容推广到任意波束的情况。

本书的有关工作得到国家自然科学基金重大研究计划培育项目 (92052106)、国家自然科学基金项目 (61771385、61271110、60801047)、中国博士后科学基金项目 (20090461308、2014M552468)、陕西省杰出青年科学基金项目 (2020JC-42)、陕西省青年科技新星计划项目 (2011KJXX39)、陕西省自然科学基金项目 (2014JQ8316、2010JQ8016)、安徽省自然科学基金项目 (1408085MF123)、陕西省教育厅科技计划项目 (2010JK897、08JK480) 等的资助，在此一并表示感谢。

本书是作者团队对各向异性粒子与波束相互作用特性研究工作的总结，由于水平和时间有限，书中难免存在不妥之处，欢迎读者不吝指正。

目　　录

第 1 章 绪 论

1.1 背景和意义

自然界中，在大气层、陆地和海洋中都有各种不同形状、不同种类的粒子。长期以来，很多学者专注于研究这些粒子与光或者电磁波相互作用所出现的现象和规律，并将其作为重要的研究课题。粒子与波束相互作用，所揭示的物理现象和规律对人们认识自然界及实际工程应用具有重要意义。例如，晴朗的天空呈现蓝色和雨后出现彩虹的大气光学现象，其本质是大气粒子对光波的散射和吸收。

物质在与电磁波相互作用的过程中，根据物质内部产生的极化强度和磁化强度不同，分为各向同性媒质和各向异性媒质。针对粒子与波束的相互作用，由于各向同性媒质内部的极化强度、磁化强度与外加电场、磁场的方向一致，学者在研究的过程中还是从各向同性粒子对波束的散射开始，其中主要的研究难度在于研究各种不同尺寸、形状、结构、物质成分和分布状态的单个粒子或者团聚粒子群对波束的散射特性。

对于各向异性媒质，因为在外加电场、磁场的过程中，其内部的极化强度与磁化强度和外加电场、磁场的方向不一致，所以在讨论各向异性粒子的散射问题时，在数学模型的建立和数值计算方面都比较复杂。事实上各向异性现象在自然界中广泛存在，许多物质呈现出各向异性的特点。例如，很多晶体就是典型的各向异性媒质，分为单轴各向异性媒质和双轴各向异性媒质。除了自然界存在的天然物质外，还有许多是人工合成的各向异性材料。人工合成的各向异性材料能够影响目标或散射体的雷达散射截面，因此被广泛应用于雷达天线屏蔽器、光纤、雷达吸收器、微波传输线和天线中的基带等诸多方面。在国防关键技术中，各向异性等离子体材料经常应用于目标的隐身技术。

早期研究光波、电磁波与物质的相互作用，都是基于电磁平面波与粒子相互作用的电磁理论，粒子也是由各向同性媒质组成。随着研究的不断深入，波束作为描述电磁波、激光传输的精确物理模型，人们开展了大量的波束与粒子相互作用特性的研究工作，粒子的物质成分也从各向同性媒质变成了各向异性媒质。对各向异性媒质的波束散射特性研究，在理论建模和数值计算上都有开展，但仍面临许多挑战。

随着各向异性材料在生物光学、集成光学、微波工程、毫米波技术、复合材料、遥感和隐身技术等领域中的广泛应用，光波或者电磁波与各向异性媒质间的相互作用引起了越来越多的专家和科研学者的关注，他们不断针对各向异性媒质与光波、电磁波相互作用的复杂物理现象和规律开展研究。

1.2　研　究　进　展

粒子对光波、电磁波散射特性的研究，最早是从平面波与各向同性均匀球形粒子的散射特性开始。各向同性均匀球形粒子对平面电磁波散射的精确解析解于1908 年由 Mie 提出，开启了学者对粒子散射特性的研究。在现代科学研究中，粒子的电磁散射和光散射特性，一直都是重要的研究课题 [1-6]，其揭示的物理现象和物理规律与人们的生活和生产息息相关。经过一个多世纪的研究，人们针对不同粒子对光波、电磁波散射特性的研究提出了很多相应的解决办法 [7-9]，相关研究文献众多。作者在粒子对波束的散射特性方面做了相应的研究工作 [10]，在已有的工作基础上，本书梳理和介绍国内外各向异性粒子的波束散射特性的研究进展，针对性地论述典型各向异性粒子的波束散射特性。

基于粒子对平面波和波束散射特性，很多学者开展了对各向异性粒子的波束散射问题的研究，早在 1984 年，Graglia 等 [11] 从频域的角度采用体积分方法研究了任意三维、有耗、均匀的各向异性散射体的散射。1986 年，Monzon 等 [12] 为了处理各向异性柱体的二维散射问题，提出了基于平面波场表示的积分方程。Wu 等 [13] 应用变分理论讨论了平面波斜入射到非均匀各向异性圆柱上时的散射问题，并提出了轴向上的电磁场分量 (E_z, H_z) 的表达式。1989 年，Graglia 等 [14] 提出了一种计算任意形状三维非均匀各向异性物体散射的新方法。该方法基于散射问题的一般体积分形式，由矩量法和点匹配法对耦合积分方程进行数值求解，并给出了各向同性和各向异性球形散射体的数值结果。Varadan 等 [15] 用耦合偶极子近似方法计算了单轴各向异性目标的散射特性。Monzon [16] 推导了各向异性球的电磁散射的级数解，其中各向异性介质的参数为旋转对称的。1990 年，Papadakis 等 [17] 用积分方程法研究了各向异性椭圆体对平面波的电磁散射，并且给出了几组单轴各向异性介质球的数值计算结果。Beker 等 [18] 运用边界积分方程法计算了有各向异性涂层的圆柱和方柱的雷达散射截面。1995 年，Borghese 等 [19] 基于镜像法、场的球多极展开和转换法，研究了任意方向入射时理想反射面上典型各向异性粒子的散射。1997 年，Wu 等 [20] 从圆柱矢量波函数出发导出了均匀各向异性介质中电磁场的闭合表达式，并给出了任意线极化平面波斜入射时，无限长均匀各向异性圆柱散射问题的解析解。2000 年，Malyaskin 等 [21] 采用积分微分方程法研究了各向异性环境中各向异性椭球对平面波的电磁散射问题。2004 年，耿友林等用球矢量波函数展开形式，得到了单轴各向异性球 [22] 和铁氧体球 [23] 对平面波电磁散射问题的解析解，并进一步推广到两层和多层同心各向异性等离子体球的电磁散射问题 [24,25]。Tarento 等 [26] 用微扰法研究了各向异性磁球体在光波段的散射特性。

2006 年，Stout 等 [27,28] 利用矢量球谐函数展开方法给出了单个任意形状各向异性介质目标的电磁散射的解析解。2007 年，Qiu 等 [29] 采用特征函数展开法研究了单轴各向异性介质球对平面波的散射，并详细分析了电、磁的各向异性率和尺寸参数对雷达散射截面的影响。同年，Qiu 等 [30] 采用修正的矢量波函数和并矢格林函数推导了径向多层单轴各向异性球对平面波的散射，同时也分析了各向异性率和尺寸参数对雷达散射截面的影响。2008 年，Mao 等 [31] 给出了各向异性椭圆柱体在 TE 波入射下二维散射特性的精确解。彭勇 [32] 利用 Fourier 变换、各向同性球矢量波函数展开的本征矢量和平面波因子乘积的解析表达式，对高斯波束与单轴各向异性介质球的相互作用的解析解开展了理论研究，给出了雷达散射截面 (radar cross section, RCS) 空间分布的数值结果。2009 年，Wu 等 [33] 研究了单轴各向异性球对在轴高斯光束的散射，将在轴高斯光束用球矢量波函数展开，应用局部近似法得到高斯光束形状系数，并通过 Fourier 变换将单轴各向异性球的内部场表示为球矢量波函数的积分，最后利用电磁场边界条件导出了散射系数的解析表达式。同年，Mao 等 [34] 应用 Mathieu 函数给出了一种求解均匀各向异性无限长椭圆柱散射问题的解析方法。光学定理将介质粒子前向散射的幅度与消光截面联系在一起，Degiorgio 等 [35] 将光学定理扩展到了各向异性散射体的情况，研究结果对前向动态退偏光散射实验的设计和解释具有一定的参考价值。

2010 年，李应乐等 [36] 基于电磁场的多尺度理论，研究了各向异性介质球内、外电场的规律，导出了各向异性目标散射场的表达式，得到了各向异性介质目标散射振幅、散射截面等的解析表达式。其结果可为各向异性目标监测、各向异性光散射研究等提供理论支持。Li 等 [37] 基于电磁波的尺度理论给出了各向异性介质球内电场的解析表达式，并且研究了各向异性球形目标的微分散射截面。研究结果表明，在瑞利散射条件下，各向异性球的散射具有偶极辐射特性，介电常数越大，偶极辐射越强，磁各向异性只对微分 RCS 有影响，这些结果为各向异性目标的识别提供了理论依据。李应乐等 [38] 基于电磁场的多尺度变换理论，重整各向异性介质椭球的电磁参数和形体参数，得出了各向异性介质椭球内电场的解析表达式。2011 年，李应乐等 [39] 基于通用的矢量电位和标量电位与介电常数张量无关的原理，由激发的电偶极子与位函数的关系得到了任意各向异性目标散射场的表达式，以及通用的介电常数张量的变换关系，给出了介电常数张量在球坐标系中的表达式，并得到了各向异性圆锥体一级散射场的解析表达式，为研究形状更为复杂的各向异性目标、纳米粒子等的光散射提供了理论基础。Li 等 [40] 基于广义多粒子 Mie 理论和 Fourier 变换方法研究了两个具有平行主光轴的均匀单轴各向异性球的电磁散射，以及团簇单轴各向异性粒子对平面波的散射，进一步利用单轴各向异性球的电磁散射理论，推导出了离轴入射高斯光束对单轴各向异性球的辐射力的解析表达式。李应乐等 [41] 基于电磁场的多尺度变换理论，研究了各向异性介质椭球的电场分布，得到了各向异性椭球目标的散射截面。同年，李应乐等[42]也开展了基于多尺度理论的电各向异性介质椭球内电场研究。2012年，李应乐等[43]将均匀各向异性介质重构为电学上的无耗各向同性介质，得到了重构目标的散射截面，进而得到了主坐标系中无耗各向异性介质球的散射截面，将介质退化到各向同性介质时，各向同性介质球的散射截面与Mie理论完全一致，验证了所得结果的正确性，为复杂形体各向异性介质目标的散射评判提供了理论基础。

2013年，Zhang等[44]在广义洛伦兹–米氏理论 (generalized Lorentz Mie theory, GLMT) 的框架下，通过将入射高斯光束、散射场和内部场用适当的圆柱矢量波函数展开，并结合电磁场边界条件，研究了单轴各向异性圆柱对高斯光束的散射特性。Li等[45]基于广义洛伦兹–米氏理论和广义多粒子Mie理论，研究了两个具有平行主光轴的均匀单轴各向异性球对高斯光束的散射，详细分析了束腰宽度、光束中心位置和球间距对双球散射特性的影响。2014年，Chen等[46]基于扩展边界条件法给出了任意形状单轴各向异性物体对在轴高斯光束散射的半解析解。2015年，Wang等[47]给出了任意介电常数张量的各向异性粒子电磁散射的一般T矩阵解。他们利用Fourier逆变换，得到了一般各向异性介质中的电磁场用准球矢量波函数展开的表达式，构造出了T矩阵，并讨论了回旋各向异性介质、双轴各向异性介质和单轴各向异性介质的情况。2015年，Li等[48]基于广义多粒子Mie理论和Fourier变换方法，研究了零阶贝塞尔光束 (zero order Bessel beam, ZOBB) 照射下两个具有平行主光轴的均匀单轴各向异性球的光散射，并进一步推广到团簇单轴各向异性球的情况[49]，同时研究了入射角、伪极化角、半锥角、光束中心位置和介电常数张量对几种团簇单轴各向异性球RCS的影响。2015年，Qu等[50]研究了高阶贝塞尔光束 (high order Bessel beam, HOBB) 照射下等离子体各向异性球电磁散射的解析理论。2015年，Wang等[51]结合T矩阵方法和GLMT详细讨论了求解各向异性粒子在任意形状光束照射下的散射问题。2016年，Qu等[52]基于复点源法和坐标旋转理论导出了任意入射厄米–高斯 (Hermite Gauss, HG) 光束的球矢量波函数展开式，并研究了各向异性球对厄米–高斯光束的散射。Li等[53]进一步将其推广到了旋转单轴各向异性椭球的情况。2017年，李瑾等[54]基于各向同性空间的格林函数和电磁场的多尺度理论，将各向异性介质空间进行各向同性化处理，得到了各向异性介质中的格林函数。Chen等[55]基于电磁场的球矢量波函数展开和投影法，提出了一种计算各向异性粒子对任意形状波束散射的半解析方法，并基于此研究了单轴和回旋各向异性球对任意形状光束的散射。

2018年，Qu等[56]在广义多粒子Mie理论的框架下，研究了两个相互作用的均匀单轴各向异性球对拉盖尔–高斯 (Laguerre Gauss, LG) 涡旋光束的散射，给出了LG涡旋光束照射$LiNbO_3$、TiO_2各向异性双球的远场分布，分析了各向异性参数、球体位置、分离距离和拓扑荷等因素对远场的影响。2019 年, Chen 等 [57] 基于电磁场的球矢量波函数展开、矩量法和谢昆诺夫等效原理, 给出了一种计算含核单轴各向异性粒子对任意形状电磁波束散射的方法。2019 年, Kaburcuk 等 [58] 运用时域有限差分 (finite difference time domain, FDTD) 法研究了各向异性粒子的光散射, 数值结果表明对于单轴和双轴各向异性粒子, 光轴的不同旋转角度对散射光的性质有显著影响。

综上所述, 有关各向异性粒子与有形波束相互作用的研究理论有很多, 包括解析和半解析方法、射线方法和数值方法等, 研究成果为人们认识各向异性粒子的电磁和光学特性, 以及这些特性在诸多领域的应用打下了理论基础。本书结合作者多年的研究工作, 阐释常见各向异性 (单轴、双轴、回旋各向异性和单轴各向异性手征) 粒子对电磁波束的散射, 以及电磁波束经过常见各向异性圆柱和平板的传播特性。所采用的研究方法为解析和半解析方法, 不但给出了理论上的详细推导, 还提供了一些典型散射和传播问题的 Matlab 程序和数值结果。本书中的方法和结果可以为其他研究方法提供一个比较的标准, 也可以在此基础上进一步探索更多各向异性粒子的电磁特性及其应用。

1.3 典型各向异性媒质简介

在自然界中, 电磁媒质的宏观电磁特性可通过物质的本构方程来描述:

$$\boldsymbol{D} = \bar{\varepsilon} \cdot \boldsymbol{E} + \bar{\zeta} \cdot \boldsymbol{H}$$

$$\boldsymbol{B} = \bar{\xi} \cdot \boldsymbol{E} + \bar{\mu} \cdot \boldsymbol{H}$$

其中, $\boldsymbol{D}$ 为电位移矢量 (C/m^2); $\boldsymbol{E}$ 为电场强度 (V/m); $\boldsymbol{B}$ 为磁感应强度 (Wb/m); $\boldsymbol{H}$ 为磁场强度 (A/m); $\bar{\varepsilon}$、$\bar{\mu}$、$\bar{\zeta}$ 和 $\bar{\xi}$ 为三维张量, 均包含 9 个分量 (一般为复数), 它们代表介质在各个方向上的本构参数, 表征介质在三维空间各个方向上的电磁特性, 在直角坐标系 $Oxyz$ 中以 $\bar{\varepsilon}$ 为例表示如下:

$$\bar{\varepsilon} = \begin{pmatrix} \varepsilon_{xx} & \varepsilon_{xy} & \varepsilon_{xz} \\ \varepsilon_{yx} & \varepsilon_{yy} & \varepsilon_{yz} \\ \varepsilon_{zx} & \varepsilon_{zy} & \varepsilon_{zz} \end{pmatrix}$$

以上四个张量不恒等于零时, 这种物质被称为双各向异性媒质 (bianisotropic media)。从本构关系可以看出, 双各向异性媒质在电场的作用下既发生极化又发生磁化; 同样在磁场的作用下既发生磁化又发生极化。若以上四个张量都为标量, 则物质是双各向同性的, 又称手征媒质 (chiral media), 仍然具有磁电耦合性。一般地, 介电常数张量 $\bar{\varepsilon}$ 和磁导率张量 $\bar{\mu}$ 是描述媒质电磁特性最基本的两个物理量, 常依据它们对各向异性媒质进行分类。

1.3.1　单轴各向异性媒质

介电常数张量 ε 的非对角线分量为零时，对角线分量 $\varepsilon_{xx} = \varepsilon_{yy} = \varepsilon_t$，$\varepsilon_{zz} = \varepsilon_z$ 的媒质称为单轴各向异性媒质，此时直角坐标系 $Oxyz$ 的 z 轴与单轴各向异性媒质的光轴方向重合。当 $\varepsilon_z > \varepsilon_t$ 时，媒质称为正单轴媒质；当 $\varepsilon_z < \varepsilon_t$ 时，媒质称为负单轴媒质。

电磁波在单轴各向异性媒质中传播具有以下主要性质 [59,60]：

(1) 在单轴各向异性媒质内存在两个特征波，称为 o 波 (寻常波) 和 e 波 (非常波)，它们都是线极化波，但 E 极化的方向不同。

(2) o 波和 e 波具有不同的波矢 k，o 波 E 的极化方向垂直于其波矢 k 和光轴确定的平面，e 波 E 的极化方向在其波矢 k 和光轴确定的平面内。

(3) 一般情况下，o 波坡印亭矢量的方向与其波矢 k 的方向一致，e 波则不一致。

(4) 当电磁波沿光轴方向传播时，o 波和 e 波具有相同的波矢 k。

(5) 当 ε_z 为复数且虚部较大时，电磁波通过这样的单轴各向异性介质片以后，e 波被极大地衰减，而 o 波分量则不衰减，根据此现象可制造偏光片。

(6) o 波和 e 波两个线极化特征波以不同相速传播。因此，如果适当选取单轴各向异性媒质的厚度和光轴取向，则从单轴各向异性媒质透射出去的波可以是任意极化波 (线极化波、圆极化波或椭圆极化波)。

1.3.2　双轴各向异性媒质

对于双轴各向异性媒质，介电常数张量 ε 的非对角线分量为零，且对角线分量 $\varepsilon_{xx} \neq \varepsilon_{yy} \neq \varepsilon_{zz}$。很多电磁超材料可以被看作双轴各向异性介质，往往其磁导率张量也是双轴各向异性的。

针对双轴各向异性媒质，已经有很多学者进行了研究。2001 年，Lindell 等 [61] 发现当双轴各向异性媒质的本构张量中出现负元素时可能会发生负折射，不一定严格要求本构张量的每个元素都为负。2007 年，Luo 等 [62] 总结了双轴各向异性媒质的特征波及其色散关系的 k 面 (波矢面)，着重讨论了 k 面为单边双曲线形式的双轴各向异性媒质的特性。同年，姜永远等 [63] 总结了双轴各向异性媒质中表面波的传播特性，理论推导了表面波的存在条件。随后，程响响 [64] 从更广义的角度给出了电磁波在双轴各向异性媒质中发生负折射的条件。2010 年，张慧玲等 [65] 研究了电磁波在左手双轴各向异性媒质表面处发生的异常反射与折射现象。2017 年，Jalal 等 [66] 从光学原理出发，研究了双轴各向异性媒质中的双折射现象，在此基础上，通过实验观察总结了光波在双轴各向异性媒质中的衍射现象，为基于双轴各向异性媒质的成像器件的制造提供了理论基础。

随着对双轴各向异性媒质，特别是对双轴各向异性电磁超材料相关研究的不断深入，其各种潜在应用引起了诸多研究者的兴趣，同时也取得了很多令人振奋的研究成果。理论上，通过不同的微单元的结构设计，可以实现利用双轴各向异性媒质各方向上任意大小的介电常数与磁导率，以控制电磁波的传播，从而实现一些自然界物质中所没有的电磁性质。利用这些性质来设计和制造众多新型电磁器件，如吸波器、次波长谐振器、分波器、隐身材料等。

1.3.3　回旋各向异性媒质

回旋各向异性媒质的一个典型例子是外加稳恒磁场的各向异性等离子体，设外加磁场方向为直角坐标系 $Oxyz$ 的正 z 轴，则介电常数张量 $\bar{\varepsilon}$ 满足 $\varepsilon_{xx} = \varepsilon_{yy} = \varepsilon_1$，$\varepsilon_{zz} = \varepsilon_3$，$\varepsilon_{xy} = -\varepsilon_{yx} = \mathrm{i}\varepsilon_2$。

电磁波在回旋各向异性媒质中传播具有以下主要性质[67-69]：

(1) 回旋各向异性媒质中存在两个特征波，一般情况下均为椭圆极化波。

(2) 若入射波方向沿 z 轴方向，则两个特征波退化为左旋圆极化波和右旋圆极化波，且具有不同的相速度。由此出发可解释 Faraday 旋转现象，即电磁波经过回旋各向异性媒质时，线极化场矢量会发生旋转现象，可解释如下。

图 1.3.1 为一个回旋各向异性平板，z 轴垂直于平板面，$z = 0$ 和 $z = d$ 是平板与自由空间的分界面，则平板的厚度为 d。

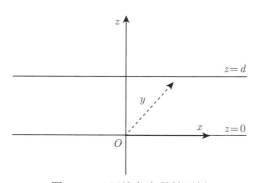

图 1.3.1　回旋各向异性平板

当有线极化波 $\hat{x}E_0$（E_0 为幅值）入射到平面 $z = 0$，从平面 $z = d$ 出射时仍为线极化波，但是极化方向发生了旋转，旋转角度为 $-\dfrac{k_1 - k_2}{2}d$，其中 $k_{1,2} = \omega\mu\sqrt{\varepsilon_1 \pm \varepsilon_2}$（$\omega$ 为电磁波的角频率，μ 为回旋各向异性媒质的磁导率）。

波传播的方向垂直于 z 轴时，两种特征波都变成线极化波，这种双折射现象被称为 Cotton-Mouton 效应[70]。

1.3.4　单轴各向异性手征媒质

手征媒质是均匀分布和随机取向的等效手征物质所组成的宏观连续媒质。手征物体是用平移和旋转方法都不可能与它的镜像重合的三维体。这种类型的物体具有手征特性，不是左手特性就是右手特性。通常把无手征特性的物体称为非手征媒质[71]。因此，所有的物体要么是手征性的，要么是非手征性的。有些天然手征性物体是彼此同类的两种变形体，它们是手征性物体和它的镜像物体，称这些同类的物体彼此为对应结构体。如果手征性物体是左手特性，它的对应结构体就有右手特性，反之亦然。手征性物体的一种简单样品是金属丝螺旋线，另一种简单样品是不规则的四面体[72]。

当线性极化波入射到手征媒质片上时，在媒质中生成两个波：一个是左旋圆极化波，另一个是右旋圆极化波，它们有不同的相速。这两个波传播出手征媒质片后，经过合成后成为一个线性极化波。它的极化平面相对于入射波的极化面产生了旋转，旋转角的大小取决于在媒质中传播的距离。这意味着旋光性不是存在于手征媒质片的表面而是存在于整个媒质[73]。

单轴各向异性手征媒质既有单轴各向异性，又在某一特定方向表现出手征性。单轴各向异性手征媒质很容易由人工制造，如在微波频段，如图 1.3.2 所示，在通常的右手媒质中嵌放金属弹簧，且弹簧的轴向为沿 z 轴的方向，则宏观上该结构在 z 轴方向上既表现出单轴各向异性，又有手征特性。

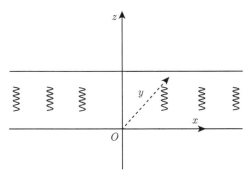

图 1.3.2　单轴各向异性手征结构

单轴各向异性手征媒质的本构关系存在电场和磁场之间的耦合，耦合的强弱对电磁波在其中的传播有很大的影响。在单轴各向异性手征媒质中仍然存在两个特征波，且随着各向异性和手征参数的变化，两个特征波或者表现出通常的右手特性，或者左手特性实现负折射，或者消失，或者衰减掉。值得注意的是，在单轴各向异性手征媒质中两个特征波的波矢方向和坡印亭矢量方向一般并不重合。

单轴各向异性手征媒质具有很多有趣的电磁特性，在设计微波和光学器件，如偏振器和分束器等方面有重要的应用价值。

本章对常见的各向异性媒质 (单轴和双轴各向异性媒质、回旋各向异性媒质和单轴各向异性手征媒质) 进行了简单介绍，包括物质本构关系的特点和在其中传播的特征波的主要特性。这些各向异性媒质内的场分布，以及电磁波，特别是波束在其中的传播特性将在后面的章节中进行详细的阐述。

第 2 章 各向异性媒质中的场用矢量波函数展开

本章首先阐释矢量波函数的概念，并给出常用的球矢量波函数和圆柱矢量函数。其次详细推导并给出常见各向异性媒质中的场用球矢量波函数和圆柱矢量波函数展开的表达式，包括单轴、回旋各向异性媒质，以及单轴各向异性手征媒质。

2.1 矢量波函数

2.1.1 矢量波函数的一般理论

在无源、均匀、各向同性媒质中，对于时谐电磁波 (时谐因子为 $\mathrm{e}^{-\mathrm{i}\omega t}$，$\omega$ 为角频率)，其电场强度 $\boldsymbol{E}$ 和磁场强度 $\boldsymbol{H}$ 满足相同的矢量微分方程：

$$\nabla^2 \boldsymbol{E} + k^2 \boldsymbol{E} = 0 \tag{2.1.1}$$

$$\nabla^2 \boldsymbol{H} + k^2 \boldsymbol{H} = 0 \tag{2.1.2}$$

其中，$k^2 = \omega^2 \mu\varepsilon + \mathrm{i}\sigma\mu\omega$，参数 ε、μ 和 σ 分别为媒质的介电常数、磁导率和电导率；或 $k = \dfrac{2\pi}{\lambda_0}\tilde{n}$，$\lambda_0$ 为电磁波在自由空间的波长，$\tilde{n}$ 为媒质相对于自由空间的折射率。

电场强度 $\boldsymbol{E}$ 和磁场强度 $\boldsymbol{H}$ 有如下关系式：

$$\begin{cases} \boldsymbol{E} = \dfrac{\mathrm{i}\omega\mu}{k^2} \nabla \times \boldsymbol{H} \\[2mm] \boldsymbol{H} = \dfrac{1}{\mathrm{i}\omega\mu} \nabla \times \boldsymbol{E} \end{cases} \tag{2.1.3}$$

为求解方程 (2.1.1)，Stratton 引入了标量函数 ψ 和任一常矢量 $\boldsymbol{a}$ (在球坐标系中为位置矢量 $\boldsymbol{R}$)，构造出了满足式 (2.1.1) 的三个矢量波函数：

$$\begin{cases} \boldsymbol{L} = \nabla\psi \\ \boldsymbol{M} = \nabla \times (\boldsymbol{a}\psi) \\ \boldsymbol{N} = (1/k)\nabla \times \boldsymbol{M} \end{cases} \tag{2.1.4}$$

其中，ψ 满足相应的标量微分方程：

$$\nabla^2\psi + k^2\psi = 0 \tag{2.1.5}$$

由式 (2.1.4) 可得出矢量波函数有如下关系:

$$\boldsymbol{M} = \boldsymbol{L} \times \boldsymbol{a} = \frac{1}{k} \nabla \times \boldsymbol{N} \tag{2.1.6}$$

从式 (2.1.4) 和式 (2.1.6) 可知对于矢量波函数 $\boldsymbol{M}$ 和 $\boldsymbol{N}$,每一个都与另一个的旋度成正比。结合式 (2.1.3),可看出它们非常适合用来表示电场强度 $\boldsymbol{E}$ 和磁场强度 $\boldsymbol{H}$。要指出的是,矢量波函数 $\boldsymbol{L}$ 的旋度为零,$\boldsymbol{M}$ 和 $\boldsymbol{N}$ 的散度为零。

与式 (2.1.5) 的每个特征解 ψ_n 相对应的有三个矢量波函数 $\boldsymbol{L}_n$、$\boldsymbol{M}_n$ 和 $\boldsymbol{N}_n$,它们彼此线性无关,并且在一些常用正交坐标系中存在正交关系,构成了一个完备的正交系。因此满足矢量微分方程 (2.1.1) 的解,以及后面章节中各向异性媒质中的电磁场均可用 $\boldsymbol{L}_n$、$\boldsymbol{M}_n$ 和 $\boldsymbol{N}_n$ 的线性叠加来表示。

2.1.2 球矢量波函数

在与直角坐标系 $Oxyz$ 对应的球坐标系 (R, θ, ϕ) 中,式 (2.1.5) 可写为

$$\frac{1}{R^2} \frac{\partial}{\partial R} \left(R^2 \frac{\partial \psi}{\partial R} \right) + \frac{1}{R^2 \sin \theta} \frac{\partial}{\partial \theta} \left(\sin \theta \frac{\partial \psi}{\partial \theta} \right) + \frac{1}{R^2 \sin^2 \theta} \frac{\partial^2 \psi}{\partial \phi^2} + k^2 \psi = 0 \tag{2.1.7}$$

采用分离变量法求解式 (2.1.7),可得到本征解或特征解为

$$\psi_{emn} = z_n(kR) P_n^m(\cos \theta) \cos m\phi \tag{2.1.8}$$

$$\psi_{omn} = z_n(kR) P_n^m(\cos \theta) \sin m\phi \tag{2.1.9}$$

其中,下标 o、e 为含 ϕ 函数的奇偶性;$z_n(kR)$ 为第一类至第四类球贝塞尔函数 $j_n(kR)$、$y_n(kR)$、$h_n^{(1)}(kR)$、$h_n^{(2)}(kR)$ 中的一类;$P_n^m(\cos \theta)$ 为第一类连带勒让德函数,本书采用如下的定义式:

$$P_n^m(x) = \frac{(1 - x^2)^{\frac{m}{2}}}{2^n n!} \frac{\mathrm{d}^{n+m}}{\mathrm{d}x^{n+m}} (x^2 - 1)^n,$$

且有关系 $P_n^{-m}(x) = (-1)^m \frac{(n-m)!}{(n+m)!} P_n^m(x)$。

把式 (2.1.8) 和式 (2.1.9) 代入式 (2.1.4) 可得球矢量波函数 $\boldsymbol{L}_{\underset{o}{e} mn}^{(j)}$、$\boldsymbol{M}_{\underset{o}{e} mn}^{(j)}$ 和 $\boldsymbol{N}_{\underset{o}{e} mn}^{(j)}$ 的具体表达式,在后面章节中将采用如下形式的球矢量波函数:

$$\boldsymbol{L}_{mn}^{(j)} = \boldsymbol{L}_{emn}^{(j)} + \mathrm{i}\boldsymbol{L}_{omn}^{(j)} = k \frac{\mathrm{d}z_n(kR)}{\mathrm{d}(kR)} P_n^m(\cos \theta) \mathrm{e}^{\mathrm{i}m\phi} \hat{R}$$
$$+ k \frac{1}{kR} z_n(kR) [\tau_{mn}(\theta) \mathrm{e}^{\mathrm{i}m\phi} \hat{\theta} + \mathrm{i}\pi_{mn}(\theta) \mathrm{e}^{\mathrm{i}m\phi} \hat{\phi}] \tag{2.1.10}$$

$$\boldsymbol{M}_{mn}^{(j)} = \boldsymbol{M}_{emn}^{(j)} + \mathrm{i}\boldsymbol{M}_{omn}^{(j)} \tag{2.1.11}$$

$$= z_n(kR)\mathrm{i}\pi_{mn}(\theta)\mathrm{e}^{\mathrm{i}m\phi}\hat{\theta} - z_n(kR)\tau_{mn}(\theta)\mathrm{e}^{\mathrm{i}m\phi}\hat{\phi}$$

$$\boldsymbol{N}_{mn}^{(j)} = \boldsymbol{N}_{emn}^{(j)} + \mathrm{i}\boldsymbol{N}_{omn}^{(j)} = n(n+1)\frac{z_n(kR)}{kR}P_n^m(\cos\theta)\mathrm{e}^{\mathrm{i}m\phi}\hat{R} \tag{2.1.12}$$

$$+ \frac{1}{kR}\frac{\mathrm{d}}{\mathrm{d}(kR)}[kRz_n(kR)][\tau_{mn}(\theta)\mathrm{e}^{\mathrm{i}m\phi}\hat{\theta} + \mathrm{i}\pi_{mn}(\theta)\mathrm{e}^{\mathrm{i}m\phi}\hat{\phi}]$$

其中，$\pi_{mn}(\theta) = m\dfrac{P_n^m(\cos\theta)}{\sin\theta}$；$\tau_{mn}(\theta) = \dfrac{\mathrm{d}P_n^m(\cos\theta)}{\mathrm{d}\theta}$；上标 $j = 1$、2、3、4 时分别表示球矢量波函数中 $z_n(kR)$ 分别取第一至四类球贝塞尔函数；$\hat{R}$、$\hat{\theta}$ 和 $\hat{\phi}$ 分别为球坐标系中沿球坐标 R、θ 和 ϕ 方向的单位矢量。

已知第一类连带勒让德函数 $P_n^m(\cos\theta)$ 和第一类球贝塞尔函数 $j_n(kR)$ 有如下性质：

$$\int_0^\pi P_n^m(\cos\theta)P_{n'}^{-m}(\cos\theta)\sin\theta\mathrm{d}\theta = \begin{cases} 0, & n \neq n' \\ (-1)^m\dfrac{2}{2n+1}, & n = n' \end{cases} \tag{2.1.13}$$

$$\int_0^\pi \left[\frac{\mathrm{d}P_n^m(\cos\theta)}{\mathrm{d}\theta} - \frac{\mathrm{d}P_{n'}^{-m}(\cos\theta)}{\mathrm{d}\theta} + m^2 \cdot \frac{P_n^m(\cos\theta)}{\sin\theta}\frac{P_{n'}^{-m}(\cos\theta)}{\sin\theta}\right]\sin\theta\mathrm{d}\theta$$

$$= \begin{cases} 0, & n \neq n' \\ (-1)^m n(n+1)\dfrac{2}{2n+1}, & n = n' \end{cases} \tag{2.1.14}$$

$$\frac{2}{\pi}\int_0^\infty j_n(\lambda R)j_n(\lambda R')\lambda^2\mathrm{d}\lambda = \frac{\delta(R-R')}{R^2} \tag{2.1.15}$$

其中，$\delta(R-R')$ 为狄拉克 δ 函数。

应用式 (2.1.13) ～ 式 (2.1.15) 可证明球矢量波函数有如下的正交性：

$$\int_0^\infty k'^2\mathrm{d}k'\int_0^\infty R^2\mathrm{d}R\int_0^{2\pi}\mathrm{d}\phi\int_0^\pi \boldsymbol{L}_{mn}^{(1)}(kR)\cdot\boldsymbol{L}_{-m'n'}^{(1)}(k'R)\sin\theta\mathrm{d}\theta \tag{2.1.16}$$

$$= \begin{cases} 0, & m \neq m', n \neq n' \\ \pi^2(-1)^m\dfrac{2}{2n+1}k^2, & m = m', n = n' \end{cases}$$

$$\int_0^\infty k'^2\mathrm{d}k'\int_0^\infty R^2\mathrm{d}R\int_0^{2\pi}\mathrm{d}\phi\int_0^\pi \boldsymbol{M}_{mn}^{(1)}(kR)\cdot\boldsymbol{M}_{-m'n'}^{(1)}(k'R)\sin\theta\mathrm{d}\theta \tag{2.1.17}$$

$$= \begin{cases} 0, & m \neq m', n \neq n' \\ \pi^2(-1)^m n(n+1)\dfrac{2}{2n+1}, & m = m', n = n' \end{cases}$$

$$\int_0^\infty k'^2 \mathrm{d}k' \int_0^\infty R^2 \mathrm{d}R \int_0^{2\pi} \mathrm{d}\phi \int_0^\pi \boldsymbol{N}_{mn}^{(1)}(kR) \cdot \boldsymbol{N}_{-m'n'}^{(1)}(k'R) \sin\theta \mathrm{d}\theta$$

$$= \begin{cases} 0, & m \neq m', n \neq n' \\ \pi^2(-1)^m n(n+1)\dfrac{2}{2n+1}, & m = m', n = n' \end{cases} \tag{2.1.18}$$

$$\int_0^{2\pi} \mathrm{d}\phi \int_0^\pi \boldsymbol{L}_{mn}^{(1)} \cdot \boldsymbol{M}_{-m'n'}^{(1)} \sin\theta \mathrm{d}\theta = 0 \tag{2.1.19}$$

$$\int_0^{2\pi} \mathrm{d}\phi \int_0^\pi \boldsymbol{M}_{mn}^{(1)} \cdot \boldsymbol{N}_{-m'n'}^{(1)} \sin\theta \mathrm{d}\theta = 0 \tag{2.1.20}$$

$$\int_0^\infty k'^2 \mathrm{d}k' \int_0^\infty R^2 \mathrm{d}R \int_0^{2\pi} \mathrm{d}\phi \int_0^\pi \boldsymbol{L}_{mn}^{(1)}(kR) \cdot \boldsymbol{N}_{-m'n'}^{(1)}(k'R) \sin\theta \mathrm{d}\theta = 0 \tag{2.1.21}$$

上述正交关系式 (2.1.16) $\sim$ 式 (2.1.21) 将在 2.2 节中应用到。

2.1.3   圆柱矢量波函数

标量微分方程 (2.1.5) 在与直角坐标系 $Oxyz$ 对应的圆柱坐标系中可以写为

$$\frac{1}{r}\frac{\partial}{\partial r}\left(r\frac{\partial \psi}{\partial r}\right) + \frac{1}{r^2}\frac{\partial^2 \psi}{\partial \phi^2} + \frac{\partial^2 \psi}{\partial z^2} + k^2\psi = 0 \tag{2.1.22}$$

采用分离变量法求解式 (2.1.22)，ψ 的本征解一般可写为

$$\psi_{m\lambda}^{(j)} = Z_m^{(j)}(\lambda r)\exp(\mathrm{i}m\phi)\exp(\mathrm{i}hz) \tag{2.1.23}$$

其中，$j = 1$、2、3、4 分别对应 $Z_m^{(j)}(\lambda r)$ 取第一至四类贝塞尔函数 $J_m(\lambda r)$、$N_m(\lambda r)$、$H_m^{(1)}(\lambda r)$ 和 $H_m^{(2)}(\lambda r)$ 中的一类。

在式 (2.1.4) 中，常矢量 $\boldsymbol{a}$ 取沿 z 轴正方向的单位矢量 $\hat{z}$，ψ 取本征解 $\psi_{m\lambda}^{(j)}$，Stratton 定义并给出了圆柱矢量波函数，以第一类圆柱矢量波函数为例，即

$$\boldsymbol{l}_{m\lambda}^{(1)}\mathrm{e}^{\mathrm{i}hz} = \overline{\boldsymbol{l}_{m\lambda}^{(1)}}\mathrm{e}^{\mathrm{i}m\phi}\mathrm{e}^{\mathrm{i}hz} = \left[\lambda\frac{\mathrm{d}}{\mathrm{d}(\lambda r)}J_m(\lambda r)\hat{r} + \lambda\frac{1}{\lambda r}J_m(\lambda r)\mathrm{i}m\hat{\phi} + \mathrm{i}hJ_m(\lambda r)\hat{z}\right]\mathrm{e}^{\mathrm{i}m\phi}\mathrm{e}^{\mathrm{i}hz}$$

$$\boldsymbol{m}_{m\lambda}^{(1)}\mathrm{e}^{\mathrm{i}hz} = \overline{\boldsymbol{m}_{m\lambda}^{(1)}}\mathrm{e}^{\mathrm{i}m\phi}\mathrm{e}^{\mathrm{i}hz} = \left[\lambda\frac{1}{\lambda r}J_m(\lambda r)\mathrm{i}m\hat{r} - \lambda\frac{\mathrm{d}}{\mathrm{d}(\lambda r)}J_m(\lambda r)\hat{\phi}\right]\mathrm{e}^{\mathrm{i}m\phi}\mathrm{e}^{\mathrm{i}hz}$$

$$\begin{aligned} \boldsymbol{n}_{m\lambda}^{(1)}\mathrm{e}^{\mathrm{i}hz} = \overline{\boldsymbol{n}_{m\lambda}^{(1)}}\mathrm{e}^{\mathrm{i}m\phi}\mathrm{e}^{\mathrm{i}hz} = &\left[\frac{\mathrm{i}h}{k}\lambda\frac{\mathrm{d}}{\mathrm{d}(\lambda r)}J_m(\lambda r)\hat{r}\right. \\ &\left. - \frac{hm}{k}\lambda\frac{1}{\lambda r}J_m(\lambda r)\hat{\phi} + \frac{\lambda^2}{k}J_m(\lambda r)\hat{z}\right]\mathrm{e}^{\mathrm{i}m\phi}\mathrm{e}^{\mathrm{i}hz} \end{aligned} \tag{2.1.24}$$

其中，$\lambda^2 + h^2 = k^2$，常表示为 $\lambda = k \sin \zeta$ 和 $h = k \cos \zeta$；$\hat{r}$、$\hat{\phi}$ 和 $\hat{z}$ 分别为圆柱坐标系中沿圆柱坐标 r、ϕ 和 z 方向的单位矢量。

第二至四类圆柱矢量波函数只需把式 (2.1.24) 中的第一类贝塞尔函数分别用第二至四类贝塞尔函数代替即可得到。

可推导出圆柱矢量波函数有如下的正交关系：

$$\int_0^{2\pi} \overline{\boldsymbol{l}_{m\lambda}^{(1)}} \mathrm{e}^{\mathrm{i}m\phi} \cdot \overline{\boldsymbol{l}_{m'\lambda}^{(1)}} \mathrm{e}^{-\mathrm{i}m'\phi} \mathrm{d}\phi$$

$$= \begin{cases} 0, & m \neq m' \\ -2\pi \{\lambda^2 [J_{m-1}(\lambda r) J_{m+1}(\lambda r)] + h^2 [J_m(\lambda r)]^2\}, & m = m' \end{cases} \tag{2.1.25}$$

$$\int_0^{2\pi} \overline{\boldsymbol{m}_{m\lambda}^{(1)}} \mathrm{e}^{\mathrm{i}m\phi} \cdot \overline{\boldsymbol{m}_{m'\lambda}^{(1)}} \mathrm{e}^{-\mathrm{i}m'\phi} \mathrm{d}\phi$$

$$= \begin{cases} 0, & m \neq m' \\ -2\pi \lambda^2 [J_{m-1}(\lambda r) J_{m+1}(\lambda r)], & m = m' \end{cases} \tag{2.1.26}$$

$$\int_0^{2\pi} \overline{\boldsymbol{n}_{m\lambda}^{(1)}} \mathrm{e}^{\mathrm{i}m\phi} \cdot \overline{\boldsymbol{n}_{m'\lambda}^{(1)}} \mathrm{e}^{-\mathrm{i}m'\phi} \mathrm{d}\phi$$

$$= \begin{cases} 0, & m \neq m' \\ 2\pi \dfrac{\lambda^2}{k^2} \{h^2 J_{m-1}(\lambda r) J_{m+1}(\lambda r) + \lambda^2 [J_m(\lambda r)]^2\}, & m = m' \end{cases} \tag{2.1.27}$$

$$\int_0^{2\pi} \overline{\boldsymbol{l}_{m\lambda}^{(1)}} \mathrm{e}^{\mathrm{i}m\phi} \cdot \overline{\boldsymbol{m}_{m'\lambda}^{(1)}} \mathrm{e}^{-\mathrm{i}m'\phi} \mathrm{d}\phi = 0 \tag{2.1.28}$$

$$\int_0^{2\pi} \overline{\boldsymbol{m}_{m\lambda}^{(1)}} \mathrm{e}^{\mathrm{i}m\phi} \cdot \overline{\boldsymbol{n}_{m'\lambda}^{(1)}} \mathrm{e}^{-\mathrm{i}m'\phi} \mathrm{d}\phi = 0 \tag{2.1.29}$$

$$\int_0^{2\pi} \overline{\boldsymbol{l}_{m\lambda}^{(1)}} \mathrm{e}^{\mathrm{i}m\phi} \cdot \overline{\boldsymbol{n}_{m'\lambda}^{(1)}} \mathrm{e}^{-\mathrm{i}m'\phi} \mathrm{d}\phi$$

$$= \begin{cases} 0, & m \neq m' \\ 2\pi \dfrac{\mathrm{i}h}{k} \lambda^2 \{-J_{m-1}(\lambda r) J_{m+1}(\lambda r) + [J_m(\lambda r)]^2\}, & m = m' \end{cases} \tag{2.1.30}$$

同样，上述正交关系式 (2.1.25) ∼ 式 (2.1.30) 将在 2.2 节中用到。

2.2　单位振幅平面波用矢量波函数展开

2.2.1　单位振幅平面波用球矢量波函数展开

设单位振幅的平面波 $\hat{x}\mathrm{e}^{\mathrm{i}\boldsymbol{k}\cdot\boldsymbol{R}}$、$\hat{y}\mathrm{e}^{\mathrm{i}\boldsymbol{k}\cdot\boldsymbol{R}}$ 和 $\hat{z}\mathrm{e}^{\mathrm{i}\boldsymbol{k}\cdot\boldsymbol{R}}$ 均满足矢量微分方程 (2.1.1)。其中 $\hat{x}$、$\hat{y}$ 和 $\hat{z}$ 分别为直角坐标系 $Oxyz$ 中沿直角坐标 x、y 和 z 方向的单位矢量；

$\boldsymbol{k} = k(\sin\alpha\cos\beta\hat{x} + \sin\alpha\sin\beta\hat{y} + \cos\alpha\hat{z})$；$\boldsymbol{R} = R(\sin\theta\cos\phi\hat{x} + \sin\theta\sin\phi\hat{y} + \cos\theta\hat{z})$。

因为有球矢量波函数 $\boldsymbol{L}_{mn}^{(1)}$、$\boldsymbol{M}_{mn}^{(1)}$ 和 $\boldsymbol{N}_{mn}^{(1)}$ 构成一个完备正交函数系，所以单位振幅的平面波展开如下：

$$\hat{x}\mathrm{e}^{\mathrm{i}\boldsymbol{k}\cdot\boldsymbol{R}} = \sum_{m=-\infty}^{\infty}\sum_{n=|m|}^{\infty}[a_{mn}^{x}\boldsymbol{M}_{mn}^{(1)}(kR) + b_{mn}^{x}\boldsymbol{N}_{mn}^{(1)}(kR) + c_{mn}^{x}\boldsymbol{L}_{mn}^{(1)}(kR)] \qquad (2.2.1)$$

$$\hat{y}\mathrm{e}^{\mathrm{i}\boldsymbol{k}\cdot\boldsymbol{R}} = \sum_{m=-\infty}^{\infty}\sum_{n=|m|}^{\infty}[a_{mn}^{y}\boldsymbol{M}_{mn}^{(1)}(kR) + b_{mn}^{y}\boldsymbol{N}_{mn}^{(1)}(kR) + c_{mn}^{y}\boldsymbol{L}_{mn}^{(1)}(kR)] \qquad (2.2.2)$$

$$\hat{z}\mathrm{e}^{\mathrm{i}\boldsymbol{k}\cdot\boldsymbol{R}} = \sum_{m=-\infty}^{\infty}\sum_{n=|m|}^{\infty}[a_{mn}^{z}\boldsymbol{M}_{mn}^{(1)}(kR) + b_{mn}^{z}\boldsymbol{N}_{mn}^{(1)}(kR) + c_{mn}^{z}\boldsymbol{L}_{mn}^{(1)}(kR)] \qquad (2.2.3)$$

其中，展开系数可由球矢量波函数的正交性式 (2.1.16) $\sim$ 式 (2.1.21) 求出，以式 (2.2.3) 为例进行推导。式 (2.2.3) 中的展开系数 a_{mn}^{z} 如下：

$$a_{mn}^{z} = \frac{\displaystyle\int_{0}^{\infty}k'^{2}\mathrm{d}k'\int_{0}^{\infty}R^{2}\mathrm{d}R\int_{0}^{2\pi}\mathrm{d}\phi\int_{0}^{\pi}\hat{z}\mathrm{e}^{\mathrm{i}\boldsymbol{k}\cdot\boldsymbol{R}}\cdot\boldsymbol{M}_{-mn}^{(1)}(k'R)\sin\theta\mathrm{d}\theta}{\displaystyle\int_{0}^{\infty}k'^{2}\mathrm{d}k'\int_{0}^{\infty}R^{2}\mathrm{d}R\int_{0}^{2\pi}\mathrm{d}\phi\int_{0}^{\pi}\boldsymbol{M}_{mn}^{(1)}(kR)\cdot\boldsymbol{M}_{-mn}^{(1)}(k'R)\sin\theta\mathrm{d}\theta} \qquad (2.2.4)$$

考虑到如下关系式 [59]：

$$\mathrm{e}^{\mathrm{i}\boldsymbol{k}\cdot\boldsymbol{R}} = \mathrm{e}^{\mathrm{i}kR[\sin\alpha\sin\theta\cos(\beta-\phi)+\cos\alpha\cos\theta]}$$

$$= \sum_{n'=0}^{\infty}\sum_{m'=-n'}^{n'}\frac{(n'-m)!}{(n'+m)!}\mathrm{i}^{n'}(2n'+1)j_{n'}(kR) \qquad (2.2.5)$$

$$\times P_{n'}^{m'}(\cos\alpha)P_{n'}^{m'}(\cos\theta)\mathrm{e}^{\mathrm{i}m'(\phi-\beta)}$$

则式 (2.2.4) 的分子可化为

$$\int_{0}^{\infty}k'^{2}\mathrm{d}k'\int_{0}^{\infty}R^{2}\mathrm{d}R\int_{0}^{2\pi}\mathrm{d}\phi\int_{0}^{\pi}\hat{z}\mathrm{e}^{\mathrm{i}\boldsymbol{k}\cdot\boldsymbol{R}}\cdot\boldsymbol{M}_{-mn}^{(1)}(k'R)\sin\theta\mathrm{d}\theta$$

$$= 2\pi\mathrm{e}^{-\mathrm{i}m\beta}\mathrm{i}m\int_{0}^{\infty}k'^{2}\mathrm{d}k'\int_{0}^{\infty}R^{2}\mathrm{d}R$$

$$\times\int_{0}^{\pi}\sum_{n'=0}^{\infty}\mathrm{i}^{n'}(2n'+1)j_{n'}(kR)\frac{(n'-m)!}{(n'+m)!}P_{n'}^{m}(\cos\alpha) \qquad (2.2.6)$$

$$\times P_{n'}^{m}(\cos\theta)j_{n}(k'R)P_{n}^{-m}(\cos\theta)\sin\theta\mathrm{d}\theta$$

其中，用到了如下复指数函数 $e^{im\phi}$ 的正交关系式：

$$\int_0^{2\pi} e^{i(m'-m)\phi}d\phi = \begin{cases} 0, & m \neq m' \\ 2\pi, & m = m' \end{cases} \tag{2.2.7}$$

式 (2.2.7) 在 2.1 节中推导球矢量波函数和圆柱矢量波函数的正交性时已经用到。

考虑到式 (2.2.7)，则式 (2.2.6) 可化为

$$\int_0^\infty k'^2 dk' \int_0^\infty R^2 dR \int_0^{2\pi} d\phi \int_0^\pi \hat{z}e^{i\boldsymbol{k}\cdot\boldsymbol{R}} \cdot \boldsymbol{M}_{-mn}^{(1)}(k'R) \sin\theta d\theta$$
$$= 2\pi e^{-im\beta}im i^n(2n+1)\frac{(n-m)!}{(n+m)!}P_n^m(\cos\alpha)(-1)^m\frac{2}{2n+1} \tag{2.2.8}$$
$$\times \int_0^\infty k'^2 dk' \int_0^\infty j_n(kR)j_n(k'R)R^2 dR$$

考虑到式 (2.1.15)，则式 (2.2.6) 或式 (2.2.8)，即式 (2.2.4) 的分子最终可化为

$$\int_0^\infty k'^2 dk' \int_0^\infty R^2 dR \int_0^{2\pi} d\phi \int_0^\pi \hat{z}e^{i\boldsymbol{k}\cdot\boldsymbol{R}} \cdot \boldsymbol{M}_{-mn}^{(1)}(k'R) \sin\theta d\theta$$
$$= 2\pi^2 e^{-im\beta}m i^{n+1}(-1)^m\frac{(n-m)!}{(n+m)!}P_n^m(\cos\alpha) \tag{2.2.9}$$

式 (2.2.4) 的分母则由式 (2.1.17) 给出。把式 (2.2.9) 和式 (2.1.17) 代入式 (2.2.4)，可得

$$a_{mn}^z = i^{n+1}m\frac{(n-m)!}{(n+m)!}\frac{2n+1}{n(n+1)}P_n^m(\cos\alpha)e^{-im\beta} \tag{2.2.10}$$

式 (2.2.3) 中的展开系数 b_{mn}^z 如下：

$$b_{mn}^z = \frac{\displaystyle\int_0^\infty k'^2 dk' \int_0^\infty R^2 dR \int_0^{2\pi} d\phi \int_0^\pi \hat{z}e^{i\boldsymbol{k}\cdot\boldsymbol{R}} \cdot \boldsymbol{N}_{-mn}(k'R) \sin\theta d\theta}{\displaystyle\int_0^\infty k'^2 dk' \int_0^\infty R^2 dR \int_0^{2\pi} d\phi \int_0^\pi \boldsymbol{N}_{mn}(kR) \cdot \boldsymbol{N}_{-mn}(k'R) \sin\theta d\theta} \tag{2.2.11}$$

式 (2.2.11) 中的分子可表示为如下两项之和：

$$2\pi e^{-im\beta}\int_0^\infty k'^2 dk' \int_0^\infty R^2 dR \sum_{n'=0}^\infty i^{n'}(2n'+1)j_{n'}(kR)$$

$$\times \frac{(n'-m)!}{(n'+m)!} P_{n'}^m(\cos\alpha) \times \int_0^\pi n(n+1) \tag{2.2.12}$$

$$\times \frac{j_n(k'R)}{k'R} P_{n'}^m(\cos\theta) P_n^{-m}(\cos\theta) \cos\theta \sin\theta \mathrm{d}\theta$$

$$2\pi \mathrm{e}^{-\mathrm{i}m\beta} \int_0^\infty k'^2 \mathrm{d}k' \int_0^\infty R^2 \mathrm{d}R \sum_{n'=0}^\infty \mathrm{i}^{n'}(2n'+1) j_{n'}(kR)$$

$$\times \frac{(n'-m)!}{(n'+m)!} P_{n'}^m(\cos\alpha) \times \int_0^\pi (-1) \tag{2.2.13}$$

$$\times \frac{1}{k'R} \frac{\mathrm{d}}{\mathrm{d}(k'R)} [k'R j_n(k'R)] P_{n'}^m(\cos\theta) \frac{\mathrm{d}P_n^{-m}(\cos\theta)}{\mathrm{d}\theta} \sin\theta \sin\theta \mathrm{d}\theta$$

考虑到第一类连带勒让德函数 $P_n^m(\cos\theta)$ 的递推关系式:

$$\cos\theta P_{n'}^m(\cos\theta) = \frac{1}{2n'+1}[(n'-m+1)P_{n'+1}^m(\cos\theta) + (n'+m)P_{n'-1}^m(\cos\theta)] \tag{2.2.14}$$

则式 (2.2.12) 可化为

$$2\pi \mathrm{e}^{-\mathrm{i}m\beta} \int_0^\infty k'^2 \mathrm{d}k' \int_0^\infty R^2 \mathrm{d}R \sum_{n'=0}^\infty \mathrm{i}^{n'}(2n'+1) j_{n'}(kR)$$

$$\times \frac{(n'-m)!}{(n'+m)!} P_{n'}^{m'}(\cos\alpha) \times \int_0^\pi \frac{j_n(k'R)}{k'R} \frac{n(n+1)}{2n'+1} \tag{2.2.15}$$

$$\times [(n'-m+1)P_{n'+1}^m(\cos\theta) + (n'+m)P_{n'-1}^m(\cos\theta)] P_n^{-m}(\cos\theta) \sin\theta \mathrm{d}\theta$$

考虑到式 (2.1.13),则式 (2.2.15) 或式 (2.2.12) 可化为

$$2\pi \mathrm{e}^{-\mathrm{i}m\beta} \int_0^\infty k'^2 \mathrm{d}k' \int_0^\infty R^2 \mathrm{d}R (-1)^m \mathrm{i}^{n-1} \frac{2n(n+1)}{2n+1} \frac{j_n(k'R)}{k'R} \frac{(n-m)!}{(n+m)!} \tag{2.2.16}$$

$$\times [(n+m)P_{n-1}^m(\cos\alpha) j_{n-1}(kR) - (n-m+1)P_{n+1}^m(\cos\alpha) j_{n+1}(kR)]$$

考虑到 $P_n^m(\cos\theta)$ 的递推关系式:

$$\sin\theta \frac{\mathrm{d}P_n^m(\cos\theta)}{\mathrm{d}\theta} = \frac{1}{2n+1}[n(n-m+1)P_{n+1}^m(\cos\theta)$$

$$- (n+1)(n+m)P_{n-1}^m(\cos\theta)] \tag{2.2.17}$$

则式 (2.2.13) 可化为

$$
2\pi e^{-im\beta} \int_0^\infty k'^2 dk' \int_0^\infty R^2 dR \sum_{n'=0}^\infty i^{n'}(2n'+1)j_{n'}(kR)
$$

$$
\times \frac{(n'-m)!}{(n'+m)!} P_{n'}^m(\cos\alpha) \frac{1}{k'R} \frac{d}{d(k'R)}[k'Rj_n(k'R)] \tag{2.2.18}
$$

$$
\times \int_0^\pi P_{n'}^m(\cos\theta)(-1)\frac{1}{2n+1}[n(n+m+1)P_{n+1}^{-m}(\cos\theta)
$$

$$
-(n+1)(n-m)P_{n-1}^{-m}(\cos\theta)]\sin\theta d\theta
$$

同样考虑式 (2.1.13)，则式 (2.2.18) 或式 (2.2.13) 可化为

$$
2\pi e^{-im\beta} \int_0^\infty k'^2 dk' \int_0^\infty R^2 dR \frac{2}{2n+1}(-1)^m i^{n-1}
$$

$$
\times \frac{1}{k'R}\frac{d}{d(k'R)}[k'Rj_n(k'R)] \tag{2.2.19}
$$

$$
\times \frac{(n-m)!}{(n+m)!}[j_{n+1}(kR)n(n-m+1)P_{n+1}^m(\cos\alpha)
$$

$$
+ j_{n-1}(kR)(n+1)(n+m)P_{n-1}^m(\cos\alpha)]
$$

把式 (2.2.16) 和式 (2.2.19) 相加，即为式 (2.2.11) 中的分子，可得

$$
2\pi e^{-im\beta}(-1)^m i^{n-1}\frac{2}{2n+1}\frac{(n-m)!}{(n+m)!}\int_0^\infty k'^2 dk' \int_0^\infty R^2 dR
$$

$$
\times [j_{n-1}(k'R)j_{n-1}(kR)P_{n-1}^m(\cos\alpha)(n+1)(n+m) \tag{2.2.20}
$$

$$
- j_{n+1}(k'R)j_{n+1}(kR)P_{n+1}^m(\cos\alpha)n(n-m+1)]
$$

在推导式 (2.2.20) 时，用到了如下球贝塞尔函数的递推关系式：

$$
\frac{j_n(x)}{x} = \frac{1}{2n+1}[j_{n-1}(x)+j_{n+1}(x)] \tag{2.2.21}
$$

$$
\frac{1}{x}\frac{d[xj_n(x)]}{dx} = \frac{1}{2n+1}[(n+1)j_{n-1}(x)-nj_{n+1}(x)] \tag{2.2.22}
$$

考虑到式 (2.1.15)，则式 (2.2.20)，即式 (2.2.11) 中的分子最终可化为

$$
\int_0^\infty k'^2 dk' \int_0^\infty R^2 dR \int_0^{2\pi} d\phi \int_0^\pi \hat{z}e^{i\boldsymbol{k}\cdot\boldsymbol{R}} \cdot \boldsymbol{N}_{-mn}(k'R)\sin\theta d\theta
$$

$$
= 2\pi^2 e^{-im\beta}(-1)^m i^{n+1}\frac{(n-m)!}{(n+m)!}\frac{dP_n^m(\cos\alpha)}{d\alpha}\sin\alpha \tag{2.2.23}
$$

在推导式 (2.2.23) 时，用到了如下递推关系式：

$$\sin\alpha \frac{\mathrm{d}P_n^m(\cos\alpha)}{\mathrm{d}\alpha} = \frac{1}{2n+1}[n(n-m+1)P_{n+1}^m(\cos\alpha)$$
$$- (n+1)(n+m)P_{n-1}^m(\cos\alpha)] \tag{2.2.24}$$

式 (2.2.11) 中的分母则由式 (2.1.18) 给出。把式 (2.2.23) 和式 (2.1.18) 代入式 (2.2.11)，可得

$$b_{mn}^z = \mathrm{e}^{-\mathrm{i}m\beta}\mathrm{i}^{n+1}\frac{2n+1}{n(n+1)}\frac{(n-m)!}{(n+m)!}\frac{\mathrm{d}P_n^m(\cos\alpha)}{\mathrm{d}\alpha}\sin\alpha \tag{2.2.25}$$

式 (2.2.3) 中的展开系数 c_{mn}^z 如下：

$$c_{mn}^z = \frac{\displaystyle\int_0^\infty k'^2\mathrm{d}k'\int_0^\infty R^2\mathrm{d}R\int_0^{2\pi}\mathrm{d}\phi\int_0^\pi \hat{z}\mathrm{e}^{\mathrm{i}\boldsymbol{k}\cdot\boldsymbol{R}}\cdot\boldsymbol{L}_{-mn}(k'R)\sin\theta\mathrm{d}\theta}{\displaystyle\int_0^\infty k'^2\mathrm{d}k'\int_0^\infty R^2\mathrm{d}R\int_0^{2\pi}\mathrm{d}\phi\int_0^\pi \boldsymbol{L}_{mn}(kR)\cdot\boldsymbol{L}_{-mn}(k'R)\sin\theta\mathrm{d}\theta} \tag{2.2.26}$$

式 (2.2.26) 中的分子可表示为如下两项之和：

$$2\pi\mathrm{e}^{-\mathrm{i}m\beta}\int_0^\infty k'^2\mathrm{d}k'\int_0^\infty R^2\mathrm{d}R\sum_{n'=|m|}^\infty$$
$$\times \mathrm{i}^{n'}(2n'+1)j_{n'}(kR)\frac{(n'-m)!}{(n'+m)!}P_{n'}^m(\cos\alpha)$$
$$\times \int_0^\pi k'\frac{\mathrm{d}j_n(k'R)}{\mathrm{d}(k'R)}P_{n'}^m(\cos\theta)P_n^{-m}(\cos\theta)\cos\theta\sin\theta\mathrm{d}\theta \tag{2.2.27}$$

$$\pi\mathrm{e}^{-\mathrm{i}m\beta}\int_0^\infty k'^2\mathrm{d}k'\int_0^\infty R^2\mathrm{d}R\sum_{n'=|m|}^\infty$$
$$\times \mathrm{i}^{n'}(2n'+1)j_{n'}(kR)\frac{(n'-m)!}{(n'+m)!}P_{n'}^m(\cos\alpha)$$
$$\times \int_0^\pi (-1)k'\frac{1}{k'R}j_n(k'R)P_{n'}^m(\cos\theta)\frac{\mathrm{d}P_n^{-m}(\cos\theta)}{\mathrm{d}\theta}\sin\theta\sin\theta\mathrm{d}\theta \tag{2.2.28}$$

与推导式 (2.2.16) 和式 (2.2.19) 的思路相同，式 (2.2.27) 和式 (2.2.28) 分别可化为

$$2\pi\mathrm{e}^{-\mathrm{i}m\beta}\int_0^\infty k'^2\mathrm{d}k'\int_0^\infty R^2\mathrm{d}R(-1)^m\mathrm{i}^{n-1}\frac{2}{2n+1}k'\frac{\mathrm{d}j_n(k'R)}{\mathrm{d}(k'R)}\frac{(n-m)!}{(n+m)!}$$
$$\times [(n+m)P_{n-1}^m(\cos\alpha)j_{n-1}(kR) - (n-m+1)P_{n+1}^m(\cos\alpha)j_{n+1}(kR)] \tag{2.2.29}$$

$$2\pi \mathrm{e}^{-\mathrm{i}m\beta} \int_0^\infty k'^2 \mathrm{d}k' \int_0^\infty R^2 \mathrm{d}R (-1)^m \frac{2}{2n+1} \frac{(n-m)!}{(n+m)!}$$

$$\times k' \frac{1}{k'R} j_n(k'R) \mathrm{i}^{n-1} [n(n-m+1)P_{n+1}^m(\cos\alpha)j_{n+1}(kR) \tag{2.2.30}$$

$$+ (n+1)(n+m)P_{n-1}^m(\cos\alpha)j_{n-1}(kR)]$$

把式 (2.2.29) 和式 (2.2.30) 相加，式 (2.2.26) 中的分子可化为

$$2\pi \mathrm{e}^{-\mathrm{i}m\beta} \int_0^\infty k'k'^2 \mathrm{d}k' \int_0^\infty R^2 \mathrm{d}R (-1)^m \mathrm{i}^{n-1} \frac{2}{2n+1} \frac{(n-m)!}{(n+m)!}$$

$$\times [(n+m)P_{n-1}^m(\cos\alpha)j_{n-1}(k'R)j_{n-1}(kR) \tag{2.2.31}$$

$$+ (n-m+1)P_{n+1}^m(\cos\alpha)j_{n+1}(k'R)j_{n+1}(kR)]$$

在推导式 (2.2.31) 时，用到了式 (2.2.21) 和如下球贝塞尔函数的递推关系式：

$$\frac{\mathrm{d}j_n(x)}{\mathrm{d}x} = \frac{1}{2n+1}[nj_{n-1}(x) - (n+1)j_{n+1}(x)] \tag{2.2.32}$$

考虑到式 (2.1.15)，则式 (2.2.31) 或式 (2.2.26) 中的分子最终可化为

$$\int_0^\infty k'^2 \mathrm{d}k' \int_0^\infty R^2 \mathrm{d}R \int_0^{2\pi} \mathrm{d}\phi \int_0^\pi \hat{z}\mathrm{e}^{\mathrm{i}\boldsymbol{k}\cdot\boldsymbol{R}} \cdot \boldsymbol{L}_{-mn}(k'R) \sin\theta \mathrm{d}\theta$$

$$= 2\pi^2 \mathrm{e}^{-\mathrm{i}m\beta} (-1)^m \mathrm{i}^{n-1} k \frac{(n-m)!}{(n+m)!} P_n^m(\cos\alpha)\cos\alpha \tag{2.2.33}$$

其中，用到了如下的递推关系式：

$$(2n+1)P_n^m(\cos\alpha)\cos\alpha = (n+m)P_{n-1}^m(\cos\alpha) + (n-m+1)P_{n+1}^m(\cos\alpha) \tag{2.2.34}$$

式 (2.2.26) 中的分母可由式 (2.1.16) 给出，把式 (2.2.33) 式 (2.1.16) 代入式 (2.2.26)，可得

$$c_{mn}^z = \mathrm{e}^{-\mathrm{i}m\beta} \mathrm{i}^{n-1} \frac{1}{k} \frac{(n-m)!}{(n+m)!}(2n+1)P_n^m(\cos\alpha)\cos\alpha \tag{2.2.35}$$

上面推导中的核心思路是应用球矢量波函数的正交性，推导过程用到了一些球贝塞尔函数和连带勒让德函数的递推关系。

与上述思路相同，式 (2.2.1) 中的展开系数也可推导如下：

$$a_{mn}^x = \frac{\displaystyle\int_0^\infty k'^2 \mathrm{d}k' \int_0^\infty R^2 \mathrm{d}R \int_0^{2\pi} \mathrm{d}\phi \int_0^\pi \hat{x}\mathrm{e}^{\mathrm{i}\boldsymbol{k}\cdot\boldsymbol{R}} \cdot \boldsymbol{M}_{-mn}(k'R) \sin\theta \mathrm{d}\theta}{\displaystyle\int_0^\infty k'^2 \mathrm{d}k' \int_0^\infty R^2 \mathrm{d}R \int_0^{2\pi} \mathrm{d}\phi \int_0^\pi \boldsymbol{M}_{mn}(kR) \cdot \boldsymbol{M}_{-mn}(k'R) \sin\theta \mathrm{d}\theta}$$

$$= \mathrm{i}^{n-1} \frac{2n+1}{2n(n+1)} \frac{(n-m)!}{(n+m)!} [P_n^{m+1}(\cos\alpha)\mathrm{e}^{-\mathrm{i}(m+1)\beta}$$

$$+ (n+m)(n-m+1)P_n^{m-1}(\cos\alpha)\mathrm{e}^{-\mathrm{i}(m-1)\beta}] \qquad (2.2.36)$$

$$b_{mn}^x = \frac{\int_0^\infty k'^2\mathrm{d}k' \int_0^\infty R^2\mathrm{d}R \int_0^{2\pi}\mathrm{d}\phi \int_0^\pi \hat{x}\mathrm{e}^{\mathrm{i}\boldsymbol{k}\cdot\boldsymbol{R}} \cdot \boldsymbol{N}_{-mn}(k'R)\sin\theta\mathrm{d}\theta}{\int_0^\infty k'^2\mathrm{d}k' \int_0^\infty R^2\mathrm{d}R \int_0^{2\pi}\mathrm{d}\phi \int_0^\pi \boldsymbol{N}_{mn}(kR) \cdot \boldsymbol{N}_{-mn}(k'R)\sin\theta\mathrm{d}\theta}$$

$$= \mathrm{i}^{n+1} \frac{1}{2n(n+1)} \frac{(n-m)!}{(n+m)!} [(n+1)P_{n-1}^{m+1}(\cos\alpha)\mathrm{e}^{-\mathrm{i}(m+1)\beta}$$

$$+ nP_{n+1}^{m+1}(\cos\alpha)\mathrm{e}^{-\mathrm{i}(m+1)\beta} - (n+1)(n+m-1)(n+m)$$

$$\times P_{n-1}^{m-1}(\cos\alpha)\mathrm{e}^{-\mathrm{i}(m-1)\beta}] - n(n-m+1)(n-m+2)$$

$$\times P_{n+1}^{m-1}(\cos\alpha)\mathrm{e}^{-\mathrm{i}(m-1)\beta} \qquad (2.2.37)$$

$$c_{mn}^x = \frac{\int_0^\infty k'^2\mathrm{d}k' \int_0^\infty R^2\mathrm{d}R \int_0^{2\pi}\mathrm{d}\phi \int_0^\pi \hat{x}\mathrm{e}^{\mathrm{i}\boldsymbol{k}\cdot\boldsymbol{R}} \cdot \boldsymbol{L}_{-mn}(k'R)\sin\theta\mathrm{d}\theta}{\int_0^\infty k'^2\mathrm{d}k' \int_0^\infty R^2\mathrm{d}R \int_0^{2\pi}\mathrm{d}\phi \int_0^\pi \boldsymbol{L}_{mn}(kR) \cdot \boldsymbol{L}_{-mn}(k'R)\sin\theta\mathrm{d}\theta}$$

$$= \frac{1}{2k}\mathrm{i}^{n+1} \frac{(n-m)!}{(n+m)!} \left[P_{n-1}^{m+1}(\cos\alpha)\mathrm{e}^{-\mathrm{i}(m+1)\beta} \right.$$

$$- (n+m-1)(n+m)P_{n-1}^{m-1}(\cos\alpha)\mathrm{e}^{-\mathrm{i}(m-1)\beta} - P_{n+1}^{m+1}(\cos\alpha)\mathrm{e}^{-\mathrm{i}(m+1)\beta}$$

$$+ (n-m+1)(n-m+2)P_{n+1}^{m-1}(\cos\alpha)\mathrm{e}^{-\mathrm{i}(m-1)\beta} \right] \qquad (2.2.38)$$

同理，式 (2.2.2) 中的展开系数也可推导如下：

$$a_{mn}^y = \frac{\int_0^\infty k'^2\mathrm{d}k' \int_0^\infty R^2\mathrm{d}R \int_0^{2\pi}\mathrm{d}\phi \int_0^\pi \hat{y}\mathrm{e}^{\mathrm{i}\boldsymbol{k}\cdot\boldsymbol{R}} \cdot \boldsymbol{M}_{-mn}(k'R)\sin\theta\mathrm{d}\theta}{\int_0^\infty k'^2\mathrm{d}k' \int_0^\infty R^2\mathrm{d}R \int_0^{2\pi}\mathrm{d}\phi \int_0^\pi \boldsymbol{M}_{mn}(kR) \cdot \boldsymbol{M}_{-mn}(k'R)\sin\theta\mathrm{d}\theta}$$

$$= \mathrm{i}^n \frac{2n+1}{2n(n+1)} \frac{(n-m)!}{(n+m)!} \left[P_n^{m+1}(\cos\alpha)\mathrm{e}^{-\mathrm{i}(m+1)\beta} \right.$$

$$- (n+m)(n-m+1)P_n^{m-1}(\cos\alpha)\mathrm{e}^{-\mathrm{i}(m-1)\beta} \right] \qquad (2.2.39)$$

$$b_{mn}^y = \frac{\int_0^\infty k'^2\mathrm{d}k' \int_0^\infty R^2\mathrm{d}R \int_0^{2\pi}\mathrm{d}\phi \int_0^\pi \hat{y}\mathrm{e}^{\mathrm{i}\boldsymbol{k}\cdot\boldsymbol{R}} \cdot \boldsymbol{N}_{-mn}(k'R)\sin\theta\mathrm{d}\theta}{\int_0^\infty k'^2\mathrm{d}k' \int_0^\infty R^2\mathrm{d}R \int_0^{2\pi}\mathrm{d}\phi \int_0^\pi \boldsymbol{N}_{mn}(kR) \cdot \boldsymbol{N}_{-mn}(k'R)\sin\theta\mathrm{d}\theta}$$

$$
\begin{aligned}
= -\mathrm{i}^n \frac{1}{2n(n+1)} \frac{(n-m)!}{(n+m)!} \Big[& (n+1)P_{n-1}^{m+1}(\cos\alpha)\mathrm{e}^{-\mathrm{i}(m+1)\beta} \\
& + nP_{n+1}^{m+1}(\cos\alpha)\mathrm{e}^{-\mathrm{i}(m+1)\beta} \\
& + (n+1)(n+m-1)(n+m)P_{n-1}^{m-1}(\cos\alpha)\mathrm{e}^{-\mathrm{i}(m-1)\beta} \\
& + n(n-m+1)(n-m+2)P_{n+1}^{m-1}(\cos\alpha)\mathrm{e}^{-\mathrm{i}(m-1)\beta} \Big]
\end{aligned}
\tag{2.2.40}
$$

$$
\begin{aligned}
c_{mn}^y &= \frac{\displaystyle\int_0^\infty k'^2\mathrm{d}k' \int_0^\infty R^2\mathrm{d}R \int_0^{2\pi}\mathrm{d}\phi \int_0^\pi \hat{y}\mathrm{e}^{\mathrm{i}\boldsymbol{k}\cdot\boldsymbol{R}} \cdot \boldsymbol{L}_{-mn}(k'R)\sin\theta\,\mathrm{d}\theta}{\displaystyle\int_0^\infty k'^2\mathrm{d}k' \int_0^\infty R^2\mathrm{d}R \int_0^{2\pi}\mathrm{d}\phi \int_0^\pi \boldsymbol{L}_{mn}(kR) \cdot \boldsymbol{L}_{-mn}(k'R)\sin\theta\,\mathrm{d}\theta} \\
&= -\frac{\mathrm{i}^n}{2k}\frac{(n-m)!}{(n+m)!}\Big[P_{n-1}^{m+1}(\cos\alpha)\mathrm{e}^{-\mathrm{i}(m+1)\beta} \\
& \quad + (n+m-1)(n+m)P_{n-1}^{m-1}(\cos\alpha)\mathrm{e}^{-\mathrm{i}(m-1)\beta} - P_{n+1}^{m+1}(\cos\alpha)\mathrm{e}^{-\mathrm{i}(m+1)\beta} \\
& \quad - (n-m+1)(n-m+2)P_{n+1}^{m-1}(\cos\alpha)\mathrm{e}^{-\mathrm{i}(m-1)\beta} \Big]
\end{aligned}
\tag{2.2.41}
$$

本小节的内容将在后面章节中研究各向异性媒质内的场用球矢量波函数展开时用到。

2.2.2　单位振幅平面波用圆柱矢量波函数展开

本小节给出单位振幅平面波用圆柱矢量波函数展开的表达式，将在后面章节中研究各向异性媒质内的场用圆柱矢量波函数展开时用到。

已知标量平面波可用柱面波函数展开如下：

$$
\mathrm{e}^{\mathrm{i}\boldsymbol{k}\cdot\boldsymbol{R}} = \mathrm{e}^{\mathrm{i}\lambda r\cos(\phi-\beta)}\mathrm{e}^{\mathrm{i}hz} = \sum_{m'=-\infty}^{\infty} \mathrm{i}^{m'} J_{m'}(\lambda r)\mathrm{e}^{\mathrm{i}m'\phi}\mathrm{e}^{-\mathrm{i}m'\beta}\mathrm{e}^{\mathrm{i}hz}
\tag{2.2.42}
$$

其中，$r = R\sin\theta$；$z = R\cos\theta$；$\lambda = k\sin\alpha$；$h = k\cos\alpha$。

单位振幅平面波可用圆柱矢量波函数展开如下：

$$
\hat{x}\mathrm{e}^{\mathrm{i}\boldsymbol{k}\cdot\boldsymbol{R}} = \sum_{m=-\infty}^{\infty} (a_m^x \boldsymbol{m}_{m\lambda}^{(1)} + b_m^x \boldsymbol{n}_{m\lambda}^{(1)} + c_m^x \boldsymbol{l}_{m\lambda}^{(1)})\mathrm{e}^{\mathrm{i}hz}
\tag{2.2.43}
$$

$$
\hat{y}\mathrm{e}^{\mathrm{i}\boldsymbol{k}\cdot\boldsymbol{R}} = \sum_{m=-\infty}^{\infty} (a_m^y \boldsymbol{m}_{m\lambda}^{(1)} + b_m^y \boldsymbol{n}_{m\lambda}^{(1)} + c_m^y \boldsymbol{l}_{m\lambda}^{(1)})\mathrm{e}^{\mathrm{i}hz}
\tag{2.2.44}
$$

$$
\hat{z}\mathrm{e}^{\mathrm{i}\boldsymbol{k}\cdot\boldsymbol{R}} = \sum_{m=-\infty}^{\infty} (a_m^z \boldsymbol{m}_{m\lambda}^{(1)} + b_m^z \boldsymbol{n}_{m\lambda}^{(1)} + c_m^z \boldsymbol{l}_{m\lambda}^{(1)})\mathrm{e}^{\mathrm{i}hz}
\tag{2.2.45}
$$

式 (2.2.43)~ 式 (2.2.45) 中的展开系数可应用式 (2.2.42) 和圆柱矢量波函数的正交性推导出来，下面以式 (2.2.43) 为例来进行推导。

式 (2.2.43) 中的展开系数 a_m^x 如下：

$$a_m^x = \frac{\int_0^{2\pi} \hat{x} \mathrm{e}^{\mathrm{i}\lambda r \cos(\phi-\beta)} \cdot \overline{\boldsymbol{m}_{m\lambda}^{(1)}} \mathrm{e}^{-\mathrm{i}m\phi} \mathrm{d}\phi}{\int_0^{2\pi} \overline{\boldsymbol{m}_{m\lambda}^{(1)}} \mathrm{e}^{\mathrm{i}m\phi} \cdot \overline{\boldsymbol{m}_{m\lambda}^{(1)}} \mathrm{e}^{-\mathrm{i}m\phi} \mathrm{d}\phi} \tag{2.2.46}$$

式 (2.2.46) 可按如下方法得到：在式 (2.2.43) 两边点乘 $\overline{\boldsymbol{m}_{m\lambda}^{(1)}} \mathrm{e}^{-\mathrm{i}m\phi}$，并求 ϕ 从 0 到 2π 的积分，进一步考虑式 (2.1.25)~ 式 (2.1.30) 中圆柱矢量波函数的正交关系，即可得式 (2.2.46)。

把式 (2.2.42) 代入式 (2.2.46) 的分子，可得

$$\int_0^{2\pi} \hat{x} \mathrm{e}^{\mathrm{i}\lambda r \cos(\phi-\beta)} \cdot \overline{\boldsymbol{m}_{m\lambda}^{(1)}} \mathrm{e}^{-\mathrm{i}m\phi} \mathrm{d}\phi$$

$$= \sum_{m'=-\infty}^{\infty} \mathrm{i}^{m'} J_{m'}(\lambda_a r) \mathrm{e}^{-\mathrm{i}m'\beta} \int_0^{2\pi} \left[\mathrm{i}m\lambda \frac{1}{\lambda r} J_m(\lambda r) \cos\phi \right. \tag{2.2.47}$$

$$\left. + \lambda \frac{\mathrm{d}}{\mathrm{d}(\lambda r)} J_m(\lambda r) \sin\phi \right] \mathrm{e}^{\mathrm{i}(m'-m)\phi} \mathrm{d}\phi$$

把关系式 $\cos\phi = \dfrac{\mathrm{e}^{\mathrm{i}\phi}+\mathrm{e}^{-\mathrm{i}\phi}}{2}$ 和 $\sin\phi = \dfrac{\mathrm{e}^{\mathrm{i}\phi}-\mathrm{e}^{-\mathrm{i}\phi}}{2\mathrm{i}}$ 代入式 (2.2.47)，可得

$$\int_0^{2\pi} \hat{x} \mathrm{e}^{\mathrm{i}\lambda r \cos(\phi-\beta)} \cdot \overline{\boldsymbol{m}_{m\lambda}^{(1)}} \mathrm{e}^{-\mathrm{i}m\phi} \mathrm{d}\phi$$

$$= \sum_{m'=-\infty}^{\infty} \mathrm{i}^{m'} J_{m'}(\lambda_a r) \mathrm{e}^{-\mathrm{i}m'\beta} \int_0^{2\pi} \left[m\lambda \frac{1}{\lambda r} J_m(\lambda r) \right.$$

$$\left. - \lambda \frac{\mathrm{d}}{\mathrm{d}(\lambda r)} J_m(\lambda r) \right] \frac{\mathrm{i}}{2} \mathrm{e}^{\mathrm{i}(m'-m+1)\phi} \mathrm{d}\phi \tag{2.2.48}$$

$$+ \sum_{m'=-\infty}^{\infty} \mathrm{i}^{m'} J_{m'}(\lambda_a r) \mathrm{e}^{-\mathrm{i}m'\beta} \int_0^{2\pi} \left[m\lambda \frac{1}{\lambda r} J_m(\lambda r) \right.$$

$$\left. + \lambda \frac{\mathrm{d}}{\mathrm{d}(\lambda r)} J_m(\lambda r) \right] \frac{\mathrm{i}}{2} \mathrm{e}^{\mathrm{i}(m'-m-1)\phi} \mathrm{d}\phi \quad\cdot$$

考虑到式 (2.2.7)，则式 (2.2.48) 可化为

$$\int_0^{2\pi} \hat{x} \mathrm{e}^{\mathrm{i}\lambda r \cos(\phi-\beta)} \cdot \overline{\boldsymbol{m}_{m\lambda}^{(1)}} \mathrm{e}^{-\mathrm{i}m\phi} \mathrm{d}\phi$$

$$= \pi \mathrm{i}^m J_{m-1}(\lambda r) \mathrm{e}^{-\mathrm{i}(m-1)\beta} \left[m\lambda \frac{1}{\lambda r} J_m(\lambda r) - \lambda \frac{\mathrm{d}}{\mathrm{d}(\lambda r)} J_m(\lambda r) \right] \tag{2.2.49}$$

$$- \mathrm{i}^m J_{m+1}(\lambda_a r) \mathrm{e}^{-\mathrm{i}(m+1)\beta} \left[m\lambda \frac{1}{\lambda r} J_m(\lambda r) + \lambda \frac{\mathrm{d}}{\mathrm{d}(\lambda r)} J_m(\lambda r) \right]$$

已知贝塞尔函数有如下递推关系:

$$\frac{\mathrm{d}}{\mathrm{d}x} J_n(x) = \frac{1}{2} [J_{n-1}(x) - J_{n+1}(x)] \tag{2.2.50}$$

$$\frac{J_n(x)}{x} = \frac{1}{2n} [J_{n-1}(x) + J_{n+1}(x)] \tag{2.2.51}$$

则式 (2.2.49) 或式 (2.2.46) 的分子可化为

$$\int_0^{2\pi} \hat{x} \mathrm{e}^{\mathrm{i}\lambda r \cos(\phi-\beta)} \cdot \overline{\boldsymbol{m}_{m\lambda}^{(1)}} \mathrm{e}^{-\mathrm{i}m\phi} \mathrm{d}\phi$$

$$\begin{aligned} &= \pi \mathrm{i}^m \mathrm{e}^{-\mathrm{i}(m-1)\beta} \lambda J_{m-1}(\lambda r) J_{m+1}(\lambda r) \\ &\quad - \pi \mathrm{i}^m \mathrm{e}^{-\mathrm{i}(m+1)\beta} \lambda J_{m-1}(\lambda r) J_{m+1}(\lambda r) \\ &= 2\pi \mathrm{i}^{m+1} \mathrm{e}^{-\mathrm{i}m\beta} \sin\beta \lambda J_{m-1}(\lambda r) J_{m+1}(\lambda r) \end{aligned} \tag{2.2.52}$$

式 (2.2.46) 的分母可由式 (2.1.26) 给出。

把式 (2.2.52) 和式 (2.1.26) 代入式 (2.2.46),可得

$$a_m^x = \frac{1}{k \sin\alpha} \mathrm{i}^{m-1} \mathrm{e}^{-\mathrm{i}m\beta} \sin\beta \tag{2.2.53}$$

给式 (2.2.43) 两边分别点乘 $\overline{\boldsymbol{n}_{m\lambda}^{(1)}} \mathrm{e}^{-\mathrm{i}m\phi}$ 和 $\overline{\boldsymbol{l}_{m\lambda}^{(1)}} \mathrm{e}^{-\mathrm{i}m\phi}$,并求 ϕ 从 0 到 2π 的积分,进一步考虑式 (2.1.25)~ 式 (2.1.30) 中圆柱矢量波函数的正交关系,可得

$$\int_0^{2\pi} \mathrm{e}^{\mathrm{i}\lambda r \cos(\phi-\beta)} \hat{x} \cdot \overline{\boldsymbol{n}_{m\lambda}^{(1)}} \mathrm{e}^{-\mathrm{i}m\phi} \mathrm{d}\phi = b_m^x \int_0^{2\pi} \overline{\boldsymbol{n}_{m\lambda}^{(1)}} \mathrm{e}^{\mathrm{i}m\phi} \cdot \overline{\boldsymbol{n}_{m\lambda}^{(1)}} \mathrm{e}^{-\mathrm{i}m\phi} \mathrm{d}\phi$$
$$+ c_m^x \int_0^{2\pi} \overline{\boldsymbol{l}_{m\lambda}^{(1)}} \mathrm{e}^{\mathrm{i}m\phi} \cdot \overline{\boldsymbol{n}_{m\lambda}^{(1)}} \mathrm{e}^{-\mathrm{i}m\phi} \mathrm{d}\phi \tag{2.2.54}$$

$$\int_0^{2\pi} \mathrm{e}^{\mathrm{i}\lambda r \cos(\phi-\beta)} \hat{x} \cdot \overline{\boldsymbol{l}_{m\lambda}^{(1)}} \mathrm{e}^{-\mathrm{i}m\phi} \mathrm{d}\phi = b_m^x \int_0^{2\pi} \overline{\boldsymbol{n}_{m\lambda}^{(1)}} \mathrm{e}^{\mathrm{i}m\phi} \cdot \overline{\boldsymbol{l}_{m\lambda}^{(1)}} \mathrm{e}^{-\mathrm{i}m\phi} \mathrm{d}\phi$$
$$+ c_m^x \int_0^{2\pi} \overline{\boldsymbol{l}_{m\lambda}^{(1)}} \mathrm{e}^{\mathrm{i}m\phi} \cdot \overline{\boldsymbol{l}_{m\lambda}^{(1)}} \mathrm{e}^{-\mathrm{i}m\phi} \mathrm{d}\phi \tag{2.2.55}$$

把式 (2.2.42) 代入式 (2.2.54) 的左边，可得

$$\int_0^{2\pi} e^{i\lambda r\cos(\phi-\beta)}\hat{x}\cdot\overline{\boldsymbol{n}_{m\lambda}^{(1)}}e^{-im\phi}d\phi$$

$$= \sum_{m'=-\infty}^{\infty} i^{m'}J_{m'}(\lambda_a r)e^{-im'\beta}\int_0^{2\pi} e^{im'\phi}\left[\frac{ih}{k}\lambda\frac{d}{d(\lambda r)}J_m(\lambda r)\cos\phi \right. \tag{2.2.56}$$

$$\left. + \frac{hm}{k}\lambda\frac{1}{\lambda r}J_m(\lambda r)\sin\phi\right]e^{-im\phi}d\phi$$

与推导式 (2.2.52) 的步骤相同，式 (2.2.56) 可化为

$$\int_0^{2\pi} e^{i\lambda r\cos(\phi-\beta)}\hat{x}\cdot\overline{\boldsymbol{n}_{m\lambda}^{(1)}}e^{-im\phi}d\phi = -i^m 2\pi e^{-im\beta}\cos\beta\frac{h}{k}\lambda J_{m-1}(\lambda r)J_{m+1}(\lambda r)$$

$$\tag{2.2.57}$$

把式 (2.2.42) 代入式 (2.2.55) 的左边，可得

$$\int_0^{2\pi} e^{i\lambda r\cos(\phi-\beta)}\hat{x}\cdot\overline{\boldsymbol{l}_{m\lambda}^{(1)}}e^{-im\phi}d\phi$$

$$= \sum_{m'=-\infty}^{\infty} i^{m'}J_{m'}(\lambda_a r)e^{-im'\beta}\int_0^{2\pi} e^{im'\phi}\left[\lambda\frac{d}{d(\lambda r)}J_m(\lambda r)\cos\phi \right. \tag{2.2.58}$$

$$\left. - \lambda\frac{1}{\lambda r}J_m(\lambda r)im\sin\phi\right]e^{-im\phi}d\phi$$

与推导式 (2.2.52) 的步骤相同，式 (2.2.58) 可化为

$$\int_0^{2\pi} e^{i\lambda r\cos(\phi-\beta)}\hat{x}\cdot\overline{\boldsymbol{l}_{m\lambda}^{(1)}}e^{-im\phi}d\phi = i^{m+1}2\pi e^{-im\beta}\cos\beta\lambda J_{m-1}(\lambda r)J_{m+1}(\lambda r) \tag{2.2.59}$$

考虑式 (2.1.25)～ 式 (2.1.30) 中圆柱矢量波函数的正交关系，则式 (2.2.54) 和式 (2.2.55) 可分别化为如下两个方程：

$$-i^m e^{-im\beta}\cos\beta\frac{h}{k}\lambda J_{m-1}(\lambda r)J_{m+1}(\lambda r)$$

$$= b_m^x\frac{\lambda^2}{k^2}\{h^2 J_{m-1}(\lambda r)J_{m+1}(\lambda r) + \lambda^2[J_m(\lambda r)]^2\} \tag{2.2.60}$$

$$+ c_m^x\frac{ih}{k}\lambda^2\{-J_{m-1}(\lambda r)J_{m+1}(\lambda r) + [J_m(\lambda r)]^2\}$$

$$\mathrm{i}^{m+1}\mathrm{e}^{-\mathrm{i}m\beta}\cos\beta\lambda J_{m-1}(\lambda r)J_{m+1}(\lambda r)$$

$$= b_m^x\frac{\mathrm{i}h}{k}\lambda^2\{-J_{m-1}(\lambda r)J_{m+1}(\lambda r)+[J_m(\lambda r)]^2\} \tag{2.2.61}$$

$$- c_m^x\{\lambda^2[J_{m-1}(\lambda r)J_{m+1}(\lambda r)]+h^2[J_m(\lambda r)]^2\}$$

从式 (2.2.60) 和式 (2.2.61) 组成的方程组可求出展开系数 b_m^x 和 c_m^x 如下：

$$b_m^x=-\frac{1}{k\sin\alpha}\mathrm{i}^m\mathrm{e}^{-\mathrm{i}m\beta}\cos\alpha\cos\beta \tag{2.2.62}$$

$$c_m^x=\frac{1}{k}\mathrm{i}^{m-1}\mathrm{e}^{-\mathrm{i}m\beta}\sin\alpha\cos\beta \tag{2.2.63}$$

与推导展开系数 a_m^x、b_m^x 和 c_m^x 的步骤相同，可得式 (2.2.44) 中的展开系数为

$$a_m^y=\frac{1}{k\sin\alpha}\mathrm{i}^{m+1}\mathrm{e}^{-\mathrm{i}m\beta}\cos\beta$$

$$b_m^y=-\frac{1}{k\sin\alpha}\mathrm{i}^m\mathrm{e}^{-\mathrm{i}m\beta}\cos\alpha\sin\beta$$

$$c_m^y=\frac{1}{k}\mathrm{i}^{m-1}\mathrm{e}^{-\mathrm{i}m\beta}\sin\alpha\sin\beta \tag{2.2.64}$$

以及式 (2.2.45) 中的展开系数为

$$a_m^z=0$$

$$b_m^z=\frac{1}{k}\mathrm{i}^m\mathrm{e}^{-\mathrm{i}m\beta}$$

$$c_m^z=\frac{1}{k}\mathrm{i}^{m-1}\mathrm{e}^{-\mathrm{i}m\beta}\cos\alpha \tag{2.2.65}$$

本小节的内容将在 2.3 节中求解各向异性媒质中的场用圆柱矢量波函数展开时用到。

2.3　典型各向异性媒质中的场用球矢量波函数展开

2.3.1　单轴各向异性媒质中的场用球矢量波函数展开

设在直角坐标系中单轴各向异性媒质的介电常数张量为 $\bar{\varepsilon}=(\hat{x}\hat{x}+\hat{y}\hat{y})\varepsilon_t+\hat{z}\hat{z}\varepsilon_z$，磁导率为 μ。无源单轴各向异性媒质中时谐场 (时谐因子为 $\mathrm{e}^{-\mathrm{i}\omega t}$) 的电场和磁场强度满足如下麦克斯韦方程：

$$\nabla\times\boldsymbol{E}=\mathrm{i}\omega\mu\boldsymbol{H} \tag{2.3.1}$$

$$\nabla \times \boldsymbol{H} = -\mathrm{i}\omega\bar{\varepsilon} \cdot \boldsymbol{E} \tag{2.3.2}$$

由式 (2.3.1) 和式 (2.3.2) 可推出电场强度满足的微分方程:

$$\nabla \times \nabla \times \boldsymbol{E} - \omega^2 \mu\bar{\varepsilon} \cdot \boldsymbol{E} = 0 \tag{2.3.3}$$

设式 (2.3.3) 具有如下 Fourier 积分形式的解:

$$\boldsymbol{E} = \int_{-\infty}^{\infty} \mathrm{d}k_x \int_{-\infty}^{\infty} \mathrm{d}k_y \int_{-\infty}^{\infty} \tilde{\boldsymbol{E}}(\boldsymbol{k})\mathrm{e}^{\mathrm{i}\boldsymbol{k}\cdot\boldsymbol{R}}\mathrm{d}k_z \tag{2.3.4}$$

式 (2.3.4) 可做如下解释: 式 (2.3.3) 的解可表示为平面波谱 $\tilde{\boldsymbol{E}}(\boldsymbol{k})\mathrm{e}^{\mathrm{i}\boldsymbol{k}\cdot\boldsymbol{R}}$ 的线性叠加, 其中 $\tilde{\boldsymbol{E}}(\boldsymbol{k})$ 为相应平面波成分的复振幅。

把式 (2.3.4) 代入式 (2.3.3), 可得

$$\int_{-\infty}^{\infty} \mathrm{d}k_x \int_{-\infty}^{\infty} \mathrm{d}k_y \int_{-\infty}^{\infty} [\mathrm{i}\boldsymbol{k}\times\mathrm{i}\boldsymbol{k}\times\tilde{\boldsymbol{E}}(\boldsymbol{k}) - \omega^2\mu\bar{\varepsilon}\cdot\tilde{\boldsymbol{E}}(\boldsymbol{k})]\mathrm{e}^{\mathrm{i}\boldsymbol{k}\cdot\boldsymbol{R}}\mathrm{d}k_z = 0 \tag{2.3.5}$$

设式 (2.3.5) 对每个平面波成分均成立, 即令 $\mathrm{i}\boldsymbol{k}\times\mathrm{i}\boldsymbol{k}\times\tilde{\boldsymbol{E}}(\boldsymbol{k}) - \omega^2\mu\bar{\varepsilon}\cdot\tilde{\boldsymbol{E}}(\boldsymbol{k}) = 0$, 将其写成矩阵的形式:

$$\begin{pmatrix} k_y^2 + k_z^2 - a_1^2 & -k_x k_y & -k_x k_z \\ -k_y k_x & k_x^2 + k_z^2 - a_1^2 & -k_y k_z \\ -k_z k_x & -k_z k_y & k_x^2 + k_y^2 - a_2^2 \end{pmatrix} \begin{pmatrix} \tilde{E}_x \\ \tilde{E}_y \\ \tilde{E}_z \end{pmatrix} = \begin{pmatrix} 0 \\ 0 \\ 0 \end{pmatrix} \tag{2.3.6}$$

其中, k 为波数; $a_1^2 = \omega^2\varepsilon_t\mu$; $a_2^2 = \omega^2\varepsilon_z\mu$; $k_x = k\sin\theta_k\cos\phi_k$; $k_y = k\sin\theta_k\sin\phi_k$; $k_z = k\cos\theta_k$。

式 (2.3.6) 中关于 $\tilde{E}_x$、$\tilde{E}_y$ 和 $\tilde{E}_z$ 要有非零解, 则应当有系数行列式为零, 即

$$\begin{vmatrix} k_y^2 + k_z^2 - a_1^2 & -k_x k_y & -k_x k_z \\ -k_y k_x & k_x^2 + k_z^2 - a_1^2 & -k_y k_z \\ -k_z k_x & -k_z k_y & k_x^2 + k_y^2 - a_2^2 \end{vmatrix} = 0 \tag{2.3.7}$$

由式 (2.3.7) 可得波数 k 的两个本征值, 称为本征或特征波数, 分别为

$$k_1 = a_1 \tag{2.3.8}$$

$$k_2 = a_1 a_2 \sqrt{\frac{1}{a_1^2\sin^2\theta_k + a_2^2\cos^2\theta_k}} \tag{2.3.9}$$

由式 (2.3.7) 可得对应于这两个本征波数 k_q 的本征解为 $(q = 1, 2)$

$$\tilde{\boldsymbol{E}}_q(\boldsymbol{k}) = f_q(\theta_k, \phi_k)\boldsymbol{F}_q^e(\theta_k, \phi_k) = f_q(\theta_k, \phi_k)(F_{qx}^e\hat{x} + F_{qy}^e\hat{y} + F_{qz}^e\hat{z}) \tag{2.3.10}$$

其中，$f_q(\theta_k, \phi_k)$ 表示本征解的幅值；$\boldsymbol{F}_q^e(\theta_k, \phi_k)$ 的各分量为

$$
F_{qx}^e = \begin{cases} -\sin\phi_k, & q = 1 \\ -\dfrac{a_2^2}{a_1^2}\dfrac{\cos\theta_k}{\sin\theta_k}\cos\phi_k, & q = 2 \end{cases} \tag{2.3.11}
$$

$$
F_{qy}^e = \begin{cases} \cos\phi_k, & q = 1 \\ -\dfrac{a_2^2}{a_1^2}\dfrac{\cos\theta_k}{\sin\theta_k}\sin\phi_k, & q = 2 \end{cases} \tag{2.3.12}
$$

$$
F_{qz}^e = \begin{cases} 0, & q = 1 \\ 1, & q = 2 \end{cases} \tag{2.3.13}
$$

因此，式 (2.3.4)，即式 (2.3.3) 的解可表示为

$$
\boldsymbol{E} = \sum_{q=1}^{2} \int k_q^2 \sin\theta_k \mathrm{d}\theta_k \int_0^{2\pi} f_q(\theta_k, \phi_k) \boldsymbol{F}_q^e(\theta_k, \phi_k) \mathrm{e}^{\mathrm{i}\boldsymbol{k}_q \cdot \boldsymbol{R}} \mathrm{d}\phi_k \tag{2.3.14}
$$

设本征解的幅值 $f_q(\theta_k, \phi_k)$ 可以用球面函数 $P_{n'}^{m'}(\cos\theta_k)\mathrm{e}^{\mathrm{i}m'\phi_k}$ 展开如下：

$$
f_q(\theta_k, \phi_k) = \sum_{m'=-\infty}^{\infty} \sum_{n'=|m'|}^{\infty} G_{m'n'q} P_{n'}^{m'}(\cos\theta_k)\mathrm{e}^{\mathrm{i}m'\phi_k} \tag{2.3.15}
$$

把式 (2.3.15) 代入式 (2.3.14)，可得

$$
\begin{aligned}
\boldsymbol{E} = {} & \sum_{q=1}^{2} \sum_{m'=-\infty}^{\infty} \sum_{n'=|m'|}^{\infty} G_{m'n'q} \int_0^{\pi} k_q^2 P_{n'}^{m'}(\cos\theta_k)\sin\theta_k \mathrm{d}\theta_k \\
& \times \int_0^{2\pi} \boldsymbol{F}_q^e(\theta_k, \phi_k)\mathrm{e}^{\mathrm{i}m'\phi_k}\mathrm{e}^{\mathrm{i}\boldsymbol{k}_q \cdot \boldsymbol{R}} \mathrm{d}\phi_k
\end{aligned} \tag{2.3.16}
$$

把式 (2.2.1)~ 式 (2.2.3)，即单位振幅平面波用球矢量波函数展开的表达式代入式 (2.3.16)，其中用到如下关系式：

$$
\begin{aligned}
& \boldsymbol{F}_q^e(\theta_k, \phi_k)\mathrm{e}^{\mathrm{i}\boldsymbol{k}_q \cdot \boldsymbol{R}} \\
= {} & \sum_{m=-\infty}^{\infty} \sum_{n=|m|}^{\infty} [(F_{qx}^e a_{mn}^x + F_{qy}^e a_{mn}^y + F_{qz}^e a_{mn}^z)\boldsymbol{M}_{mn}^{(1)}(kR) \\
& + (F_{qx}^e b_{mn}^x + F_{qy}^e b_{mn}^y + F_{qz}^e b_{mn}^z)\boldsymbol{N}_{mn}^{(1)}(kR) \\
& + (F_{qx}^e c_{mn}^x + F_{qy}^e c_{mn}^y + F_{qz}^e c_{mn}^z)\boldsymbol{L}_{mn}^{(1)}(kR)]
\end{aligned} \tag{2.3.17}
$$

则式 (2.3.16) 可化为

$$
\boldsymbol{E} = \sum_{q=1}^{2} \sum_{m=-\infty}^{\infty} \sum_{n'=|m|}^{\infty} 2\pi G_{mn'q}
$$

$$
\times \sum_{n=|m|}^{\infty} \int_{0}^{\pi} [A_{mnq}^{e}(\theta_k)\boldsymbol{M}_{mn}^{(1)}(k_q) + B_{mnq}^{e}(\theta_k)\boldsymbol{N}_{mn}^{(1)}(k_q) \tag{2.3.18}
$$

$$
+ C_{mnq}^{e}(\theta_k)\boldsymbol{L}_{mn}^{(1)}(k_q)]P_{n'}^{m}(\cos\theta_k)k_q^2 \sin\theta_k \mathrm{d}\theta_k
$$

把式 (2.3.18) 中的符号 n' 用 n 代替，n 用 l 代替，则

$$
\boldsymbol{E} = \sum_{q=1}^{2} \sum_{m=-\infty}^{\infty} \sum_{n=|m|}^{\infty} E_{mnq}\boldsymbol{X}_{mnq}^{e}(k_q) \tag{2.3.19}
$$

其中，$E_{mnq} = 2\pi G_{mnq}$；

$$
\boldsymbol{X}_{mnq}^{e}(k_q) = \sum_{l=|m|}^{\infty} \int_{0}^{\pi} [A_{mlq}^{e}(\theta_k)\boldsymbol{M}_{ml}^{(1)}(k_q) + B_{mlq}^{e}(\theta_k)\boldsymbol{N}_{ml}^{(1)}(k_q) \tag{2.3.20}
$$

$$
+ C_{mlq}^{e}(\theta_k)\boldsymbol{L}_{ml}^{(1)}(k_q)]P_{n}^{m}(\cos\theta_k)k_q^2 \sin\theta_k \mathrm{d}\theta_k
$$

值得注意的是，式 (2.3.18) 中的代替只是为了表示方便而进行的表示符号上的替换，并没有实质的数学意义。

在推导式 (2.3.18) 时用到了 2.2.1 小节中单位振幅平面波用球矢量波函数展开的表达式，其中的符号 α 相当于此时的 θ_k，β 相当于 ϕ_k。

式 (2.3.20) 中的参数 $A_{mlq}^{e}(\theta_k)$、$B_{mlq}^{e}(\theta_k)$ 和 $C_{mlq}^{e}(\theta_k)$ $(q = 1, 2)$ 分别计算如下：

$$
A_{ml1}^{e}(\theta_k) = \mathrm{i}^{l}\frac{2l+1}{2l(l+1)}\frac{(l-m)!}{(l+m)!}[P_{l}^{m+1}(\cos\theta_k) \tag{2.3.21}
$$

$$
- (l+m)(l-m+1)P_{l}^{m-1}(\cos\theta_k)]
$$

$$
B_{ml1}^{e}(\theta_k) = -\mathrm{i}^{l}\frac{1}{2l(l+1)}\frac{(l-m)!}{(l+m)!}
$$

$$
\times [(l+1)P_{l-1}^{m+1}(\cos\theta_k) + lP_{l+1}^{m+1}(\cos\theta_k) \tag{2.3.22}
$$

$$
+ (l+1)(l+m-1)(l+m)P_{l-1}^{m-1}(\cos\theta_k)
$$

$$
+ l(l-m+1)(l-m+2)P_{l+1}^{m-1}(\cos\theta_k)]
$$

$$
\begin{aligned}
C_{ml1}^e(\theta_k) = & -\frac{\mathrm{i}^l}{2k_1}\frac{(l-m)!}{(l+m)!}[P_{l-1}^{m+1}(\cos\theta_k) \\
& + (l+m-1)(l+m)P_{l-1}^{m-1}(\cos\theta_k) \\
& - P_{l+1}^{m+1}(\cos\theta_k) - (l-m+1)(l-m+2)P_{l+1}^{m-1}(\cos\theta_k)]
\end{aligned}
\tag{2.3.23}
$$

$$
\begin{aligned}
A_{ml2}^e(\theta_k) = & \; \mathrm{i}^{l+1}\frac{2l+1}{2l(l+1)}\frac{(l-m)!}{(l+m)!} \\
& \times \left\{ \frac{a_2^2}{a_1^2}\frac{\cos\theta_k}{\sin\theta_k}[P_l^{m+1}(\cos\theta_k) + (l+m)(l-m+1) \right. \\
& \left. \times P_l^{m-1}(\cos\theta_k)] + 2mP_l^m(\cos\theta_k) \right\}
\end{aligned}
\tag{2.3.24}
$$

$$
\begin{aligned}
B_{ml2}^e(\theta_k) = & \; \mathrm{i}^{l-1}\frac{1}{2l(l+1)}\frac{(l-m)!}{(l+m)!}\frac{a_2^2}{a_1^2}\frac{\cos\theta_k}{\sin\theta_k}[(l+1)P_{l-1}^{m+1}(\cos\theta_k) \\
& + lP_{l+1}^{m+1}(\cos\theta_k) - (l+1)(l+m-1)(l+m)P_{l-1}^{m-1}(\cos\theta_k) \\
& - l(l-m+1)(l-m+2)P_{l+1}^{m-1}(\cos\theta_k)] \\
& + \mathrm{i}^{l+1}\frac{2l+1}{2l(l+1)}\frac{(l-m)!}{(l+m)!}2\frac{\mathrm{d}P_l^m(\cos\theta_k)}{\mathrm{d}\theta_k}\sin\theta_k
\end{aligned}
\tag{2.3.25}
$$

$$
\begin{aligned}
C_{ml2}^e(\theta_k) = & \; \frac{1}{2k_2}\mathrm{i}^{l-1}\frac{(l-m)!}{(l+m)!}\frac{a_2^2}{a_1^2}\frac{\cos\theta_k}{\sin\theta_k}[P_{l-1}^{m+1}(\cos\theta_k) \\
& - (l+m-1)(l+m)P_{l-1}^{m-1}(\cos\theta_k) \\
& - P_{l+1}^{m+1}(\cos\theta_k) + (l-m+1)(l-m+2)P_{l+1}^{m-1}(\cos\theta_k)] \\
& + \mathrm{i}^{l-1}\frac{1}{k_2}\frac{(l-m)!}{(l+m)!}(2l+1)\cos\theta_k P_l^m(\cos\theta_k)
\end{aligned}
\tag{2.3.26}
$$

由麦克斯韦旋度方程 (2.3.1)、式 (2.1.4) 和式 (2.1.6) 中矢量波函数之间的关系，可得单轴各向异性媒质中的磁场强度用球矢量波函数展开的表达式：

$$
\boldsymbol{H} = \frac{k_0}{\mathrm{i}\omega\mu}\sum_{q=1}^{2}\sum_{m=-\infty}^{\infty}\sum_{n=|m|}^{\infty}E_{mnq}\boldsymbol{X}_{mnq}^h(k_q)
\tag{2.3.27}
$$

其中，矢量波函数 $\boldsymbol{X}_{mnq}^h(k_q)$ 的表达式为

$$
\begin{aligned}
\boldsymbol{X}_{mnq}^h(k_q) = & \sum_{l=|m|}^{\infty}\int_0^\pi \frac{k_q}{k_0}[A_{mlq}^e(\theta_k)\boldsymbol{N}_{ml}^{(1)}(k_q) \\
& + B_{mlq}^e(\theta_k)\boldsymbol{M}_{ml}^{(1)}(k_q)]P_n^m(\cos\theta_k)k_q^2\sin\theta_k\mathrm{d}\theta_k
\end{aligned}
\tag{2.3.28}
$$

2.3.2 回旋各向异性媒质中的场用球矢量波函数展开

设回旋各向异性媒质的介电常数张量为 $\bar{\varepsilon} = \varepsilon_1\hat{x}\hat{x} - i\varepsilon_2\hat{x}\hat{y} + i\varepsilon_2\hat{y}\hat{x} + \hat{y}\hat{y}\varepsilon_1 + \hat{z}\hat{z}\varepsilon_3$，磁导率为 μ。

采用与从式 (2.3.1)~ 式 (2.3.5) 推导出式 (2.3.6) 相同的步骤，对于回旋各向异性媒质有

$$\begin{pmatrix} k_y^2 + k_z^2 - a_1^2 & -k_xk_y + ia_2^2 & -k_xk_z \\ -k_yk_x - ia_2^2 & k_x^2 + k_z^2 - a_1^2 & -k_yk_z \\ -k_zk_x & -k_zk_y & k_x^2 + k_y^2 - a_3^2 \end{pmatrix} \begin{pmatrix} \tilde{E}_x \\ \tilde{E}_y \\ \tilde{E}_z \end{pmatrix} = \begin{pmatrix} 0 \\ 0 \\ 0 \end{pmatrix} \quad (2.3.29)$$

其中，$a_1^2 = \omega^2\mu\varepsilon_1$；$a_2^2 = \omega^2\mu\varepsilon_2$；$a_3^2 = \omega^2\mu\varepsilon_3$。

式 (2.3.29) 中 $\tilde{E}_x$、$\tilde{E}_y$ 和 $\tilde{E}_z$ 要有非零解，则有系数行列式为零，表示如下：

$$\begin{vmatrix} k_y^2 + k_z^2 - a_1^2 & -k_xk_y + ia_2^2 & -k_xk_z \\ -k_yk_x - ia_2^2 & k_x^2 + k_z^2 - a_1^2 & -k_yk_z \\ -k_zk_x & -k_zk_y & k_x^2 + k_y^2 - a_3^2 \end{vmatrix} = 0 \quad (2.3.30)$$

由式 (2.3.30) 可得波数 k 的两个本征值 (本征波数) 为

$$k_1 = \sqrt{\frac{B + \sqrt{B^2 - 4AC}}{2A}} \quad (2.3.31)$$

$$k_2 = \sqrt{\frac{B - \sqrt{B^2 - 4AC}}{2A}} \quad (2.3.32)$$

其中，

$$A = a_1^2\sin^2\theta_k + a_3^2\cos^2\theta_k \quad (2.3.33)$$

$$B = (a_1^4 - a_2^4)\sin^2\theta_k + a_1^2a_3^2(1 + \cos^2\theta_k) \quad (2.3.34)$$

$$C = a_3^2(a_1^4 - a_2^4) \quad (2.3.35)$$

需要说明的是，与单轴各向异性媒质一样，本征波数 k_q $(q = 1, 2)$ 只是 θ_k 的函数，与 ϕ_k 无关。

对应于两个本征波数的本征解仍可用式 (2.3.10) 表示，其中 $\boldsymbol{F}_q^e(\theta_k, \phi_k)(q = 1, 2)$ 的各分量为

$$F_{qx}^e = -\frac{\Delta_{q1}}{\Delta_q}\sin\phi_k + \frac{\Delta_{q2}}{\Delta_q}\cos\phi_k \quad (2.3.36)$$

$$F_{qy}^e = \frac{\Delta_{q1}}{\Delta_q}\cos\phi_k + \frac{\Delta_{q2}}{\Delta_q}\sin\phi_k \quad (2.3.37)$$

$$F_{qz}^e = 1 \tag{2.3.38}$$

其中，

$$\Delta_{q1} = \mathrm{i}a_2^2 k_q^2 \sin\theta_k \cos\theta_k \tag{2.3.39}$$

$$\Delta_{q2} = (k_q^2 - a_1^2)k_q^2 \sin\theta_k \cos\theta_k \tag{2.3.40}$$

$$\Delta_q = -a_2^4 + (k_q^2 \cos^2\theta_k - a_1^2)(k_q^2 - a_1^2) \tag{2.3.41}$$

回旋各向异性媒质内电场强度仍然可以表示为式 (2.3.14) 的形式。采用与从式 (2.3.14)~ 式 (2.3.18) 推导出式 (2.3.19) 相同的步骤，回旋各向异性媒质内的电场强度仍可用球矢量波函数 (如式 (2.3.19) 的形式) 展开，则磁场强度仍可表示为式 (2.3.27) 的形式，此时相应参数为

$$
\begin{aligned}
A_{mlq}^e(\theta_k) = {} & \mathrm{i}^l \frac{2l+1}{2l(l+1)} \frac{(l-m)!}{(l+m)!} \frac{\Delta_{q1}}{\Delta_q} [P_l^{m+1}(\cos\theta_k) \\
& - (l+m)(l-m+1)P_l^{m-1}(\cos\theta_k)] \\
& + \mathrm{i}^{l-1} \frac{2l+1}{2l(l+1)} \frac{(l-m)!}{(l+m)!} \frac{\Delta_{q2}}{\Delta_q} [P_l^{m+1}(\cos\theta_k) \\
& + (l+m)(l-m+1)P_l^{m-1}(\cos\theta_k)] \\
& + \mathrm{i}^{l+1} m \frac{(l-m)!}{(l+m)!} \frac{2l+1}{l(l+1)} P_l^m(\cos\theta_k)
\end{aligned}
\tag{2.3.42}
$$

$$
\begin{aligned}
B_{mlq}^e(\theta_k) = {} & -\mathrm{i}^l \frac{1}{2l(l+1)} \frac{(l-m)!}{(l+m)!} \frac{\Delta_{q1}}{\Delta_q} \\
& \times [(l+1)P_{l-1}^{m+1}(\cos\theta_k) + lP_{l+1}^{m+1}(\cos\theta_k) \\
& + (l+1)(l+m-1)(l+m)P_{l-1}^{m-1}(\cos\theta_k) \\
& + l(l-m+1)(l-m+2)P_{l+1}^{m-1}(\cos\theta_k)] \\
& + \mathrm{i}^{l+1} \frac{1}{2l(l+1)} \frac{(l-m)!}{(l+m)!} \frac{\Delta_{q2}}{\Delta_q} [(l+1)P_{l-1}^{m+1}(\cos\theta_k) \\
& + lP_{l+1}^{m+1}(\cos\theta_k) - (l+1)(l+m-1)(l+m)P_{l-1}^{m-1}(\cos\theta_k) \\
& - l(l-m+1)(l-m+2)P_{l+1}^{m-1}(\cos\theta_k)] \\
& + \mathrm{i}^{l+1} \frac{2l+1}{l(l+1)} \frac{(l-m)!}{(l+m)!} \frac{\mathrm{d}P_l^m(\cos\theta_k)}{\mathrm{d}\theta_k} \sin\theta_k
\end{aligned}
\tag{2.3.43}
$$

$$
\begin{aligned}
C_{mlq}^e(\theta_k) = {} & -\frac{1}{2k_t}\mathrm{i}^l\frac{(l-m)!}{(l+m)!}\frac{\Delta_{q1}}{\Delta_q}[P_{l-1}^{m+1}(\cos\theta_k) \\
& + (l+m-1)(l+m)P_{l-1}^{m-1}(\cos\theta_k) \\
& - P_{l+1}^{m+1}(\cos\theta_k) - (l-m+1)(l-m+2)P_{l+1}^{m-1}(\cos\theta_k)] \\
& + \frac{1}{2k_t}\mathrm{i}^{l+1}\frac{(l-m)!}{(l+m)!}\frac{\Delta_{q2}}{\Delta_q}[P_{l-1}^{m+1}(\cos\theta_k) \qquad (2.3.44)\\
& - (l+m-1)(l+m)P_{l-1}^{m-1}(\cos\theta_k) \\
& - P_{l+1}^{m+1}(\cos\theta_k) + (l-m+1)(l-m+2)P_{l+1}^{m-1}(\cos\theta_k)] \\
& + \mathrm{i}^{l-1}\frac{1}{k_t}\frac{(l-m)!}{(l+m)!}(2l+1)\cos\theta_k P_l^m(\cos\theta_k)
\end{aligned}
$$

2.3.3 单轴各向异性手征媒质中的场用球矢量波函数展开

设单轴各向异性手征媒质的本构关系为

$$
\boldsymbol{D} = (\varepsilon_t\bar{\bar{I}}_t + \varepsilon_z\hat{z}\hat{z})\cdot\boldsymbol{E} + \mathrm{i}\kappa\sqrt{\mu_0\varepsilon_0}\hat{z}\hat{z}\cdot\boldsymbol{H} \qquad (2.3.45)
$$

$$
\boldsymbol{B} = \mu\boldsymbol{H} - \mathrm{i}\kappa\sqrt{\mu_0\varepsilon_0}\hat{z}\hat{z}\cdot\boldsymbol{E} \qquad (2.3.46)
$$

其中，$\bar{\bar{I}}_t = \hat{x}\hat{x} + \hat{y}\hat{y}$ 为单位张量；μ 为磁导率；κ 为手征参数。

单轴各向异性手征媒质既表现出单轴各向异性，又在 z 方向上有手征性。单轴各向异性手征媒质可以通过在通常媒质中嵌放金属弹簧来模拟，其中弹簧的轴线沿 z 方向。

设单轴各向异性手征媒质中的电场和磁场强度可表示为如下傅里叶积分的形式：

$$
\boldsymbol{E} = \int_{-\infty}^{\infty}\mathrm{d}k_x\int_{-\infty}^{\infty}\mathrm{d}k_y\int_{-\infty}^{\infty}\tilde{\boldsymbol{E}}(\boldsymbol{k})\mathrm{e}^{\mathrm{i}\boldsymbol{k}\cdot\boldsymbol{R}}\mathrm{d}k_z \qquad (2.3.47)
$$

$$
\boldsymbol{H} = \int_{-\infty}^{\infty}\mathrm{d}k_x\int_{-\infty}^{\infty}\mathrm{d}k_y\int_{-\infty}^{\infty}\tilde{\boldsymbol{H}}(\boldsymbol{k})\mathrm{e}^{\mathrm{i}\boldsymbol{k}\cdot\boldsymbol{R}}\mathrm{d}k_z \qquad (2.3.48)
$$

把式 (2.3.47) 和式 (2.3.48) 与本构关系式 (2.3.45) 和式 (2.3.46) 代入麦克斯韦方程 $\nabla\times\boldsymbol{E} = -\dfrac{\partial\boldsymbol{B}}{\partial t}$ 和 $\nabla\times\boldsymbol{H} = \dfrac{\partial\boldsymbol{D}}{\partial t}$ 中。考虑到时谐电磁场的时谐因子为 $\mathrm{e}^{-\mathrm{i}\omega t}$，则有替换关系 $\dfrac{\partial}{\partial t}\to-\mathrm{i}\omega$，由此可得

$$\int_{-\infty}^{\infty} \mathrm{d}k_x \int_{-\infty}^{\infty} \mathrm{d}k_y \int_{-\infty}^{\infty} \mathrm{i}\boldsymbol{k} \times \tilde{\boldsymbol{E}}(\boldsymbol{k}) \mathrm{e}^{\mathrm{i}\boldsymbol{k}\cdot\boldsymbol{R}} \mathrm{d}k_z$$

$$= \int_{-\infty}^{\infty} \mathrm{d}k_x \int_{-\infty}^{\infty} \mathrm{d}k_y \int_{-\infty}^{\infty} \mathrm{i}\omega\mu\tilde{\boldsymbol{H}}(\boldsymbol{k}) \mathrm{e}^{\mathrm{i}\boldsymbol{k}\cdot\boldsymbol{R}} \mathrm{d}k_z \tag{2.3.49}$$

$$+ \int_{-\infty}^{\infty} \mathrm{d}k_x \int_{-\infty}^{\infty} \mathrm{d}k_y \int_{-\infty}^{\infty} \omega\kappa\sqrt{\mu_0\varepsilon_0}\hat{z}\hat{z}\cdot\tilde{\boldsymbol{E}}(\boldsymbol{k}) \mathrm{e}^{\mathrm{i}\boldsymbol{k}\cdot\boldsymbol{R}} \mathrm{d}k_z$$

$$\int_{-\infty}^{\infty} \mathrm{d}k_x \int_{-\infty}^{\infty} \mathrm{d}k_y \int_{-\infty}^{\infty} \mathrm{i}\boldsymbol{k} \times \tilde{\boldsymbol{H}}(\boldsymbol{k}) \mathrm{e}^{\mathrm{i}\boldsymbol{k}\cdot\boldsymbol{R}} \mathrm{d}k_z$$

$$= -\int_{-\infty}^{\infty} \mathrm{d}k_x \int_{-\infty}^{\infty} \mathrm{d}k_y \int_{-\infty}^{\infty} \mathrm{i}\omega(\varepsilon_t\bar{\bar{I}}_t + \varepsilon_z\hat{z}\hat{z})\cdot\tilde{\boldsymbol{E}}(\boldsymbol{k}) \mathrm{e}^{\mathrm{i}\boldsymbol{k}\cdot\boldsymbol{R}} \mathrm{d}k_z \tag{2.3.50}$$

$$+ \int_{-\infty}^{\infty} \mathrm{d}k_x \int_{-\infty}^{\infty} \mathrm{d}k_y \int_{-\infty}^{\infty} \omega\kappa\sqrt{\mu_0\varepsilon_0}\hat{z}\hat{z}\cdot\tilde{\boldsymbol{H}}(\boldsymbol{k}) \mathrm{e}^{\mathrm{i}\boldsymbol{k}\cdot\boldsymbol{R}} \mathrm{d}k_z$$

设式 (2.3.49) 和式 (2.3.50) 去掉积分后仍然成立, 即式 (2.3.49) 和式 (2.3.50) 对每个平面波成分均成立, 则有

$$\mathrm{i}\boldsymbol{k} \times \tilde{\boldsymbol{E}}(\boldsymbol{k}) = \mathrm{i}\omega\mu\tilde{\boldsymbol{H}}(\boldsymbol{k}) + \omega\kappa\sqrt{\mu_0\varepsilon_0}\hat{z}\hat{z}\cdot\tilde{\boldsymbol{E}}(\boldsymbol{k}) \tag{2.3.51}$$

$$\mathrm{i}\boldsymbol{k} \times \tilde{\boldsymbol{H}}(\boldsymbol{k}) = -\mathrm{i}\omega(\varepsilon_t\bar{\bar{I}}_t + \varepsilon_z\hat{z}\hat{z})\cdot\tilde{\boldsymbol{E}}(\boldsymbol{k}) + \omega\kappa\sqrt{\mu_0\varepsilon_0}\hat{z}\hat{z}\cdot\tilde{\boldsymbol{H}}(\boldsymbol{k}) \tag{2.3.52}$$

式 (2.3.51) 和式 (2.3.52) 的矩阵形式分别为

$$\begin{pmatrix} 0 & -\mathrm{i}k_z & \mathrm{i}k_y \\ \mathrm{i}k_z & 0 & -\mathrm{i}k_x \\ -\mathrm{i}k_y & \mathrm{i}k_x & -\omega\kappa\sqrt{\mu_0\varepsilon_0} \end{pmatrix} \begin{pmatrix} \tilde{E}_x \\ \tilde{E}_y \\ \tilde{E}_z \end{pmatrix} = \mathrm{i}\omega\mu \begin{pmatrix} \tilde{H}_x \\ \tilde{H}_y \\ \tilde{H}_z \end{pmatrix} \tag{2.3.53}$$

$$\begin{pmatrix} 0 & -\mathrm{i}k_z & \mathrm{i}k_y \\ \mathrm{i}k_z & 0 & -\mathrm{i}k_x \\ -\mathrm{i}k_y & \mathrm{i}k_x & -\omega\kappa\sqrt{\mu_0\varepsilon_0} \end{pmatrix} \begin{pmatrix} \tilde{H}_x \\ \tilde{H}_y \\ \tilde{H}_z \end{pmatrix} = \begin{pmatrix} -\mathrm{i}\omega\varepsilon_t & 0 & 0 \\ 0 & -\mathrm{i}\omega\varepsilon_t & 0 \\ 0 & 0 & -\mathrm{i}\omega\varepsilon_z \end{pmatrix} \begin{pmatrix} \tilde{E}_x \\ \tilde{E}_y \\ \tilde{E}_z \end{pmatrix} \tag{2.3.54}$$

联立式 (2.3.53) 和式 (2.3.54) 消去 $\tilde{H}_x$、$\tilde{H}_y$ 和 $\tilde{H}_z$, 可得

$$\frac{1}{\mathrm{i}\omega\mu} \begin{pmatrix} 0 & -\mathrm{i}k_z & \mathrm{i}k_y \\ \mathrm{i}k_z & 0 & -\mathrm{i}k_x \\ -\mathrm{i}k_y & \mathrm{i}k_x & -\omega\kappa\sqrt{\mu_0\varepsilon_0} \end{pmatrix} \begin{pmatrix} 0 & -\mathrm{i}k_z & \mathrm{i}k_y \\ \mathrm{i}k_z & 0 & -\mathrm{i}k_x \\ -\mathrm{i}k_y & \mathrm{i}k_x & -\omega\kappa\sqrt{\mu_0\varepsilon_0} \end{pmatrix} \begin{pmatrix} \tilde{E}_x \\ \tilde{E}_y \\ \tilde{E}_z \end{pmatrix}$$

$$= \begin{pmatrix} -\mathrm{i}\omega\varepsilon_t & 0 & 0 \\ 0 & -\mathrm{i}\omega\varepsilon_t & 0 \\ 0 & 0 & -\mathrm{i}\omega\varepsilon_z \end{pmatrix} \begin{pmatrix} \tilde{E}_x \\ \tilde{E}_y \\ \tilde{E}_z \end{pmatrix} \tag{2.3.55}$$

式 (2.3.55) 为关于 $\tilde{E}_x$、$\tilde{E}_y$ 和 $\tilde{E}_z$ 的方程组，与 2.3.1 小节和 2.3.2 小节一样，从中可求出单轴各向异性手征媒质内的本征波数和相应的本征解。式 (2.3.55) 最终可化为

$$
\begin{pmatrix}
k_z^2 + k_y^2 - \omega^2\varepsilon_t\mu & -k_xk_y & -k_xk_z - \mathrm{i}k_y\omega\kappa\sqrt{\mu_0\varepsilon_0} \\
-k_xk_y & k_z^2 + k_x^2 - \omega^2\varepsilon_t\mu & -k_yk_z + \mathrm{i}k_x\omega\kappa\sqrt{\mu_0\varepsilon_0} \\
-k_xk_z + \mathrm{i}k_y\omega\kappa\sqrt{\mu_0\varepsilon_0} & -k_yk_z - \mathrm{i}k_x\omega\kappa\sqrt{\mu_0\varepsilon_0} & k_x^2 + k_y^2 + (\omega\kappa\sqrt{\mu_0\varepsilon_0})^2 - \omega^2\varepsilon_z\mu
\end{pmatrix}
$$
$$
\times \begin{pmatrix} \tilde{E}_x \\ \tilde{E}_y \\ \tilde{E}_z \end{pmatrix} = \begin{pmatrix} 0 \\ 0 \\ 0 \end{pmatrix} \tag{2.3.56}
$$

式 (2.3.56) 中 $\tilde{E}_x$、$\tilde{E}_y$ 和 $\tilde{E}_z$ 要有非零解，则有系数行列式为零，即

$$
\begin{vmatrix}
k_z^2 + k_y^2 - \omega^2\varepsilon_t\mu & -k_xk_y & -k_xk_z - \mathrm{i}k_y\omega\kappa\sqrt{\mu_0\varepsilon_0} \\
-k_xk_y & k_z^2 + k_x^2 - \omega^2\varepsilon_t\mu & -k_yk_z + \mathrm{i}k_x\omega\kappa\sqrt{\mu_0\varepsilon_0} \\
-k_xk_z + \mathrm{i}k_y\omega\kappa\sqrt{\mu_0\varepsilon_0} & -k_yk_z - \mathrm{i}k_x\omega\kappa\sqrt{\mu_0\varepsilon_0} & k_x^2 + k_y^2 + (\omega\kappa\sqrt{\mu_0\varepsilon_0})^2 - \omega^2\varepsilon_z\mu
\end{vmatrix}
= 0 \tag{2.3.57}
$$

从式 (2.3.57) 可得如下关系式 $(q = 1, 2)$：

$$
\omega^2\varepsilon_t\mu = \frac{k_q^2}{A_q}\sin^2\theta_k + k_q^2\cos^2\theta_k \tag{2.3.58}
$$

其中，$A_1 = \frac{1}{2}\left(1 + \frac{\varepsilon_z}{\varepsilon_t}\right) + \sqrt{\frac{1}{4}\left(1 - \frac{\varepsilon_z}{\varepsilon_t}\right)^2 + \frac{\mu_0\varepsilon_0\kappa^2}{\varepsilon_t\mu}}$；$A_2 = \frac{1}{2}\left(1 + \frac{\varepsilon_z}{\varepsilon_t}\right) - \sqrt{\frac{1}{4}\left(1 - \frac{\varepsilon_z}{\varepsilon_t}\right)^2 + \frac{\mu_0\varepsilon_0\kappa^2}{\varepsilon_t\mu}}$。

从式 (2.3.58) 可得本征波数为

$$
k_q = \frac{k_t}{\sqrt{\frac{1}{A_q}\sin^2\theta_k + \cos^2\theta_k}} \tag{2.3.59}
$$

其中，$k_t = \omega\sqrt{\varepsilon_t\mu}$。

与单轴和回旋各向异性媒质一样，这里本征波数 $k_q(q = 1, 2)$ 只是 θ_k 的函数。

对应于本征波数 $k_q(q=1,2)$ 的本征解由式 (2.3.56) 求出，仍可用式 (2.3.10) 表示，此时 $\boldsymbol{F}_q^e(\theta_k,\phi_k)$ 的各分量为

$$F_{qx}^e = -\frac{k_{qx}k_{qz}}{k_t^2 - k_{qz}^2} - \frac{\mathrm{i}k_{qy}k_0\kappa}{k_t^2 - k_q^2} \tag{2.3.60}$$

$$F_{qy}^e = -\frac{k_{qy}k_{qz}}{k_t^2 - k_{qz}^2} + \frac{\mathrm{i}k_{qx}k_0\kappa}{k_t^2 - k_q^2} \tag{2.3.61}$$

$$F_{qz}^e = 1 \tag{2.3.62}$$

其中，$k_0 = \omega\sqrt{\varepsilon_0\mu_0}$ 为自由空间的波数。

单轴各向异性手征媒质内的电场强度仍然可以表示为式 (2.3.14) 的形式。与从式 (2.3.14)~ 式 (2.3.18) 推导出式 (2.3.19) 的步骤相同，单轴各向异性手征媒质内的电场强度可用球矢量波函数展开，且仍可表示为式 (2.3.19) 的形式，此时的参数为

$$
\begin{aligned}
A_{mlq}^e(\theta_k) = {}& \mathrm{i}^{l+1}\frac{2l+1}{2l(l+1)}\frac{(l-m)!}{(l+m)!}\left\{\frac{k_qk_{qz}\sin\theta_k}{k_t^2 - k_{qz}^2}[P_l^{m+1}(\cos\theta_k)\right. \\
& + (l+m)(l-m+1)P_l^{m-1}(\cos\theta_k)] \\
& + \kappa\frac{k_0k_q\sin\theta_k}{k_t^2 - k_q^2}[P_l^{m+1}(\cos\theta_k) \\
& \left. - (l+m)(l-m+1)P_l^{m-1}(\cos\theta_k)] + 2mP_l^m(\cos\theta_k)\right\}
\end{aligned}
\tag{2.3.63}
$$

$$
\begin{aligned}
B_{mlq}^e(\theta_k) = {}& \mathrm{i}^{l+1}\frac{1}{2l(l+1)}\frac{(l-m)!}{(l+m)!}\left\{\frac{-k_qk_{qz}\sin\theta_k}{k_t^2 - k_{qz}^2}[(l+1)P_{l-1}^{m+1}(\cos\theta_k)\right. \\
& + lP_{l+1}^{m+1}(\cos\theta_k) - (l+1)(l+m)(l+m-1)P_{l-1}^{m-1}(\cos\theta_k) \\
& - l(l-m+1)(l-m+2)P_{l+1}^{m-1}(\cos\theta_k)] \\
& - \kappa\frac{k_0k_q\sin\theta_k}{k_t^2 - k_q^2}[(l+1)P_{l-1}^{m+1}(\cos\theta_k) + lP_{l+1}^{m+1}(\cos\theta_k) \\
& + (l+1)(l+m)(l+m-1)P_{l-1}^{m-1}(\cos\theta_k) \\
& + l(l-m+1)(l-m+2)P_{l+1}^{m-1}(\cos\theta_k)] \\
& \left. + 2(2l+1)\frac{\mathrm{d}P_l^m(\cos\theta_k)}{\mathrm{d}\theta_k}\sin\theta_k\right\}
\end{aligned}
\tag{2.3.64}
$$

$$
C_{mlq}^e(\theta_k) = \mathrm{i}^{l+1}\frac{1}{2k_q}\frac{(l-m)!}{(l+m)!}\left\{\frac{-k_qk_{qz}\sin\theta_k}{k_t^2 - k_{qz}^2}[P_{l-1}^{m+1}(\cos\theta_k)\right.
$$

$$
\begin{aligned}
&- P_{l+1}^{m+1}(\cos\theta_k) - (l+m)(l+m-1)P_{l-1}^{m-1}(\cos\theta_k) \\
&+ (l-m+1)(l-m+2)P_{l+1}^{m-1}(\cos\theta_k)] \\
&- \kappa\frac{k_0 k_q \sin\theta_k}{k_t^2 - k_q^2}[P_{l-1}^{m+1}(\cos\theta_k) - P_{l+1}^{m+1}(\cos\theta_k) \\
&+ (l+m)(l+m-1)P_{l-1}^{m-1}(\cos\theta_k) \\
&- (l-m+1)(l-m+2)P_{l+1}^{m-1}(\cos\theta_k)] \\
&- 2(2l+1)P_l^m(\cos\theta_k)\cos\theta_k\Big\}
\end{aligned}
\tag{2.3.65}
$$

把式 (2.3.10) 代入式 (2.3.51) 或式 (2.3.53) 可求出 $\tilde{\boldsymbol{H}}(\boldsymbol{k})$，再代入式 (2.3.48)，可得磁场强度为

$$
\boldsymbol{H} = E_0\frac{k_0}{\mathrm{i}\omega\mu}\sum_{q=1}^{2}\int k_q^2\sin\theta_k\mathrm{d}\theta_k\int_0^{2\pi}f_q(\theta_k,\phi_k)\boldsymbol{F}_q^h(\theta_k,\phi_k)\mathrm{e}^{\mathrm{i}\boldsymbol{k}_q\cdot\boldsymbol{R}}\mathrm{d}\phi_k
\tag{2.3.66}
$$

其中，$\boldsymbol{F}_q^h = \mathrm{i}\dfrac{\boldsymbol{k}_q}{k_0}\times\boldsymbol{F}_q^e - \kappa F_{qz}^e\hat{z}$。

$\boldsymbol{F}_q^h$ 各分量的具体表达式可推导如下：

$$
F_{qx}^h = \mathrm{i}\frac{k_{qy}}{k_0}\frac{k_t^2}{k_t^2 - k_{qz}^2} + \frac{k_{qz}}{k_0}\frac{k_{qx}k_0\kappa}{k_t^2 - k_q^2}
\tag{2.3.67}
$$

$$
F_{qy}^h = -\mathrm{i}\frac{k_{qx}}{k_0}\frac{k_t^2}{k_t^2 - k_{qz}^2} + \frac{k_{qz}}{k_0}\frac{k_{qy}k_0\kappa}{k_t^2 - k_q^2}
\tag{2.3.68}
$$

$$
F_{qz}^h = -\kappa\frac{k_t^2 - k_{qz}^2}{k_t^2 - k_q^2}
\tag{2.3.69}
$$

与推导电场的球矢量波函数展开式的步骤相同，即先把式 (2.3.66) 中的幅值函数 $f_q(\theta_k,\phi_k)$ 如式 (2.3.15) 进行展开，再把单位振幅平面波用球矢量波函数展开的表达式代入式 (2.3.66)，其中用到了如下关系式：

$$
\begin{aligned}
&\boldsymbol{F}_q^h(\theta_k,\phi_k)\mathrm{e}^{\mathrm{i}\boldsymbol{k}_q\cdot\boldsymbol{R}} \\
&= \sum_{m=-\infty}^{\infty}\sum_{n=|m|}^{\infty}[(F_{qx}^h a_{mn}^x + F_{qy}^h a_{mn}^y + F_{qz}^h a_{mn}^z)\boldsymbol{M}_{mn}^{(1)}(kR) \\
&+ (F_{qx}^h b_{mn}^x + F_{qy}^h b_{mn}^y + F_{qz}^h b_{mn}^z)\boldsymbol{N}_{mn}^{(1)}(kR) \\
&+ (F_{qx}^h c_{mn}^x + F_{qy}^h c_{mn}^y + F_{qz}^h c_{mn}^z)\boldsymbol{L}_{mn}^{(1)}(kR)]
\end{aligned}
\tag{2.3.70}
$$

则可得单轴各向异性手征媒质中的磁场强度用球矢量波函数展开的表达式，其形式与式 (2.3.27) 一致，其中矢量波函数 $\boldsymbol{X}_{mnq}^h(k_q)$ 的表达式为

$$
\boldsymbol{X}_{mnq}^h(k_q) = \sum_{l=|m|}^{\infty} \int_0^\pi [A_{mlq}^h(\theta_k)\boldsymbol{M}_{ml}^{(1)}(k_q) + B_{mlq}^h(\theta_k)\boldsymbol{N}_{ml}^{(1)}(k_q) \\
+ C_{mlq}^h(\theta_k)\boldsymbol{L}_{ml}^{(1)}(k_q)] \times P_n^m(\cos\theta_k)k_q^2\sin\theta_k\mathrm{d}\theta_k
\tag{2.3.71}
$$

式 (2.3.71) 中相应的参数为

$$
\begin{aligned}
A_{mlq}^h(\theta_k) =\ & \mathrm{i}^{l+1}\frac{2l+1}{2l(l+1)}\frac{(l-m)!}{(l+m)!}\left\{\frac{k_q\sin\theta_k}{k_0}\frac{k_t^2}{k_t^2-k_{qz}^2}\right. \\
& \times[-P_l^{m+1}(\cos\theta_k) + (l+m)(l-m+1)P_l^{m-1}(\cos\theta_k)] \\
& + \kappa\frac{k_qk_{qz}\sin\theta_k}{k_t^2-k_q^2}\times[-P_l^{m+1}(\cos\theta_k) - (l+m)(l-m+1) \\
& \left.\times P_l^{m-1}(\cos\theta_k)] - \kappa\frac{k_t^2-k_{qz}^2}{k_t^2-k_q^2}2mP_l^m(\cos\theta_k)\right\}
\end{aligned}
\tag{2.3.72}
$$

$$
\begin{aligned}
B_{mlq}^h(\theta_k) =\ & \mathrm{i}^{l+1}\frac{1}{2l(l+1)}\frac{(l-m)!}{(l+m)!} \\
& \times\left\{\frac{k_q\sin\theta_k}{k_0}\frac{k_t^2}{k_t^2-k_{qz}^2}[(l+1)P_{l-1}^{m+1}(\cos\theta_k)\right. \\
& + lP_{l+1}^{m+1}(\cos\theta_k) + (l+1)(l+m)(l+m-1)P_{l-1}^{m-1}(\cos\theta_k) \\
& + l(l-m+1)(l-m+2)P_{l+1}^{m-1}(\cos\theta_k)] \\
& + \kappa\frac{k_qk_{qz}\sin\theta_k}{k_t^2-k_q^2}[(l+1)P_{l-1}^{m+1}(\cos\theta_k) + lP_{l+1}^{m+1}(\cos\theta_k) \\
& - (l+1)(l+m)(l+m-1)P_{l-1}^{m-1}(\cos\theta_k) \\
& - l(l-m+1)(l-m+2)P_{l+1}^{m-1}(\cos\theta_k)] \\
& \left.- \kappa\frac{k_t^2-k_{qz}^2}{k_t^2-k_q^2}2(2l+1)\frac{\mathrm{d}P_l^m(\cos\theta_k)}{\mathrm{d}\theta_k}\sin\theta_k\right\}
\end{aligned}
\tag{2.3.73}
$$

$$
\begin{aligned}
C_{mlq}^h(\theta_k) =\ & \mathrm{i}^{l+1}\frac{1}{2k_q}\frac{(l-m)!}{(l+m)!}\left\{\frac{k_q\sin\theta_k}{k_0}\frac{k_t^2}{k_t^2-k_{qz}^2}[P_{l-1}^{m+1}(\cos\theta_k)\right. \\
& - P_{l+1}^{m+1}(\cos\theta_k) + (l+m)(l+m-1)P_{l-1}^{m-1}(\cos\theta_k) \\
& - (l-m+1)(l-m+2)P_{l+1}^{m-1}(\cos\theta_k)]
\end{aligned}
$$

$$+ \kappa \frac{k_q k_{qz} \sin \theta_k}{k_t^2 - k_q^2} [P_{l-1}^{m+1}(\cos \theta_k) - P_{l+1}^{m+1}(\cos \theta_k) \qquad (2.3.74)$$

$$- (l+m)(l+m-1)P_{l-1}^{m-1}(\cos \theta_k)$$

$$+ (l-m+1)(l-m+2)P_{l+1}^{m-1}(\cos \theta_k)]$$

$$+ \kappa \frac{k_t^2 - k_{qz}^2}{k_t^2 - k_q^2} 2(2l+1)P_l^m(\cos \theta_k)\cos \theta_k \}$$

2.4 典型各向异性媒质中的场用圆柱矢量波函数展开

2.4.1 单轴各向异性媒质中的场用圆柱矢量波函数展开

2.3.1 小节中，单轴各向异性媒质中的场已用如式 (2.3.14) 的平面波谱展开。从物理意义上，平面波谱的幅值函数 $f_q(\theta_k, \phi_k)$ 应当是以 2π 为周期的函数，因此可以展开为如下形式的 Fourier 级数：

$$f_q(\theta_k, \phi_k) = \sum_{n=-\infty}^{\infty} G'_{nq}(\theta_k) \mathrm{e}^{\mathrm{i}n\phi_k} \qquad (2.4.1)$$

把式 (2.4.1) 代入式 (2.3.14)，可得

$$\boldsymbol{E} = \sum_{q=1}^{2} \sum_{n=-\infty}^{\infty} \int G'_{nq}(\theta_k) k_q^2 \sin \theta_k \mathrm{d}\theta_k \int_0^{2\pi} \boldsymbol{F}_q^e(\theta_k, \phi_k) \mathrm{e}^{\mathrm{i}\boldsymbol{k}_q \cdot \boldsymbol{R}} \mathrm{e}^{\mathrm{i}n\phi_k} \mathrm{d}\phi_k \qquad (2.4.2)$$

在 2.2.2 小节中已推导出单位振幅平面波用圆柱矢量波函数展开的关系式，即式 (2.2.43)～ 式 (2.2.45)，把它们代入式 (2.4.2)，其中用到了如下关系式：

$$\boldsymbol{F}_q^e(\theta_k, \phi_k) \mathrm{e}^{\mathrm{i}\boldsymbol{k} \cdot \boldsymbol{R}} = \sum_{m=-\infty}^{\infty} [(F_{qx}^e a_m^x + F_{qy}^e a_m^y + F_{qz}^e a_m^z) \boldsymbol{m}_{m\lambda}^{(1)}$$

$$+ (F_{qx}^e b_m^x + F_{qy}^e b_m^y + F_{qz}^e b_m^z) \boldsymbol{n}_{m\lambda}^{(1)} \qquad (2.4.3)$$

$$+ (F_{qx}^e c_m^x + F_{qy}^e c_m^y + F_{qz}^e c_m^z) \boldsymbol{l}_{m\lambda}^{(1)}] \mathrm{e}^{\mathrm{i}hz}$$

则式 (2.4.2) 可化为

$$\boldsymbol{E} = \sum_{q=1}^{2} \sum_{m=-\infty}^{\infty} \int G_{mq}(\theta_k) [A_q^e(\theta_k) \boldsymbol{m}_{m\lambda_q}^{(1)} + B_q^e(\theta_k) \boldsymbol{n}_{m\lambda_q}^{(1)}$$

$$+ C_q^e(\theta_k) \boldsymbol{l}_{m\lambda_q}^{(1)}] \mathrm{e}^{\mathrm{i}h_q z} \mathrm{d}\theta_k \qquad (2.4.4)$$

其中 $G_{mq}(\theta_k) = 2\pi \mathrm{i}^{m+1} G'_{mq}(\theta_k) k_q$；$\lambda_q = k_q \sin \theta_k$；$h_q = k_q \cos \theta_k$。

式 (2.4.4) 中的系数函数 $A_q^e(\theta_k)$、$B_q^e(\theta_k)$ 和 $C_q^e(\theta_k)(q=1,2)$ 推导为

$$A_1^e(\theta_k) = 1, B_1^e(\theta_k) = C_1^e(\theta_k) = A_2^e(\theta_k) = 0 \qquad (2.4.5)$$

$$B_2^e(\theta_k) = -\mathrm{i} \frac{a_1^2 \sin^2 \theta_k + a_2^2 \cos^2 \theta_k}{a_1^2 \sin \theta_k} \qquad (2.4.6)$$

$$C_2^e(\theta_k) = -\frac{a_1^2 - a_2^2}{a_1^2} \sin \theta_k \cos \theta_k \qquad (2.4.7)$$

在推导式 (2.4.4) 的过程中用到了如式 (2.2.7) 的复指数函数的性质，k_1 和 k_2 的表达式分别为式 (2.3.8) 和式 (2.3.9)，相应的参数与 2.3.1 小节一致。

相应的磁场强度用圆柱矢量波函数展开的表达式，由麦克斯韦旋度方程 (2.3.1)、式 (2.1.4) 和式 (2.1.6) 推导的结果如下：

$$\boldsymbol{H} = \frac{k_0}{\mathrm{i}\omega\mu} \sum_{q=1}^2 \sum_{m=-\infty}^{\infty} \int G_{mq}(\theta_k) \frac{k_q}{k_0} [A_q^e(\theta_k) \boldsymbol{n}_{m\lambda_q}^{(1)} + B_q^e(\theta_k) \boldsymbol{m}_{m\lambda_q}^{(1)}] \mathrm{e}^{\mathrm{i}h_q z} \mathrm{d}\theta_k \quad (2.4.8)$$

2.4.2　回旋各向异性媒质中的场用圆柱矢量波函数展开

2.3.2 小节中，回旋各向异性媒质中的电场强度仍然可用如式 (2.3.14) 的平面波谱展开。下面的推导采用与 2.4.1 小节单轴各向异性媒质相同的步骤。把幅值函数 $f_q(\theta_k, \phi_k)$ (如式 (2.4.1)) 展开成 Fourier 级数后代入式 (2.3.14)，可得式 (2.4.2)。然后把单位振幅平面波用圆柱矢量波函数展开的关系式代入，可得回旋各向异性媒质内的场用圆柱矢量波函数展开的关系式，即式 (2.4.4)。对于回旋各向异性媒质，重写如下：

$$
\begin{aligned}
\boldsymbol{E} = E_0 \sum_{q=1}^2 \sum_{m=-\infty}^{\infty} \int G_{mq}(\theta_k) [&A_q^e(\theta_k) \boldsymbol{m}_{m\lambda_q}^{(1)} \\
+ &B_q^e(\theta_k) \boldsymbol{n}_{m\lambda_q}^{(1)} + C_q^e(\theta_k) \boldsymbol{l}_{m\lambda_q}^{(1)}] \mathrm{e}^{\mathrm{i}h_q z} \mathrm{d}\theta_k
\end{aligned}
\qquad (2.4.9)
$$

其中，$G_{mq}(\theta_k) = 2\pi \mathrm{i}^{m-1} k_q^2 G'_{mq}(\theta_k) \sin \theta_k$；$\lambda_q = k_q \sin \theta_k$；$h_q = k_q \cos \theta_k$；

$$A_q^e(\theta_k) = -\frac{1}{k_q \sin \theta_k} \frac{\Delta_{q1}}{\Delta_q} \qquad (2.4.10)$$

$$B_q^e(\theta_k) = \frac{\mathrm{i}}{k_q \sin \theta_k} \left(\sin \theta_k - \frac{\Delta_{q2}}{\Delta_q} \cos \theta_k \right) \qquad (2.4.11)$$

$$C_q^e(\theta_k) = \frac{1}{k_q} \left(\frac{\Delta_{q2}}{\Delta_q} \sin \theta_k + \cos \theta_k \right) \qquad (2.4.12)$$

相应的磁场强度用圆柱矢量波函数展开的表达式仍可表示为式 (2.4.8) 的形式。本小节中用到的参数均与 2.3.2 小节中的一致。

2.4.3 单轴各向异性手征媒质中的场用圆柱矢量波函数展开

在 2.3.3 小节中，单轴各向异性手征媒质中的电场强度仍然可用如式 (2.3.14) 的平面波谱展开。下面的推导采用与 2.4.1 小节和 2.4.2 小节推导单轴和回旋各向异性媒质内的场用圆柱矢量波函数展开相同的步骤，则对于单轴各向异性手征媒质，电场强度可表示为

$$
\begin{aligned}
\boldsymbol{E} = E_0 \sum_{q=1}^{2} \sum_{m=-\infty}^{\infty} \int G_{mq}(\theta_k)[A_q^e(\theta_k)\boldsymbol{m}_{m\lambda_q}^{(1)} \\
+ B_q^e(\theta_k)\boldsymbol{n}_{m\lambda_q}^{(1)} + C_q^e(\theta_k)\boldsymbol{l}_{m\lambda_q}^{(1)}]\mathrm{e}^{\mathrm{i}k_{qz}z}\mathrm{d}\theta_k
\end{aligned}
\tag{2.4.13}
$$

其中，$G_{mq}(\theta_k) = 2\pi\mathrm{i}^{m-1}G'_{mq}(\theta_k)k_q\sin\theta_k$；$\lambda_q = k_q\sin\theta_k$；$k_{qz} = k_q\cos\theta_k$；

$$
A_q^e(\theta_k) = \frac{-\mathrm{i}k_q k_0 \kappa}{k_t^2 - k_q^2}
\tag{2.4.14}
$$

$$
B_q^e(\theta_k) = \mathrm{i}\frac{k_t^2}{k_t^2 - k_{qz}^2}
\tag{2.4.15}
$$

$$
C_q^e(\theta_k) = \frac{k_t^2 - k_q^2}{k_t^2 - k_{qz}^2}\cos\theta_k
\tag{2.4.16}
$$

在 2.3.3 小节中，单轴各向异性手征媒质中的磁场强度已经如式 (2.3.66) 用平面波谱展开。接着采用与推导电场强度相同的步骤，即把式 (2.3.66) 中的幅值函数 $f_q(\theta_k, \phi_k)$ 如式 (2.4.1) 展开成 Fourier 级数，然后把单位振幅平面波用圆柱矢量波函数展开的关系式代入，即可得单轴各向异性手征媒质中的磁场强度用圆柱矢量波函数展开的关系式如下：

$$
\begin{aligned}
\boldsymbol{H} = E_0\frac{k_0}{\mathrm{i}\omega\mu} \sum_{q=1}^{2} \sum_{m=-\infty}^{\infty} \int G_{mq}(\theta_k)[A_q^h(\theta_k)\boldsymbol{m}_{m\lambda_q}^{(1)} \\
+ B_q^h(\theta_k)\boldsymbol{n}_{m\lambda_q}^{(1)} + C_q^h(\theta_k)\boldsymbol{l}_{m\lambda_q}^{(1)}]\mathrm{e}^{\mathrm{i}k_{qz}z}\mathrm{d}\theta_k
\end{aligned}
\tag{2.4.17}
$$

相应的参数为

$$
A_q^h(\theta_k) = \mathrm{i}\frac{k_q}{k_0}\frac{k_t^2}{k_t^2 - h_q^2}
\tag{2.4.18}
$$

$$
B_q^h(\theta_k) = -\mathrm{i}\kappa\frac{k_t^2}{k_t^2 - k_q^2}
\tag{2.4.19}
$$

$$C_q^h(\theta_k) = -\kappa \cos \theta_k \qquad (2.4.20)$$

本小节中用到的参数均与 2.3.3 小节中的一致。

本章应用球和圆柱矢量波函数的正交性和完备性, 推导了单位振幅平面波用球和圆柱矢量波函数展开的表达式。在此基础上, 进一步推导了单轴、回旋各向异性媒质和单轴各向异性手征媒质中的场用球和圆柱矢量波函数展开的表达式。在典型各向异性媒质中, 本征波数和相应的本征解是一个重要的概念, 它们是相应各向异性媒质中允许存在的波矢和场分布。本章的内容为后续章节问题的研究打下了理论基础。

问题与思考

(1) 证明式 (2.1.14)。

提示: 已知 $P_n^m(x)$ 满足方程 $(1 - x^2)\dfrac{\mathrm{d}^2 P_n^m(x)}{\mathrm{d}x^2} - 2x\dfrac{\mathrm{d}P_n^m(x)}{\mathrm{d}x} + \left[n(n+1) - \dfrac{m^2}{1 - x^2} \right] P_n^m(x) = 0$, 可由该方程出发来证明。

(2) 由式 (2.1.13)$\sim$ 式 (2.1.15) 证明式 (2.1.16)$\sim$ 式 (2.1.21)。

(3) 证明式 (2.1.25)$\sim$ 式 (2.1.30) 的正交关系。

(4) 试推导式 (2.2.36) 中的分子 $\displaystyle\int_0^\infty k'^2 \mathrm{d}k' \int_0^\infty R^2 \mathrm{d}R \int_0^{2\pi} \mathrm{d}\phi \int_0^\pi \hat{x} \mathrm{e}^{\mathrm{i}\boldsymbol{k}\cdot\boldsymbol{R}} \cdot \boldsymbol{M}_{-mn}(k'R) \sin\theta \mathrm{d}\theta$。

提示: 先把关系式 (2.2.5) 和球矢量波函数的表达式代入, 再应用式 (2.1.13) 和式 (2.2.7) 来推导。

(5) 试推导式 (2.2.64) 和式 (2.2.65)。注意 $\overline{\boldsymbol{n}_{m\lambda}^{(1)}\mathrm{e}^{-\mathrm{i}m\phi}}$ 和 $\overline{\boldsymbol{l}_{m\lambda}^{(1)}\mathrm{e}^{-\mathrm{i}m\phi}}$ 并没有如 $\overline{\boldsymbol{m}_{m\lambda}^{(1)}\mathrm{e}^{-\mathrm{i}m\phi}}$ 的正交性, 需要求解如式 (2.2.60) 和式 (2.2.61) 组成的方程组才可得到有关展开系数。

(6) 试把 $\mathrm{i}\boldsymbol{k} \times \mathrm{i}\boldsymbol{k} \times \tilde{\boldsymbol{E}}(\boldsymbol{k}) - \omega^2 \mu \bar{\varepsilon} \cdot \tilde{\boldsymbol{E}}(\boldsymbol{k}) = 0$ 写成如式 (2.3.6) 的矩阵形式, 并由式 (2.3.7) 推导出如式 (2.3.8)$\sim$ 式 (2.3.10) 的本征波数 k_q $(q = 1, 2)$ 和本征解。

(7) 由式 (2.3.4) 推导式 (2.3.14)。

提示: 推导过程用到了如何把直角坐标系下的积分表达式转换到球坐标系下。

(8) 按书中的提示试推导式 (2.3.66)。

(9) 对于单轴各向异性手征媒质, 理论上当手征参数 $\kappa = 0$ 时便退化到单轴各向异性媒质。试验证两者内部场的球矢量波函数展开式的一致性。

(10) 借助式 (2.4.3) 和本章知识, 试从式 (2.4.2) 推导出式 (2.4.4)。

第 3 章　各向异性粒子对高斯波束的散射

本章首先介绍求解粒子散射的 T 矩阵方法，其次将其应用到计算典型各向异性粒子对高斯波束散射的问题中。作为重要的应用，对单轴、回旋各向异性粒子，以及单轴各向异性手征粒子的散射特性进行了研究。

3.1　高斯波束在球坐标系中的表示

3.1.1　高斯波束的描述

如图 3.1.1 所示，高斯波束沿直角坐标系 $O'x'y'z'$ 的正 z' 轴传播，设传播媒质为自由空间，时谐因子为 $\mathrm{e}^{-\mathrm{i}\omega t}$，$\omega$ 为角频率，高斯波束的束腰半径为 w_0，束腰中心与原点 O' 重合。

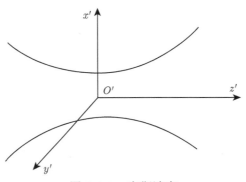

图 3.1.1　高斯波束

Davis[74] 和 Barton 等 [75] 给出了一种描述高斯波束的近似方法，由此可得高斯波束的电磁分量在坐标系 $O'x'y'z'$ 中的各阶近似描述。

对于 $\mathrm{TEM}_{00}^{(x')}$ 或 TM 模高斯波束，其三阶近似描述为

$$E_{x'} = E_0[1 + s^2(\mathrm{i}Q^3\rho^4 - Q^2\rho^2 - 2Q^2\xi^2)]\psi_0\mathrm{e}^{\mathrm{i}\zeta/s^2}$$

$$E_{y'} = -E_0 s^2 2Q^2\xi\eta\psi_0\mathrm{e}^{\mathrm{i}\zeta/s^2}$$

$$E_{z'} = E_0[s2Q\xi + s^3(2\mathrm{i}Q^4\rho^4\xi - 6Q^3\rho^2\xi)]\psi_0\mathrm{e}^{\mathrm{i}\zeta/s^2}$$

$$H_{x'} = -\frac{E_0}{\eta_0}s^2 2Q^2\xi\eta\psi_0\mathrm{e}^{\mathrm{i}\zeta/s^2}$$

$$H_{y'} = \frac{E_0}{\eta_0}[1 + s^2(iQ^3\rho^4 - Q^2\rho^2 - 2Q^2\eta^2)]\psi_0 e^{i\zeta/s^2}$$

$$H_{z'} = \frac{E_0}{\eta_0}[s2Q\eta + s^3(2iQ^4\rho^4\eta - 6Q^3\rho^2\eta)]\psi_0 e^{i\zeta/s^2} \tag{3.1.1}$$

其中，$\xi = x'/w_0$；$\eta = y'/w_0$；$\zeta = z'/(k_0w_0^2)$；$s = 1/(k_0w_0)$；$\rho^2 = \xi^2 + \eta^2$；$Q = \dfrac{1}{i - 2\zeta}$；$\psi_0 = iQ\exp(-i\rho^2 Q)$。

考虑电磁场的对偶关系，即在式 (3.1.1) 中做替换 $\boldsymbol{E} \to -\boldsymbol{H}$，$\boldsymbol{H} \to \boldsymbol{E}$，$\varepsilon_0 \to \mu_0$，$\mu_0 \to \varepsilon_0$，可得 $\mathrm{TEM}_{00}^{(y')}$ 或 TE 模高斯波束的三阶近似描述：

$$E_{x'} = E_0 s^2(-2Q^2\xi\eta)\psi_0 e^{i\zeta/s^2}$$

$$E_{y'} = E_0[1 + s^2(iQ^3\rho^4 - Q^2\rho^2 - 2Q^2\eta^2)]\psi_0 e^{i\zeta/s^2}$$

$$E_{z'} = E_0[s2Q\eta + s^3(2iQ^4\rho^4\eta - 6Q^3\rho^2\eta)]\psi_0 e^{i\zeta/s^2}$$

$$H_{x'} = -\frac{E_0}{\eta_0}[1 + s^2(iQ^3\rho^4 - Q^2\rho^2 - 2Q^2\xi^2)]\psi_0 e^{i\zeta/s^2}$$

$$H_{y'} = \frac{E_0}{\eta_0}s^2 2Q^2\xi\eta\psi_0 e^{i\zeta/s^2}$$

$$H_{z'} = -\frac{E_0}{\eta_0}[s2Q\xi + s^3(-6Q^3\rho^2\xi + 2iQ^4\rho^4\xi)]\psi_0 e^{i\zeta/s^2} \tag{3.1.2}$$

$k_0 = \omega\sqrt{\mu_0\varepsilon_0}$ 和 $\eta_0 = \sqrt{\mu_0/\varepsilon_0}$ 分别为自由空间的波数和本征阻抗。

式 (3.1.1) 和式 (3.1.2) 中对高斯波束的三阶近似描述是指出现的参数 S 的最高次幂为 3，分别描述了高斯波束可以独立存在的两种模式。

3.1.2 高斯波束用球矢量波函数展开

在一些理论问题中经常需要将高斯波束用属于一个任意直角坐标系的球矢量波函数展开。如图 3.1.2 所示，高斯波束在直角坐标系 $O'x'y'z'$ (波束坐标系) 中描述，沿正 z' 轴传播。直角坐标系 $Ox''y''z''$ 与 $O'x'y'z'$ 平行，原点 O 在 $O'x'y'z'$ 中的坐标为 (x_0, y_0, z_0)。任意直角坐标系 $Oxyz$ 是 $Ox''y''z''$ 通过旋转欧勒角 α、β 和 γ 而得到，此时 Oz 轴在 $Ox''y''z''$ 中的两个球坐标分别为 $\theta = \beta$ 和 $\phi = \alpha$。

上述的操作可认为是 $Oxyz$ 是 $Ox''y''z''$ 通过平移和旋转而得到的，因此 $Oxyz$ 可表示相对于 $Ox''y''z''$ 的任一直角坐标系。

$Oxyz$ 与 $Ox''y''z''$ 的关系如图 3.1.3 的欧勒角所示，其中规定与旋转轴正方向成右手螺旋关系的旋转方向为正旋转方向，成左手螺旋关系的旋转方向为负旋转方向，则欧勒角的旋转步骤如下：

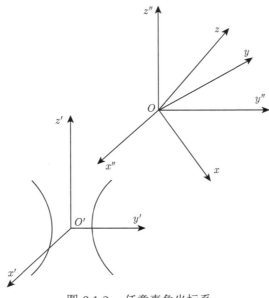

图 3.1.2   任意直角坐标系

(1) 围绕 z'' 轴把坐标系 $Ox''y''z''$ 旋转角 α $(0 \leqslant \alpha < 2\pi)$，得到中间坐标系 $Ox_1y_1z_1$。

(2) 围绕 y_1 轴把坐标系 $Ox_1y_1z_1$ 旋转角 β $(0 \leqslant \beta < \pi)$，得到中间坐标系 $Ox_2y_2z_2$。

(3) 围绕 z_2 轴把坐标系 $Ox_2y_2z_2$ 旋转角 γ $(0 \leqslant \gamma < \pi)$，得到坐标系 $Oxyz$。

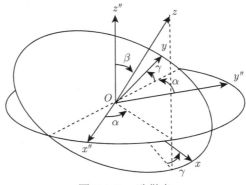

图 3.1.3   欧勒角

图 3.1.3 中省略了中间坐标系，且上面三个步骤中的旋转均按照正旋转方向旋转，如果按照负旋转方向旋转，则三个欧勒角 α、β、γ 取相应的负值。

对于高斯波束的电磁场用属于平行直角坐标系 $Ox''y''z''$ 的球矢量波函数展

开，Gouesbet 等 [76] 在广义 Mie 理论中进行了详细讨论。对于 TM 模高斯波束，可表示为

$$\boldsymbol{E} = E_0 \sum_{m=-\infty}^{\infty} \sum_{n=|m|}^{\infty} C_{nm}[g_{n,\mathrm{TE}}^m \boldsymbol{M}_{mn}^{(1)}(k_0 R) + g_{n,\mathrm{TM}}^m \boldsymbol{N}_{mn}^{(1)}(k_0 R)] \tag{3.1.3}$$

$$\boldsymbol{H} = -\mathrm{i}\frac{E_0}{\eta_0} \sum_{m=-\infty}^{\infty} \sum_{n=|m|}^{\infty} C_{nm}[g_{n,\mathrm{TE}}^m \boldsymbol{N}_{mn}^{(1)}(k_0 R) + g_{n,\mathrm{TM}}^m \boldsymbol{M}_{mn}^{(1)}(k_0 R)] \tag{3.1.4}$$

其中，E_0 是高斯波束束腰中心电场强度的幅度；C_{nm} 是 m 取负值时的归一化常数：

$$C_{nm} = \begin{cases} C_n, & m \geqslant 0 \\ (-1)^{|m|} \dfrac{(n+|m|)!}{(n-|m|)!} C_n, & m < 0 \end{cases}$$

$$C_n = \mathrm{i}^{n-1} \frac{2n+1}{n(n+1)} \tag{3.1.5}$$

对于展开系数或波束形状因子 $g_{n,\mathrm{TE}}^m$ 和 $g_{n,\mathrm{TM}}^m$，Gouesbet 等 [76-78] 给出了区域近似法的计算公式，具有计算速度快，收敛性和稳定性较好的特点。Doicu 等 [79] 用球矢量波函数的平移加法定理也推导出了相应的计算公式。区域近似法的公式为

$$\begin{bmatrix} g_{n,\mathrm{TM}}^{m,\mathrm{loc}} \\ g_{n,\mathrm{TE}}^{m,\mathrm{loc}} \end{bmatrix} = \frac{1}{2}(-\mathrm{i})^{m-1} \exp(\mathrm{i}kz_0) K_{nm} \bar{\psi}_0^0$$

$$\times \left\{ J_{m-1}\left(2\frac{\bar{Q}R_0\rho_n}{w_0^2}\right) \exp\left[-\mathrm{i}(m-1)\phi_0\right] \right. \tag{3.1.6}$$

$$\left. \mp J_{m+1}\left(2\frac{\bar{Q}R_0\rho_n}{w_0^2}\right) \exp\left[-\mathrm{i}(m+1)\phi_0\right] \right\}$$

其中，$\bar{\psi}_0^0 = \mathrm{i}\bar{Q} \exp(-\mathrm{i}\bar{Q}R_0^2/w_0^2) \exp[-\mathrm{i}\bar{Q}(n+0.5)^2/(k_0^2 w_0^2)]$；

$$K_{nm} = \begin{cases} (-\mathrm{i})^{|m|}\mathrm{i}/(n+0.5)^{|m|-1}, & m \neq 0 \\ \mathrm{i}n(n+1)/(n+0.5), & m = 0 \end{cases}$$

$$R_0 = \sqrt{x_0^2 + y_0^2}$$

$$\tan\phi_0 = \frac{y_0}{x_0}$$

$$\rho_n = (n+0.5)/k_0, \quad \bar{Q} = \frac{1}{\mathrm{i} - 2z_0/(kw_0^2)} \tag{3.1.7}$$

对于高斯波束的电磁场用属于任意坐标系 $Oxyz$ 的球矢量波函数展开的表达式, 可由 Edmonds 给出的属于 $Oxyz$ 和 $Ox''y''z''$ 的球矢量波函数之间的加法定理得到, 加法定理可具体表示为 [80]

$$(\boldsymbol{M}, \boldsymbol{N})_{mn}^{(1)}(kR, \theta'', \phi'') = \sum_{s=-n}^{n} \rho(m, s, n)(\boldsymbol{M}, \boldsymbol{N})_{sn}^{(1)}(kR, \theta, \phi) \tag{3.1.8}$$

其中, $(\boldsymbol{M}, \boldsymbol{N})_{mn}^{(1)}(kR, \theta'', \phi'')$ 和 $(\boldsymbol{M}, \boldsymbol{N})_{sn}^{(1)}(kR, \theta, \phi)$ 分别表示在坐标系 $Ox''y''z''$ 和 $Oxyz$ 中描述的球矢量波函数;

$$\rho(m, s, n) = (-1)^{s+m}\mathrm{e}^{\mathrm{i}s\gamma}\left[\frac{(n+m)!(n-s)!}{(n-m)!(n+s)!}\right]^{1/2} u_{sm}^{(n)}(\beta)\mathrm{e}^{\mathrm{i}m\alpha},$$

$$u_{sm}^{(n)}(\beta) = \left[\frac{(n+s)!(n-s)!}{(n+m)!(n-m)!}\right]^{1/2} \sum_{\sigma} \binom{n+m}{n-s-\sigma}$$
$$\times \binom{n-m}{\sigma} (-1)^{n-s-\sigma} \left(\cos\frac{\beta}{2}\right)^{2\sigma+s+m} \left(\sin\frac{\beta}{2}\right)^{2n-2\sigma-s-m} \tag{3.1.9}$$

把式 (3.1.8) 代入式 (3.1.3) 和式 (3.1.4) 可得高斯波束用属于 $Oxyz$ 的球矢量波函数展开的表达式如下 (为简洁起见, 球矢量波函数表达式中省略了球坐标 θ 和 ϕ):

$$\boldsymbol{E} = E_0 \sum_{m=-\infty}^{\infty} \sum_{n=|m|}^{\infty} [G_{n,\mathrm{TE}}^{m}\boldsymbol{M}_{mn}^{(1)}(k_0R) + G_{n,\mathrm{TM}}^{m}\boldsymbol{N}_{mn}^{(1)}(k_0R)] \tag{3.1.10}$$

$$\boldsymbol{H} = -\mathrm{i}\frac{E_0}{\eta_0} \sum_{m=-\infty}^{\infty} \sum_{n=|m|}^{\infty} [G_{n,\mathrm{TE}}^{m}\boldsymbol{N}_{mn}^{(1)}(k_0R) + G_{n,\mathrm{TM}}^{m}\boldsymbol{M}_{mn}^{(1)}(k_0R)] \tag{3.1.11}$$

展开系数为

$$(G_{n,\mathrm{TE}}^{m}, G_{n,\mathrm{TM}}^{m}) = \sum_{s=-n}^{n} \rho(s, m, n)C_{ns}(g_{n,\mathrm{TE}}^{s}, g_{n,\mathrm{TM}}^{s}) \tag{3.1.12}$$

在推导式 (3.1.10) 和式 (3.1.11) 时进行了符号 s 和 m 的互换, 这只是为表示方便而进行的表示符号的互换, 并没有实质的数学意义。

对于在轴入射的情况 ($x_0 = y_0 = 0$), 则有 $(G_{n,\mathrm{TE}}^{m}, G_{n,\mathrm{TM}}^{m}) = \sum_{s=\pm 1} \rho(s, m, n) \times C_{ns}(g_{n,\mathrm{TE}}^{s}, g_{n,\mathrm{TM}}^{s})$, 即式 (3.1.12) 中 s 只能取 ± 1, 则可由式 (3.1.9) 和式 (3.1.12)

推出：

$$G_{n,\text{TE}}^m = (-1)^{m-1}\frac{(n-m)!}{(n+m)!}C_n g_n \text{e}^{\text{i}m\gamma}\left[m\frac{P_n^m(\cos\beta)}{\sin\beta}\cos\alpha + \text{i}\frac{\text{d}P_n^m(\cos\beta)}{\text{d}\beta}\sin\alpha\right]$$
$$(3.1.13)$$

$$G_{n,\text{TM}}^m = (-1)^{m-1}\frac{(n-m)!}{(n+m)!}C_n g_n \text{e}^{\text{i}m\gamma}\left[\text{i}m\frac{P_n^m(\cos\beta)}{\sin\beta}\sin\alpha + \frac{\text{d}P_n^m(\cos\beta)}{\text{d}\beta}\cos\alpha\right]$$
$$(3.1.14)$$

其中，

$$g_n = \frac{1}{1+2\text{i}sz_0/w_0}\exp(\text{i}k_0 z_0)\exp\left[\frac{-s^2(n+0.5)^2}{1+2\text{i}sz_0/w_0}\right] \qquad (3.1.15)$$

在推导式 (3.1.13) 和式 (3.1.14) 时，用到了从式 (3.1.9) 推导出来的关系式：

$$
\begin{pmatrix} \rho(1,m,n) \\ n(n+1)\rho(-1,m,n) \end{pmatrix}
$$
$$
= (-1)^{m-1}\frac{(n-m)!}{(n+m)!}\left[\begin{pmatrix} \exp[\text{i}(\alpha+m\gamma)] \\ \exp[\text{i}(-\alpha+m\gamma)] \end{pmatrix}m\frac{P_n^m(\cos\beta)}{\sin\beta}\right. \qquad (3.1.16)
$$
$$
\left. + \begin{pmatrix} \exp[\text{i}(\alpha+m\gamma)] \\ -\exp[\text{i}(-\alpha+m\gamma)] \end{pmatrix}\frac{\text{d}P_n^m(\cos\beta)}{\text{d}\beta}\right]
$$

对于 TE 模高斯波束，相应的球矢量波函数展开式只需把式 (3.1.10) 和式 (3.1.11) 中的 $G_{n,\text{TM}}^m$ 用 $-\text{i}G_{n,\text{TE}}^m$ 代替，$G_{n,\text{TE}}^m$ 用 $-\text{i}G_{n,\text{TM}}^m$ 代替即可。

当高斯波束的束腰半径 $w_0 \to \infty$ 时，高斯波束便退化到平面波。令 $z_0 = 0$，则此时式 (3.1.15) 中的 $g_n = 1$，由式 (3.1.13) 和式 (3.1.14) 可得 TM 模和 TE 模平面波的球矢量波函数展开式，当然也可由 2.2 节的展开式得到。

3.2　扩展边界条件法

本节给出用扩展边界条件法求解各向异性粒子对高斯波束散射的一般理论步骤，为 3.3 节具体求解单轴、回旋各向异性粒子，以及单轴各向异性手征粒子对高斯波束的散射奠定基础。

图 3.2.1 为粒子散射的示意图，自由空间传播的入射场 $\boldsymbol{E}^i$ 和 $\boldsymbol{H}^i$ 入射到散射体 (表面积为 S'，所占体积为 V') 上，激发散射体产生散射场 $\boldsymbol{E}^s$ 和 $\boldsymbol{H}^s$。

扩展边界条件法的理论基础为零场 (null field) 定理，可由惠更斯原理推出。

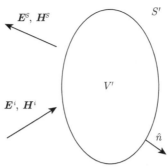

图 3.2.1　粒子散射的示意图

零场定理的表达式为 [81-83]

$$
\begin{aligned}
\boldsymbol{E}^i + \oint_{S'} \mathrm{d}S' \{ &\nabla \times \bar{\bar{G}}(\boldsymbol{R}, \boldsymbol{R}') \cdot [\hat{n} \times \boldsymbol{E}(\boldsymbol{R}')] \\
&+ \mathrm{i}\omega\mu_0 \bar{\bar{G}}(\boldsymbol{R}, \boldsymbol{R}') \cdot [\hat{n} \times \boldsymbol{H}(\boldsymbol{R}')] \} = \begin{cases} \boldsymbol{E}, & \boldsymbol{R} \notin V' \\ 0, & \boldsymbol{R} \in V' \end{cases}
\end{aligned} \tag{3.2.1}
$$

其中，$\boldsymbol{E} = \boldsymbol{E}^i + \boldsymbol{E}^S$，$\boldsymbol{H} = \boldsymbol{H}^i + \boldsymbol{H}^S$ 均为入射场和散射场的叠加，称为总场；$\hat{n}$ 为散射体外法向单位矢量；$\boldsymbol{R}'$ 为 S' 上任一点的位置坐标；$\boldsymbol{R}$ 为空间任一点的位置坐标，包括散射体内外的点。

由式 (3.2.1) 可得散射场 $\boldsymbol{E}^S$：

$$
\begin{aligned}
\boldsymbol{E}^S = \oint_{S'} \mathrm{d}S' \{ &\nabla \times \overline{\overline{G}}(\boldsymbol{R}, \boldsymbol{R}') \cdot [\hat{n} \times \boldsymbol{E}(\boldsymbol{R}')] \\
&+ \mathrm{i}\omega\mu_0 \overline{\overline{G}}(\boldsymbol{R}, \boldsymbol{R}') \cdot [\hat{n} \times \boldsymbol{H}(\boldsymbol{R}')] \}
\end{aligned} \tag{3.2.2}
$$

在扩展边界条件法的理论中，式 (3.2.1) 和式 (3.2.2) 中的张量格林函数 $\overline{\overline{G}}(\boldsymbol{R}, \boldsymbol{R}')$ 需要用球矢量波函数展开，Tai[84] 给出的展开式如下：

$$
\overline{\overline{G}}(\boldsymbol{R}, \boldsymbol{R}') = \begin{cases} \overline{\overline{G}}_0(\boldsymbol{R}, \boldsymbol{R}'), & R < R' \\ \overline{\overline{G}}'_0(\boldsymbol{R}, \boldsymbol{R}'), & R > R' \end{cases} \tag{3.2.3}
$$

其中，

$$
\begin{aligned}
\overline{\overline{G}}_0(\boldsymbol{R}, \boldsymbol{R}') = \frac{\mathrm{i}k_0}{4\pi} \times \sum_{m=-\infty}^{\infty} \sum_{n=|m|}^{n} (-1)^m \frac{2n+1}{n(n+1)} \\
\times [\boldsymbol{M}_{mn}^{(1)}(k_0 R) \boldsymbol{M}_{(-m)n}^{(3)}(k_0 R') + \boldsymbol{N}_{mn}^{(1)}(k_0 R) \boldsymbol{N}_{(-m)n}^{(3)}(k_0 R')]
\end{aligned} \tag{3.2.4}
$$

$$\overline{\overline{G'}}_0(\boldsymbol{R}, \boldsymbol{R'}) = \frac{\mathrm{i}k_0}{4\pi} \times \sum_{m=-\infty}^{\infty} \sum_{n=|m|}^{n} (-1)^m \frac{2n+1}{n(n+1)}$$

$$\times [\boldsymbol{M}_{mn}^{(3)}(k_0 R) \boldsymbol{M}_{(-m)n}^{(1)}(k_0 R') + \boldsymbol{N}_{mn}^{(3)}(k_0 R) \boldsymbol{N}_{(-m)n}^{(1)}(k_0 R')] \tag{3.2.5}$$

由式 (3.2.3) 可知, 只有在如图 3.2.2 所示的散射体的内接球内才能应用式 (3.2.4), 在散射体的外接球外才能应用式 (3.2.5)。内接球和外接球就是以散射体中心为球心, 分别以该中心到散射体表面的最小距离和最大距离为半径所做的球, 这样散射体不仅完全包含了内接球, 而且完全包含于外接球。

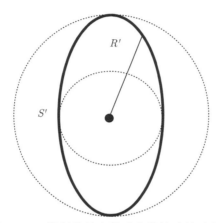

图 3.2.2　散射体的内接球和外接球的示意图

把式 (3.2.4) 代入式 (3.2.1), 在内接球内可得

$$-\boldsymbol{E}^i = \frac{\mathrm{i}k_0}{4\pi} \sum_{m=-\infty}^{\infty} \sum_{n=|m|}^{n} (-1)^m \frac{2n+1}{n(n+1)}$$

$$\times \left\{ \boldsymbol{M}_{mn}^{(1)}(k_0 R) \oint_{S'} \{ \mathrm{i}\omega\mu_0 \boldsymbol{M}_{(-m)n}^{(3)}(k_0 R') \right.$$

$$\cdot [\hat{n} \times \boldsymbol{H}(\boldsymbol{R'})] + k_0 \boldsymbol{N}_{(-m)n}^{(3)}(k_0 R') \cdot [\hat{n} \times \boldsymbol{E}(\boldsymbol{R'})] \} \mathrm{d}S' \tag{3.2.6}$$

$$+ \boldsymbol{N}_{mn}^{(1)}(k_0 R) \oint_{S'} \{ \mathrm{i}\omega\mu_0 \boldsymbol{N}_{(-m)n}^{(3)}(k_0 R')$$

$$\left. \cdot [\hat{n} \times \boldsymbol{H}(\boldsymbol{R'})] + k_0 \boldsymbol{M}_{(-m)n}^{(3)}(k_0 R') \cdot [\hat{n} \times \boldsymbol{E}(\boldsymbol{R'})] \} \mathrm{d}S' \right\}$$

设入射高斯波束有如式 (3.1.10) 的展开式, 即散射体属于直角坐标系 $Oxyz$, 高斯波束用属于 $Oxyz$ 的球矢量波函数展开如下:

$$\boldsymbol{E}^i = E_0 \sum_{m=-\infty}^{\infty} \sum_{n=|m|}^{\infty} [G_{n,\text{TE}}^m \boldsymbol{M}_{mn}^{(1)}(k_0 R) + G_{n,\text{TM}}^m \boldsymbol{N}_{mn}^{(1)}(k_0 R)] \tag{3.2.7}$$

$$\boldsymbol{H}^i = -\mathrm{i}\frac{E_0}{\eta_0} \sum_{m=-\infty}^{\infty} \sum_{n=|m|}^{\infty} [G_{n,\text{TE}}^m \boldsymbol{N}_{mn}^{(1)}(k_0 R) + G_{n,\text{TM}}^m \boldsymbol{M}_{mn}^{(1)}(k_0 R)] \tag{3.2.8}$$

比较式 (3.2.6) 和式 (3.2.7)，令 $\boldsymbol{M}_{mn}^{(1)}(k_0 R)$ 和 $\boldsymbol{N}_{mn}^{(1)}(k_0 R)$ 前面的展开系数分别相等，可得

$$
\begin{aligned}
-E_0 G_{n,\text{TE}}^m = {} & \frac{\mathrm{i}k_0}{4\pi}(-1)^m \frac{2n+1}{n(n+1)} \\
& \times \oint_{S'} \left\{ \mathrm{i}\omega\mu_0 \boldsymbol{M}_{(-m)n}^{(3)}(k_0 R') \cdot [\hat{n} \times \boldsymbol{H}(\boldsymbol{R}')] \right. \\
& \left. + k_0 \boldsymbol{N}_{(-m)n}^{(3)}(k_0 R') \cdot [\hat{n} \times \boldsymbol{E}(\boldsymbol{R}')] \right\} \mathrm{d}S'
\end{aligned}
\tag{3.2.9}
$$

$$
\begin{aligned}
-E_0 G_{n,\text{TM}}^m = {} & \frac{\mathrm{i}k_0}{4\pi}(-1)^m \frac{2n+1}{n(n+1)} \\
& \times \oint_{S'} \left\{ \mathrm{i}\omega\mu_0 \boldsymbol{N}_{(-m)n}^{(3)}(k_0 R') \cdot [\hat{n} \times \boldsymbol{H}(\boldsymbol{R}')] \right. \\
& \left. + k_0 \boldsymbol{M}_{(-m)n}^{(3)}(k_0 R') \cdot [\hat{n} \times \boldsymbol{E}(\boldsymbol{R}')] \right\} \mathrm{d}S'
\end{aligned}
\tag{3.2.10}
$$

把式 (3.2.5) 代入式 (3.2.2)，在外接球外可得

$$
\begin{aligned}
\boldsymbol{E}^s = {} & \frac{\mathrm{i}k_0}{4\pi} \sum_{m=-\infty}^{\infty} \sum_{n=|m|}^{n} (-1)^m \frac{2n+1}{n(n+1)} \\
& \times \left\{ \boldsymbol{M}_{mn}^{(3)}(k_0 R) \oint_{S'} \{ \mathrm{i}\omega\mu_0 \boldsymbol{M}_{(-m)n}^{(1)}(k_0 R') \right. \\
& \cdot [\hat{n} \times \boldsymbol{H}(\boldsymbol{R}')] + k_0 \boldsymbol{N}_{(-m)n}^{(1)}(k_0 R') \cdot [\hat{n} \times \boldsymbol{E}(\boldsymbol{R}')] \} \mathrm{d}S' \\
& + \boldsymbol{N}_{mn}^{(3)}(k_0 R) \oint_{S'} \{ \mathrm{i}\omega\mu_0 \boldsymbol{N}_{(-m)n}^{(1)}(k_0 R') \\
& \left. \cdot [\hat{n} \times \boldsymbol{H}(\boldsymbol{R}')] + k_0 \boldsymbol{M}_{(-m)n}^{(1)}(k_0 R') \cdot [\hat{n} \times \boldsymbol{E}(\boldsymbol{R}')] \} \mathrm{d}S' \right\}
\end{aligned}
\tag{3.2.11}
$$

设散射场可用球矢量波函数展开如下：

$$\boldsymbol{E}^s = E_0 \sum_{m=-\infty}^{\infty} \sum_{n=|m|}^{\infty} [\alpha_{mn} \boldsymbol{M}_{mn}^{(3)}(k_0 R) + \beta_{mn} \boldsymbol{N}_{mn}^{(3)}(k_0 R)] \tag{3.2.12}$$

$$\boldsymbol{H}^s = -\mathrm{i}\frac{E_0}{\eta_0} \sum_{m=-\infty}^{\infty} \sum_{n=|m|}^{\infty} [\alpha_{mn}\boldsymbol{N}_{mn}^{(3)}(k_0 R) + \beta_{mn}\boldsymbol{M}_{mn}^{(3)}(k_0 R)] \tag{3.2.13}$$

比较式 (3.2.11) 和式 (3.2.12)，令 $\boldsymbol{M}_{mn}^{(3)}(k_0 R)$ 和 $\boldsymbol{N}_{mn}^{(3)}(k_0 R)$ 前面的展开系数分别相等，可得

$$\begin{aligned} \alpha_{mn} &= \frac{\mathrm{i}k_0}{4\pi}(-1)^m \frac{2n+1}{n(n+1)} \\ &\quad \times \oint_{S'} \{\mathrm{i}\omega\mu_0 \boldsymbol{M}_{(-m)n}^{(1)}(k_0 R') \cdot [\hat{n} \times \boldsymbol{H}(\boldsymbol{R}')] \\ &\quad + k_0 \boldsymbol{N}_{(-m)n}^{(1)}(k_0 R') \cdot [\hat{n} \times \boldsymbol{E}(\boldsymbol{R}')]\}\mathrm{d}S' \end{aligned} \tag{3.2.14}$$

$$\begin{aligned} \beta_{mn} &= \frac{\mathrm{i}k_0}{4\pi}(-1)^m \frac{2n+1}{n(n+1)} \\ &\quad \times \oint_{S'} \{\mathrm{i}\omega\mu_0 \boldsymbol{N}_{(-m)n}^{(1)}(k_0 R') \cdot [\hat{n} \times \boldsymbol{H}(\boldsymbol{R}')] \\ &\quad + k_0 \boldsymbol{M}_{(-m)n}^{(1)}(k_0 R') \cdot [\hat{n} \times \boldsymbol{E}(\boldsymbol{R}')]\}\mathrm{d}S' \end{aligned} \tag{3.2.15}$$

设散射体为第 2 章描述的单轴、回旋各向异性粒子，以及单轴各向异性手征粒子，则粒子内部的场有如式 (2.3.19) 和式 (2.3.27) 的矢量波函数展开式，即

$$\boldsymbol{E}^w = \sum_{q=1}^{2} \sum_{m'=-\infty}^{\infty} \sum_{n'=|m'|}^{\infty} E_{m'n'q} \boldsymbol{X}_{m'n'q}^e(k_q) \tag{3.2.16}$$

$$\boldsymbol{H}^w = \frac{k_0}{\mathrm{i}\omega\mu} \sum_{q=1}^{2} \sum_{m'=-\infty}^{\infty} \sum_{n'=|m'|}^{\infty} E_{m'n'q} \boldsymbol{X}_{m'n'q}^h(k_q) \tag{3.2.17}$$

考虑到在各向异性粒子表面有边界条件 $\hat{n} \times \boldsymbol{E} = \hat{n} \times \boldsymbol{E}^w$ 和 $\hat{n} \times \boldsymbol{H} = \hat{n} \times \boldsymbol{H}^w$，把该边界条件以及式 (3.2.16) 和式 (3.2.17) 代入式 (3.2.9) 和式 (3.2.10)，可得

$$\begin{aligned} &\frac{\mathrm{i}k_0^2}{4\pi}(-1)^m \frac{2n+1}{n(n+1)} \sum_{q=1}^{2} \sum_{m'=-\infty}^{\infty} \sum_{n'=|m'|}^{\infty} \\ &\quad \times \left(\frac{\mu_0}{\mu} U_{mnm'n'q}^{h(3)} + V_{mnm'n'q}^{e(3)}\right) E_{m'n'q} = E_0 G_{n,\mathrm{TE}}^m \end{aligned} \tag{3.2.18}$$

$$\begin{aligned} &\frac{\mathrm{i}k_0^2}{4\pi}(-1)^m \frac{2n+1}{n(n+1)} \sum_{q=1}^{2} \sum_{m'=-\infty}^{\infty} \sum_{n'=|m'|}^{\infty} \\ &\quad \times \left(\frac{\mu_0}{\mu} V_{mnm'n'q}^{h(3)} + U_{mnm'n'q}^{e(3)}\right) E_{m'n'q} = E_0 G_{n,\mathrm{TM}}^m \end{aligned} \tag{3.2.19}$$

其中，$q = 1, 2$；

$$U_{mnm'n'q}^{e(3),h(3)} = \oint_{S'} \boldsymbol{M}_{(-m)n}^{(3)}(k_0 R') \times \boldsymbol{X}_{m'n'q}^{e,h}(k_q R') \cdot \hat{n} \mathrm{d}S' \qquad (3.2.20)$$

$$V_{mnm'n'q}^{e(3),h(3)} = \oint_{S'} \boldsymbol{N}_{(-m)n}^{(3)}(k_0 R') \times \boldsymbol{X}_{m'n'q}^{e,h}(k_q R') \cdot \hat{n} \mathrm{d}S' \qquad (3.2.21)$$

式 (3.2.18) 和式 (3.2.19) 写成矩阵形式为

$$\frac{\mathrm{i}k_0^2}{4\pi}(-1)^m \frac{2n+1}{n(n+1)} \begin{pmatrix} Q_{11} & Q_{12} \\ Q_{21} & Q_{22} \end{pmatrix} \begin{pmatrix} E_{m'n'1} \\ E_{m'n'2} \end{pmatrix} = \begin{pmatrix} E_0 G_{n,\mathrm{TE}}^m \\ E_0 G_{n,\mathrm{TM}}^m \end{pmatrix} \qquad (3.2.22)$$

其中，

$$Q_{1q} = \frac{\mu_0}{\mu} U_{mnm'n'q}^{h(3)} + V_{mnm'n'q}^{e(3)} \qquad (3.2.23)$$

$$Q_{2q} = \frac{\mu_0}{\mu} V_{mnm'n'q}^{h(3)} + U_{mnm'n'q}^{e(3)} \qquad (3.2.24)$$

采用与推导式 (3.2.22) 同样的步骤，把边界条件以及式 (3.2.16) 和式 (3.2.17) 代入式 (3.2.14) 和式 (3.2.15)，可得

$$\frac{\mathrm{i}k_0^2}{4\pi}(-1)^m \frac{2n+1}{n(n+1)} \sum_{q=1}^{2} \sum_{m'=-\infty}^{\infty} \sum_{n'=|m'|}^{\infty}$$

$$\times \left(\frac{\mu_0}{\mu} U_{mnm'n'q}^{h(1)} + V_{mnm'n'q}^{e(1)} \right) E_{m'n'q} = -E_0 \alpha_{mn} \qquad (3.2.25)$$

$$\frac{\mathrm{i}k_0^2}{4\pi}(-1)^m \frac{2n+1}{n(n+1)} \sum_{q=1}^{2} \sum_{m'=-\infty}^{\infty} \sum_{n'=|m'|}^{\infty}$$

$$\times \left(\frac{\mu_0}{\mu} V_{mnm'n'q}^{h(1)} + U_{mnm'n'q}^{e(1)} \right) E_{m'n'q} = -E_0 \beta_{mn} \qquad (3.2.26)$$

其中，$U_{mnm'n'q}^{e(1),h(1)}$ 和 $V_{mnm'n'q}^{e(1),h(1)}$ 的具体表达式只需把 $U_{mnm'n'q}^{e(3),h(3)}$ 和 $V_{mnm'n'q}^{e(3),h(3)}$ 中的第三类球矢量波函数 $\boldsymbol{M}_{(-m)n}^{(3)}(k_0 R')$ 和 $\boldsymbol{N}_{(-m)n}^{(3)}(k_0 R')$ 分别用相应的第一类球矢量波函数 $\boldsymbol{M}_{(-m)n}^{(1)}(k_0 R')$ 和 $\boldsymbol{N}_{(-m)n}^{(1)}(k_0 R')$ 代替即可。

式 (3.2.25) 和式 (3.2.26) 写成矩阵形式为

$$\frac{\mathrm{i}k_0^2}{4\pi}(-1)^m \frac{2n+1}{n(n+1)} \begin{pmatrix} Y_{11} & Y_{12} \\ Y_{21} & Y_{22} \end{pmatrix} \begin{pmatrix} E_{m'n'1} \\ E_{m'n'2} \end{pmatrix} = - \begin{pmatrix} E_0 \alpha_{mn} \\ E_0 \beta_{mn} \end{pmatrix} \qquad (3.2.27)$$

其中，

$$Y_{1q} = \frac{\mu_0}{\mu} U_{mnm'n'q}^{h(1)} + V_{mnm'n'q}^{e(1)} \tag{3.2.28}$$

$$Y_{2q} = \frac{\mu_0}{\mu} V_{mnm'n'q}^{h(1)} + U_{mnm'n'q}^{e(1)} \tag{3.2.29}$$

联立式 (3.2.22) 和式 (3.2.27) 消去粒子内部场的展开系数 $E_{m'n'q}$ $(q = 1, 2)$，可得联系入射场和散射场展开系数的线性关系：

$$\begin{pmatrix} \alpha_{mn} \\ \beta_{mn} \end{pmatrix} = T \begin{pmatrix} G_{n,\text{TE}}^m \\ G_{n,\text{TM}}^m \end{pmatrix} \tag{3.2.30}$$

其中，矩阵 $T = -\begin{pmatrix} Y_{11} & Y_{12} \\ Y_{21} & Y_{22} \end{pmatrix} \begin{pmatrix} Q_{11} & Q_{12} \\ Q_{21} & Q_{22} \end{pmatrix}^{-1}$，称为转移矩阵或 T 矩阵。在式 (3.2.22) 和式 (3.2.27) 中省略了求和号，采用了一种常用的表示方法，即对相同的指标 m' 和 n' 进行求和。由式 (3.2.30) 求出 α_{mn} 和 β_{mn}，代入式 (3.2.12) 和式 (3.2.13)，可得散射场。

3.3　典型各向异性粒子对高斯波束的散射

本节应用 3.2 节的扩展边界条件法研究典型各向异性粒子对高斯波束的散射，包括单轴、回旋各向异性粒子和单轴各向异性手征粒子。计算了归一化的微分散射截面，并以单轴各向异性长椭球为例提供 Matlab 程序。

3.3.1　单轴各向异性粒子对高斯波束的散射

在图 3.1.2 所示的直角坐标系 $Oxyz$ 中放置一个单轴各向异性粒子，可得如图 3.3.1 所示的单轴各向异性粒子对高斯波束散射的示意图。下面仅限于研究具有旋转对称性的粒子，对称轴沿 $Oxyz$ 的 Oz 方向，此时欧勒角只取 α 和 β 就可以描述粒子相对于高斯波束的空间取向。

3.2 节中已给出用 T 矩阵方法求解典型各向异性粒子对高斯波束散射的一般理论步骤，其关键是如何求 T 矩阵，为此需要计算构造 T 矩阵的元素 $U_{mnm'n'q}^{e,h(j)}$ 和 $V_{mnm'n'q}^{e,h(j)}$ $(q = 1, 2, j = 1, 3)$，其中用到的 $\boldsymbol{X}_{m'n'q}^{e,h}(k_q)$ 已由 2.3.1 小节的式 (2.3.20) 和式 (2.3.28) 给出。一般情况下，上述计算需要用数值的方法来求面积分，下面针对旋转对称的单轴各向异性粒子来阐述计算方法。

设粒子表面积 S' 用球坐标表示为 $\boldsymbol{R}(\theta, \phi) = R(\theta, \phi)\hat{R}(\theta, \phi)$，可以证明面积元 $\hat{n}\mathrm{d}S'$ 的具体表达式为 $\hat{n}\mathrm{d}S' = R^2 \sin\theta\mathrm{d}\theta\mathrm{d}\phi\left(\hat{R} - \dfrac{1}{R}\dfrac{\partial R}{\partial \theta}\hat{\theta} - \dfrac{1}{R\sin\theta}\dfrac{\partial R}{\partial \phi}\hat{\phi}\right)$，对于旋转对称粒子 $\left(\dfrac{\partial R}{\partial \phi} = 0\right)$，则面积元可简化为 $\hat{n}\mathrm{d}S' = R^2 \sin\theta\mathrm{d}\theta\mathrm{d}\phi\left(\hat{R} - \dfrac{1}{R}\dfrac{\partial R}{\partial \theta}\hat{\theta}\right)$。

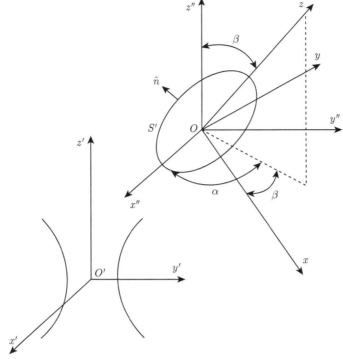

图 3.3.1　单轴各向异性粒子对高斯波束散射的示意图

下面以构造 T 矩阵的元素 $U^{e(3)}_{mnm'n'q}$ 为例, 对旋转对称单轴各向异性粒子给出其计算的表达式, 以便进行数值计算。

$$
\begin{aligned}
U^{e(3)}_{mnmn'q} &= 2\pi \int_0^\pi \boldsymbol{M}^{r(3)}_{(-m)n}(k_0) \times \boldsymbol{X}^e_{mn'q}(k_q) \cdot \left(\hat{R} - \frac{1}{R}\frac{\partial R}{\partial \theta}\hat{\theta} \right) R^2 \sin\theta \mathrm{d}\theta \\
&= 2\pi \int_0^\pi \left\{ h^{(1)}_n(k_0 R) R^2 \left[\mathrm{i}(-m)\frac{P^{-m}_n(\cos\theta)}{\sin\theta} X^e_{mn'q,\phi} \right. \right. \\
&\quad \left. + \frac{\mathrm{d}P^{-m}_n(\cos\theta)}{\mathrm{d}\theta} X^e_{mn'q,\theta} \right] \\
&\quad \left. + h^{(1)}_n(k_0 R)\frac{\mathrm{d}P^{-m}_n(\cos\theta)}{\mathrm{d}\theta} X^e_{mn'q,R} R\frac{\partial R}{\partial \theta} \right\} \sin\theta \mathrm{d}\theta
\end{aligned}
\tag{3.3.1}
$$

其中, 用到了复指数函数 $\mathrm{e}^{\mathrm{i}m\phi}$ 的正交关系式 (2.2.7), 因此只有 $m = m'$ 才有 $U^{e(3)}_{mnm'n'q}$ 不为零, 则可得到式 (3.3.1)。

　　式 (3.3.1) 中的 $X^e_{mn'q,R}$、$X^e_{mn'q,\theta}$ 和 $X^e_{mn'q,\phi}$ 是式 (2.3.20) 给出的 $\boldsymbol{X}^e_{mnq}(k_q)$ 沿 R、θ 和 ϕ 方向的分量除去复指数函数 $\mathrm{e}^{\mathrm{i}m\phi}$ (式 (3.3.1) 积分号前面的因子 2π

表示关于 ϕ 的积分，已由关系式 (2.2.7) 求出），它们的具体表达式为

$$
X_{mn'q,R}^{e} = \sum_{l=|m|}^{\infty} \int_{0}^{\pi} P_{n'}^{m}(\cos\theta_k) k_q^2 \sin\theta_k
$$
$$
\times [B_{mlq}^{e}(\theta_k) l(l+1) \frac{j_l(k_q R)}{k_q R} P_l^m(\cos\theta)
$$
$$
+ C_{mlq}^{e}(\theta_k) k_q \frac{\mathrm{d}j_l(k_q r)}{\mathrm{d}(k_q r)} P_l^m(\cos\theta)] \mathrm{d}\theta_k
$$

(3.3.2)

$$
X_{mn'q,\theta}^{e} = \sum_{l=|m|}^{\infty} \int_{0}^{\pi} P_{n'}^{m}(\cos\theta_k) k_q^2 \sin\theta_k \bigg\{ A_{mlq}^{e}(\theta_k) j_l(k_q R) \mathrm{i}m \frac{P_l^m(\cos\theta)}{\sin\theta}
$$
$$
+ B_{mlq}^{e}(\theta_k) \frac{1}{k_q R} \frac{\mathrm{d}}{\mathrm{d}(k_q R)}[k_q R j_l(k_q R)] \frac{\mathrm{d}P_l^m(\cos\theta)}{\mathrm{d}\theta}
$$
$$
+ C_{mlq}^{e}(\theta_k) k_q \frac{j_l(k_q R)}{k_q R} \frac{\mathrm{d}P_l^m(\cos\theta)}{\mathrm{d}\theta} \bigg\} \mathrm{d}\theta_k
$$

(3.3.3)

$$
X_{mn'q,\phi}^{e} = \sum_{l=|m|}^{\infty} \int_{0}^{\pi} P_{n'}^{m}(\cos\theta_k) k_q^2 \sin\theta_k \bigg\{ - A_{mlq}^{e}(\theta_k) j_l(k_q R) \frac{\mathrm{d}P_l^m(\cos\theta)}{\mathrm{d}\theta}
$$
$$
+ B_{mlq}^{e}(\theta_k) \frac{1}{k_q R} \frac{\mathrm{d}}{\mathrm{d}(k_q R)}[k_q R j_l(k_q R)] \mathrm{i}m \frac{P_l^m(\cos\theta)}{\sin\theta}
$$
$$
+ C_{mlq}^{e}(\theta_k) k_q \frac{j_l(k_q R)}{k_q R} \mathrm{i}m \frac{P_l^m(\cos\theta)}{\sin\theta} \bigg\} \mathrm{d}\theta_k
$$

(3.3.4)

由 2.3.1 小节的式 (2.3.20) 和式 (2.3.28)，结合式 (3.2.22) 和式 (3.2.27) 可求出构造 T 矩阵的元素 $U_{mnm'n'q}^{e,h(j)}$ 和 $V_{mnm'n'q}^{e,h(j)}$ $(q=1,2,\ j=1,3)$，进而构造出 T 矩阵。对于旋转对称单轴各向异性粒子，给定一个 $m = -M$，$-M+1$，$\cdots$，$M-1$，M，则取 $n = |m|$，$|m|+1$，$\cdots$，$|m|+N$ 以及 $n' = |m|$，$|m|+1$，$\cdots$，$|m|+N$。M 和 N 称为关于 m 和 n 的无穷级数的截断数，它们通常尝试着连续取较大的正整数，直到获得一定精度的数值结果为止。在下面的数值结果中，M 和 N 通常取 10 和 20，即可获得三个或三个以上有效数值的精度。这样，对于每个 m 可以把 $U_{mnm'n'q}^{e,h(j)}$ 和 $V_{mnm'n'q}^{e,h(j)}$ 构造成一个 $N+1$ 阶的方阵，构造出来的 T 矩阵就是一个 $2(N+1)$ 阶的方阵。最后，可由 T 矩阵从式 (3.2.30) 求出散射场的展开系数，代入式 (3.2.12) 和式 (3.2.13) 求出散射场。

在很多应用中，通常只关心远区散射场，即 $k_0 R \gg 1$ 区域的散射场，为此需要应用远区散射场在 $k_0 R \gg 1$ 时的渐近表达式。

考虑第三类球贝塞尔函数的渐近表达式 $h_n^{(1)}(k_0 R) \approx \frac{1}{k_0 R} \mathrm{e}^{\mathrm{i}k_0 R}(-\mathrm{i})^{n+1}$ ($k_0 R \gg$ 1)，则可以得到第三类球矢量波函数的渐近表达式：

$$\boldsymbol{M}_{mn}^{(3)}(k_0 R) \approx \frac{1}{k_0 R} \mathrm{e}^{\mathrm{i}k_0 R}(-\mathrm{i})^{n+1}\left[\mathrm{i}m\frac{P_n^m(\cos\theta)}{\sin\theta}\hat{\theta} - \frac{\mathrm{d}P_n^m(\cos\theta)}{\mathrm{d}\theta}\hat{\phi}\right]\mathrm{e}^{\mathrm{i}m\phi} \qquad (3.3.5)$$

$$\boldsymbol{N}_{mn}^{(3)}(k_0 R) \approx \frac{1}{k_0 R} \mathrm{e}^{\mathrm{i}k_0 R}(-\mathrm{i})^{n+1}\left[\mathrm{i}\frac{\mathrm{d}P_n^m(\cos\theta)}{\mathrm{d}\theta}\hat{\theta} - m\frac{P_n^m(\cos\theta)}{\sin\theta}\hat{\phi}\right]\mathrm{e}^{\mathrm{i}m\phi} \qquad (3.3.6)$$

把式 (3.3.5) 和式 (3.3.6) 代入式 (3.2.12) 可得散射电场强度的渐近表达式：

$$\boldsymbol{E}^s \approx E_0 \frac{1}{k_0 R} \mathrm{e}^{\mathrm{i}k_0 R}[T_1(\theta,\phi)\hat{\theta} + T_2(\theta,\phi)\hat{\phi}] \qquad (3.3.7)$$

其中，

$$T_1(\theta,\phi) = \sum_{n=1}^{\infty}\sum_{m=-n}^{n}(-\mathrm{i})^n\left[\alpha_{mn}m\frac{P_n^m(\cos\theta)}{\sin\theta} + \beta_{mn}\frac{\mathrm{d}P_n^m(\cos\theta)}{\mathrm{d}\theta}\right]\mathrm{e}^{\mathrm{i}m\phi} \qquad (3.3.8)$$

$$T_2(\theta,\phi) = \sum_{n=1}^{\infty}\sum_{m=-n}^{n}(-\mathrm{i})^{n-1}\left[\alpha_{mn}\frac{\mathrm{d}P_n^m(\cos\theta)}{\mathrm{d}\theta} + \beta_{mn}m\frac{P_n^m(\cos\theta)}{\sin\theta}\right]\mathrm{e}^{\mathrm{i}m\phi} \qquad (3.3.9)$$

由式 (3.3.7) 可定义微分散射截面 (differential scattering cross section, DSCS)：

$$\sigma(\theta,\phi) = \lim_{R\to\infty}4\pi R^2\left|\frac{\boldsymbol{E}^s}{E_0}\right|^2 = \frac{\lambda_0^2}{\pi}\left[|T_1(\theta,\phi)|^2 + |T_2(\theta,\phi)|^2\right] \qquad (3.3.10)$$

以单轴各向异性球 (半径为 r_0)，旋转长、扁椭球 (半长轴为 a，半短轴为 b) 和有限长圆柱 (长为 l_0，横截面半径为 r_0) 形粒子为例，计算它们对高斯波束散射的归一化微分散射截面 (normalized DSCS) $\pi\sigma(\theta,\phi)/\lambda_0^2$ (λ_0 为入射高斯波束的波长)。

在构造 T 矩阵时需要计算粒子表面的面积分，为此粒子表面的径向坐标，即 $R(\theta)$ (旋转对称粒子) 的描述需要给出。单轴各向异性球比较简单，如图 3.3.2 所示。对于如图 3.3.3 所示的单轴各向异性长椭球，其表面方程为 $\frac{z^2}{a^2} + \frac{x^2}{b^2} = 1$。考虑 $x = R\sin\theta$，$z = R\cos\theta$，则有 $R(\theta) = \dfrac{ab}{\sqrt{b^2\cos^2\theta + a^2\sin^2\theta}}$。对于如图 3.3.4 所示的单轴各向异性扁椭球，则有 $\dfrac{x^2}{a^2} + \dfrac{z^2}{b^2} = 1$ 和 $R(\theta) = \dfrac{ab}{\sqrt{a^2\cos^2\theta + b^2\sin^2\theta}}$。对于如图 3.3.5 所示的有限长单轴各向异性圆柱，读者可类比推导其表面径向坐标的表达式。这些粒子表面的径向坐标 $R(\theta)$ 在计算如式 (3.3.1) 的面积分时是必要的。

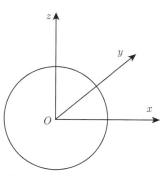

图 3.3.2　单轴各向异性球

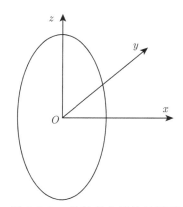

图 3.3.3　单轴各向异性长椭球

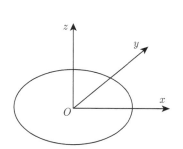

图 3.3.4　单轴各向异性扁椭球

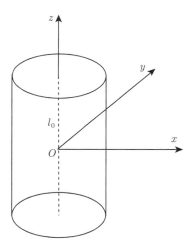

图 3.3.5　有限长单轴各向异性圆柱

当单轴各向异性球满足 $k_0 r_0 = 2\pi$，$a_1^2 = 5.3495k_0^2$，$a_2^2 = 4.9284k_0^2$，欧勒角 $\alpha = \beta = 0$，$\mu = \mu_0$，高斯波束 $x_0 = y_0 = z_0 = 0$，$w_0 = 5\lambda_0$ 时，TE 模和 TM 模高斯波束入射时单轴各向异性球的归一化微分散射截面 $\pi\sigma(\theta,\phi)/\lambda_0^2$ 如图 3.3.6 所示。

图 3.3.7 为 TE 模和 TM 模高斯波束入射时单轴各向异性长椭球的归一化微分散射截面 $\pi\sigma(\theta,\phi)/\lambda_0^2$。此时单轴各向异性长椭球满足 $k_0 a = 2\pi$，$a/b = 2$，$a_1^2 = 5.3495k_0^2$，$a_2^2 = 4.9284k_0^2$，$\mu = \mu_0$，高斯波束有 $x_0 = y_0 = z_0 = 0$，$w_0 = 5\lambda_0$。

图 3.3.8 为 TE 模和 TM 模高斯波束入射时的单轴各向异性扁椭球的归一化微分散射截面 $\pi\sigma(\theta,\phi)/\lambda_0^2$。此时单轴各向异性扁椭球满足 $k_0 a = 2\pi$，$a/b = 1.5$，$a_1^2 = 5.3495k_0^2$，$a_2^2 = 4.9284k_0^2$，$\mu = \mu_0$，高斯波束有 $x_0 = y_0 = z_0 = 0$，$w_0 = 5\lambda_0$。

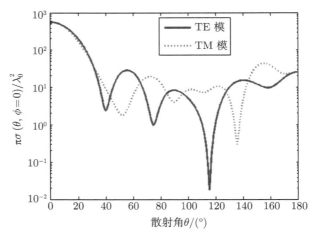

图 3.3.6　TE 模和 TM 模高斯波束入射时单轴各向异性球的归一化微分散射截面

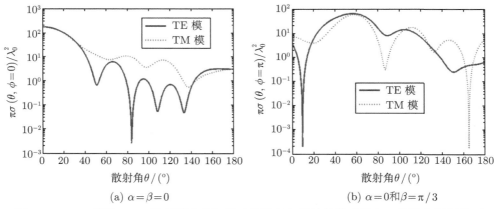

(a) $\alpha=\beta=0$ (b) $\alpha=0$和$\beta=\pi/3$

图 3.3.7　TE 模和 TM 模高斯波束入射时单轴各向异性长椭球的归一化微分散射截面

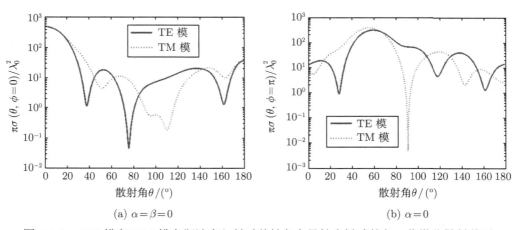

(a) $\alpha=\beta=0$ (b) $\alpha=0$

图 3.3.8　TE 模和 TM 模高斯波束入射时单轴各向异性扁椭球的归一化微分散射截面

图 3.3.9 为 TE 模和 TM 模高斯波束入射时有限长单轴各向异性圆柱的归一化微分散射截面 $\pi\sigma(\theta,\phi)/\lambda_0^2$。此时有限长单轴各向异性圆柱满足 $k_0 l_0 = 3\pi$，$l_0/r_0 = 3$，$a_1^2 = 3k_0^2$，$a_2^2 = 2k_0^2$，$\mu = \mu_0$，高斯波束有 $x_0 = y_0 = z_0 = 0$，$w_0 = 5\lambda_0$。

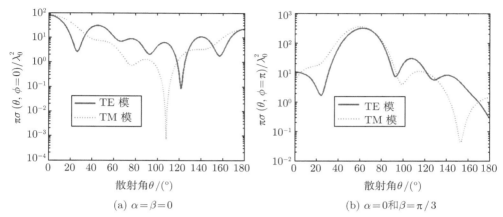

(a) $\alpha = \beta = 0$　　　　　　　　　　　(b) $\alpha = 0$和$\beta = \pi/3$

图 3.3.9　TE 模和 TM 模高斯波束入射时有限长单轴各向异性圆柱的归一化微分散射截面

3.3.2　回旋各向异性粒子对高斯波束的散射

把图 3.3.1 中的单轴各向异性粒子换成回旋各向异性粒子，就成为本小节所研究的回旋各向异性粒子对高斯波束散射的示意图。与 3.3.1 小节一样，本小节仅限于研究具有旋转对称性的回旋各向异性粒子。

采用与 3.3.1 小节研究单轴各向异性粒子相同的理论步骤，此时构造 T 矩阵的元素 $U_{mnm'n'q}^{e,h(j)}$ 和 $V_{mnm'n'q}^{e,h(j)}$（$q = 1,2$，$j = 1,3$）中用到的 $\boldsymbol{X}_{m'n'q}^{e,h}(k_q)$ 已在 2.3.2 小节给出。

把图 3.3.2~ 图 3.3.5 中的单轴各向异性球，长、扁椭球和有限长圆柱换成相应的回旋各向异性球，长、扁椭球和有限长圆柱，就成为本小节要研究的粒子，下面计算它们对高斯波束散射的归一化微分散射截面。

图 3.3.10 为 TE 模和 TM 模高斯波束入射时回旋各向异性球的归一化微分散射截面 $\pi\sigma(\theta,\phi)/\lambda_0^2$。此时回旋各向异性球满足 $k_0 r = 2\pi$，$a_1^2 = 4k_0^2$，$a_2^2 = 2k_0^2$，$a_3^2 = 3k_0^2$，欧勒角 $\alpha = \beta = 0$，$\mu = \mu_0$，高斯波束有 $x_0 = y_0 = z_0 = 0$，$w_0 = 5\lambda_0$。

图 3.3.11 为 TE 模和 TM 模高斯波束入射时回旋各向异性长椭球的归一化微分散射截面 $\pi\sigma(\theta,\phi)/\lambda_0^2$。此时回旋各向异性长椭球满足 $k_0 a = 2\pi$，$a/b = 2$，$a_1^2 = 4k_0^2$，$a_2^2 = 2k_0^2$，$a_3^2 = 3k_0^2$，欧勒角 $\mu = \mu_0$，高斯波束有 $x_0 = y_0 = z_0 = 0$，$w_0 = 5\lambda_0$。

图 3.3.12 为 TE 模和 TM 模高斯波束入射时回旋各向异性扁椭球的归一化微分散射截面 $\pi\sigma(\theta,\phi)/\lambda_0^2$。此时回旋各向异性扁椭球满足 $k_0 a = 2\pi$，$a/b = 1.5$，$a_1^2 = 4k_0^2$，$a_2^2 = 2k_0^2$，$a_3^2 = 3k_0^2$，高斯波束有 $x_0 = y_0 = z_0 = 0$，$w_0 = 5\lambda_0$。

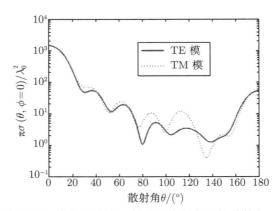

图 3.3.10   TE 模和 TM 模高斯波束入射时回旋各向异性球的归一化微分散射截面

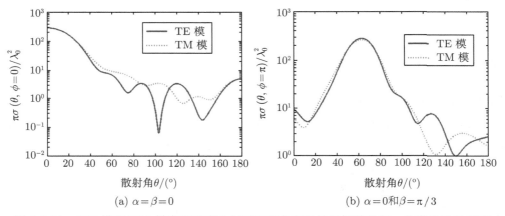

(a) $\alpha=\beta=0$ (b) $\alpha=0$和$\beta=\pi/3$

图 3.3.11   TE 模和 TM 模高斯波束入射时回旋各向异性长椭球的归一化微分散射截面

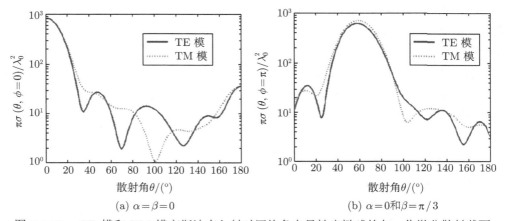

(a) $\alpha=\beta=0$ (b) $\alpha=0$和$\beta=\pi/3$

图 3.3.12   TE 模和 TM 模高斯波束入射时回旋各向异性扁椭球的归一化微分散射截面

图 3.3.13 为 TE 模和 TM 模高斯波束入射时有限长回旋各向异性圆柱的归一化

微分散射截面 $\pi\sigma(\theta,\phi)/\lambda_0^2$. 此时有限长回旋各向异性圆柱满足 $k_0 l_0 = 2\pi$, $l_0/r_0 = 3$, $a_1^2 = 4k_0^2$, $a_2^2 = 2k_0^2$, $a_3^2 = 3k_0^2$, $\mu = \mu_0$, 高斯波束有 $x_0 = y_0 = z_0 = 0$, $w_0 = 5\lambda_0$.

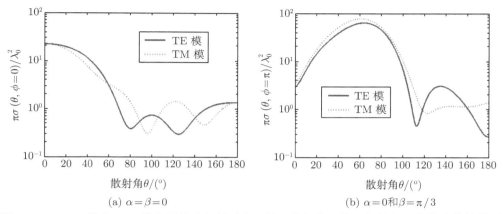

(a) $\alpha = \beta = 0$　　　　　　　　(b) $\alpha = 0$ 和 $\beta = \pi/3$

图 3.3.13　TE 模和 TM 模高斯波束入射时有限长回旋各向异性圆柱的归一化微分散射截面

3.3.3　单轴各向异性手征粒子对高斯波束的散射

把图 3.3.1 中的单轴各向异性粒子换成单轴各向异性手征粒子，就成为本小节所研究的单轴各向异性手征粒子对高斯波束散射的示意图。与 3.3.1 和 3.3.2 小节一样，本小节仅限于研究具有旋转对称性的单轴各向异性手征粒子。

采用与 3.3.1 小节和 3.3.2 小节相同的研究方法和步骤，此时构造 T 矩阵的元素 $U_{mnm'n'q}^{e,h(j)}$ 和 $V_{mnm'n'q}^{e,h(j)}$ ($q = 1, 2$, $j = 1, 3$) 中用到的 $\boldsymbol{X}_{m'n'q}^{e,h}(k_q)$ 已在 2.3.3 小节给出。

把图 3.3.2~ 图 3.3.5 中的单轴各向异性球、长、扁椭球和有限长圆柱换成相应的单轴各向异性手征球，长、扁椭球和有限长圆柱，就成为本小节要研究的粒子，下面计算它们对高斯波束散射的归一化微分散射截面。

图 3.3.14 为 TE 模和 TM 模高斯波束入射时单轴各向异性手征球的归一化微分散射截面。此时单轴各向异性手征球满足 $k_0 r_0 = 2\pi$, $k_t^2 = 3k_0^2$, $\varepsilon_z/\varepsilon_t = 2/3$, $\kappa = 0.5$, $\mu = \mu_0$, 欧勒角 $\alpha = \beta = 0$, 高斯波束有 $x_0 = y_0 = z_0 = 0$, $w_0 = 5\lambda_0$.

图 3.3.15 为 TE 模和 TM 模高斯波束入射时单轴各向异性手征长椭球的归一化微分散射截面 $\pi\sigma(\theta,\phi)/\lambda_0^2$. 此时单轴各向异性手征长椭球满足 $k_0 a = 2\pi$, $a/b = 2$, $k_t^2 = 3k_0^2$, $\varepsilon_z/\varepsilon_t = 2/3$, $\kappa = 0.5$, $\mu = \mu_0$, 高斯波束有 $x_0 = y_0 = z_0 = 0$, $w_0 = 5\lambda_0$.

图 3.3.16 为 TE 模和 TM 模高斯波束入射时单轴各向异性手征扁椭球的归一化微分散射截面 $\pi\sigma(\theta,\phi)/\lambda_0^2$. 此时单轴各向异性手征扁椭球满足 $k_0 a = 2\pi$, $a/b = 1.5$, $k_t^2 = 3k_0^2$, $\varepsilon_z/\varepsilon_t = 2/3$, $\kappa = 0.5$, $\mu = \mu_0$, 高斯波束有 $x_0 = y_0 = z_0 = 0$, $w_0 = 5\lambda_0$.

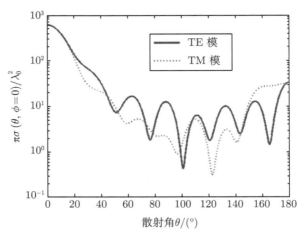

图 3.3.14　TE 模和 TM 模高斯波束入射时单轴各向异性手征球的归一化微分散射截面

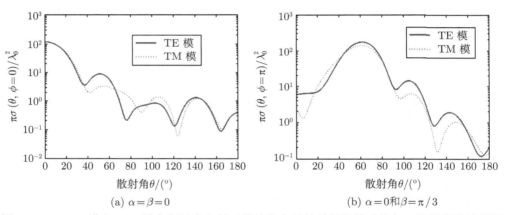

(a) $\alpha = \beta = 0$　　　　　　　　　　　　(b) $\alpha = 0$和$\beta = \pi/3$

图 3.3.15　TE 模和 TM 模高斯波束入射时单轴各向异性手征长椭球的归一化微分散射截面

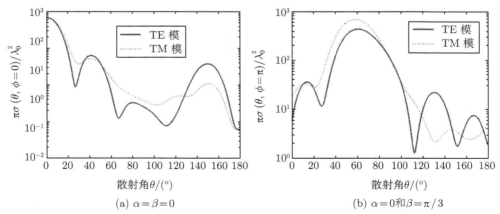

(a) $\alpha = \beta = 0$　　　　　　　　　　　　(b) $\alpha = 0$和$\beta = \pi/3$

图 3.3.16　TE 模和 TM 模高斯波束入射时单轴各向异性手征扁椭球的归一化微分散射截面

图 3.3.17 为 TE 模和 TM 模高斯波束入射时有限长单轴各向异性手征圆柱的归一化微分散射截面 $\pi\sigma(\theta,\phi)/\lambda_0^2$。此时有限长单轴各向异性手征圆柱满足 $k_0 l_0 = 3\pi$，$l_0/r_0 = 3$，$k_t^2 = 3k_0^2$，$\varepsilon_z/\varepsilon_t = 2/3$，$\kappa = 0.5$，$\mu = \mu_0$，高斯波束有 $x_0 = y_0 = z_0 = 0$，$w_0 = 5\lambda_0$。

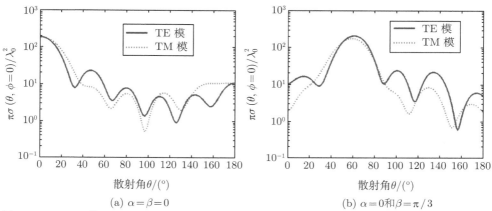

(a) $\alpha = \beta = 0$　　　　　　　　　　(b) $\alpha = 0$和$\beta = \pi/3$

图 3.3.17　TE 模和 TM 模高斯波束入射时有限长单轴各向异性手征圆柱的归一化微分散射截面

本章计算了各向异性粒子散射的微分散射截面，为了方便读者学习 T 矩阵方法，下面以单轴各向异性长椭球为例，提供了计算微分散射截面的 Matlab 程序。程序包括 7 个子程序和 1 个主程序。

子程序 1：计算连带勒让德函数 $P_n^m(\cos\theta)$

```
function y=lerd(theta,m,N)
mm=abs(m);
if m==0
    y=cos(theta);
for n=2:N+1
    y1=0;
for k=0:fix((n-mm)/2);
y1=y1+(-1)^k/(prod(1:k)*prod(1:n-k))*prod(1:2*n-2*k)/prod(1:n-
    mm-2*k)*cos(theta).^(n-mm-2*k);
end
    y1=y1.*sin(theta).^mm/2^n;
    y=[y,y1];
end
else
    y=sin(theta).^mm/2^mm*prod(1:2*mm)/prod(1:mm);
if m>0
```

```
        y=y;
else
        y=(-1)^mm/prod(1:2*mm)*y;
end
for n=mm+1:mm+N
        y1=0;
for k=0:fix((n-mm)/2);
y1=y1+(-1)^k/(prod(1:k)*prod(1:n-k))*prod(1:2*n-2*k)/prod(1:n-
    mm-2*k)*cos(theta).^(n-mm-2*k);
end
        y1=y1.*sin(theta).^mm/2^n;
if m>0
        y1=y1;
else
        y1=(-1)^mm*prod(1:n-mm)/prod(1:n+mm)*y1;
end
        y=[y,y1];
end
end
```

子程序 2：计算 $\pi_{mn} = m\dfrac{P_n^m(\cos\theta)}{\sin\theta}$

```
function y=mpai(theta,m,N)
mm=abs(m);
if m==0
    y=zeros(length(theta),N+1);
else
if m>0
    y=mm*sin(theta).^(mm-1)/2^mm*prod(1:2*mm)/prod(1:mm);
else
    y=(-1)*(-1)^mm/prod(1:2*mm)*mm*sin(theta).^(mm-1)/2^mm*prod
        (1:2*mm)/prod(1:mm);
end
for n=mm+1:mm+N
        y1=0;
for k=0:fix((n-mm)/2);
y1=y1+(-1)^k/(prod(1:k)*prod(1:n-k))*prod(1:2*n-2*k)/prod(1:n-
    mm-2*k)*cos(theta).^(n-mm-2*k);
end
if m>0
        y1=mm*y1.*sin(theta).^(mm-1)/2^n;
else
```

```
        y1=(-1)*(-1)^mm*prod(1:n-mm)/prod(1:n+mm)*mm*y1.*sin
            (theta).^(mm-1)/2^n;
end
    y=[y,y1];
end
end
```

子程序 3：计算 $\tau_{mn} = \dfrac{\mathrm{d}P_n^m(\cos\theta)}{\mathrm{d}\theta}$

```
function y=mtao(theta,m,N)
mm=abs(m);
if m==0
    y=-sin(theta);
for n=2:N+1
    y2=0;
for k=0:fix((n-mm-1)/2);
y2=y2+(-1)^k/(prod(1:k)*prod(1:n-k))*prod(1:2*n-2*k)/prod(1:n-
    mm-2*k-1)*cos(theta).^(n-mm-2*k-1);
end
    y2=-y2.*sin(theta).^(mm+1)/2^n;
    y=[y,y2];
end
else
if m>0
    y=mm*cos(theta).*sin(theta).^(mm-1)/2^mm*prod(1:2*mm)/prod
        (1:mm);
else
 y=(-1)^mm/prod(1:2*mm)*mm*cos(theta).*sin(theta).^(mm-1)/2^mm*
    prod(1:2*mm)/prod(1:mm);
end
for n=mm+1:mm+N
    y1=0;y2=0;
for k=0:fix((n-mm)/2);
y1=y1+(-1)^k/(prod(1:k)*prod(1:n-k))*prod(1:2*n-2*k)/prod(1:n-
    mm-2*k)*cos(theta).^(n-mm-2*k);
end
for k=0:fix((n-mm-1)/2);
y2=y2+(-1)^k/(prod(1:k)*prod(1:n-k))*prod(1:2*n-2*k)/prod(1:n-
    mm-2*k-1)*cos(theta).^(n-mm-2*k-1);
end
if m>0
        mtao1=mm*y1.*cos(theta).*sin(theta).^(mm-1)/2^n-y2.*
```

```
                sin(theta).^(mm+1)/2^n;
    else
            mtao1=(-1)^mm*prod(1:n-mm)/prod(1:n+mm)*(mm*y1.*
            cos(theta).
            *sin(theta).^(mm-1)/2^n-y2.*sin(theta).^(mm+1)/2^n);
    end
        y=[y,mtao1];
    end
end
```

子程序 4：针对不同需要的连带勒让德函数

```
function y=lerdm(theta,m,N)
mm=abs(m);
y=sin(theta).^mm/2^mm*prod(1:2*mm)/prod(1:mm);
if m>=0
    y=y;
else
    y=(-1)^mm/prod(1:2*mm)*y;
end
for n=mm+1:mm+N
    y1=0;
for k=0:fix((n-mm)/2);
y1=y1+(-1)^k/(prod(1:k)*prod(1:n-k))*prod(1:2*n-2*k)/prod(1:n-
    mm-2*k)*cos(theta).^(n-mm-2*k);
end
    y1=y1.*sin(theta).^mm/2^n;
if m>=0
    y1=y1;
else
    y1=(-1)^mm*prod(1:n-mm)/prod(1:n+mm)*y1;
end
    y=[y,y1];
end
```

子程序 5：针对不同需要的连带勒让德函数

```
function y=lerdmn(theta,m,n)
mm=abs(m);
if mm>n
    y=zeros(size(theta));
else
    y1=0;
for k=0:fix((n-mm)/2);
```

```
y1=y1+(-1)^k/(prod(1:k)*prod(1:n-k))*prod(1:2*n-2*k)/prod(1:n-
    mm-2*k)*cos(theta).^(n-mm-2*k);
end
    y1=y1.*sin(theta).^mm/2^n;
if m>=0
    y=y1;
else
    y=(-1)^mm*prod(1:n-mm)/prod(1:n+mm)*y1;
end
end
```

子程序 6：针对需要改进的第一类贝塞尔函数

```
function z=bs1(x,y)
L=length(x);
for i=1:L
  xi=x(i);
  z(:,i)=besselj(xi,y);
end
```

子程序 7：针对需要改进的第三类贝塞尔函数

```
function z=bs3(x,y)
L=length(x);
for i=1:L
  xi=x(i);
  z(:,i)=besselh(xi,y);
end
```

主程序：

```
%高斯波束波长，束腰半径和入射角度
lamda=0.6328e-6;k0=2*pi/lamda;
w0=5*lamda;s=1/(k0*w0);
beta=pi/3;
%画图用
xita=(0:0.001*pi:pi).';fai=pi;
%m和n的截断数
M=10;N=20;
%单轴各向异性媒质参数
a1=sqrt(5.3495)*k0;a1s=a1^2;a2=sqrt(4.9284)*k0;a2s=a2^2;
%梯形法求积分用
stepk=0.01*pi;
thetak=stepk:stepk:pi-stepk;ithk=thetak.';lthk=length(thetak);
juk1=stepk/2*([0,ones(1,lthk-1)]+[ones(1,lthk-1),0]);juk=
```

```
         diag(juk1);
k1=a1;  k2=a1*a2./sqrt(a1s*sin(thetak).^2+a2s*cos(thetak).^2);
%
step1=0.001*pi;
theta=0:step1:pi;lth=length(theta);ith=theta.';
ju1=step1/2*([0,ones(1,lth-1)]+[ones(1,lth-1),0]);ju=diag(ju1);
%长椭球的参数
a=2*pi/(2*pi)*lamda;bili=2;b=a/bili;
rtheta=a*b./sqrt(b^2*cos(theta).^2+a^2*sin(theta).^2);rinv=
        rtheta.';
prtheta=a*b*(b^2-a^2)*sin(theta).*cos(theta)./(b^2*cos(theta)
        .^2+a^2*sin(theta).^2).^(3/2);
x1=rinv*k1;  x2=rinv*k2;
rtheta1=repmat(rtheta,N+1,1);prtheta1=repmat(prtheta,N+1,1);
        stheta=repmat(sin(theta),N+1,1);
%
Tm1=0;Tm2=0;
for m=-M:M
        mm=abs(m);
If  m==0
        Xemq1r=0;Xemq1theta=0;Xemq1fai=0;Xemq2theta=0;Xemq2fai=0;
yuansu=sin(thetak).*cos(thetak).*k2.^2;
        Xemq2r=i*(1-a2s/a1s)*sqrt(pi./(2*x2)).*besselj(3/2,x2)*
                juk*(repmat(yuansu.',1,N+1).*lerdm(ithk,m,N));
Xhmq1r=0;Xhmq1theta=0;Xhmq1fai=0;Xhmq2r=0;Xhmq2theta=0;Xhmq2fai
        =0;
deltam0=1;
nn=1:N+1;
else
        Xemq1r=0;Xemq1theta=0;Xemq1fai=0;Xemq2r=0;Xemq2theta=0;
                Xemq2fai=0;
        Xhmq1r=0;Xhmq1theta=0;Xhmq1fai=0;Xhmq2r=0;Xhmq2theta=0;
                Xhmq2fai=0;
        deltam0=0;
nn=mm:mm+N;
end
    for L=mm+deltam0:mm+deltam0+N
    AmL1=i^L*(2*L+1)/(2*L*(L+1))*prod(1:L-m)/prod(1:L+m)*(lerdmn(
        thetak,m+1,L)-(L+m)
    *(L-m+1)*lerdmn(thetak,m-1,L));
    BmL1=-i^L/(2*L*(L+1))*prod(1:L-m)/prod(1:L+m)*((L+1)*lerdmn
```

```
(thetak,m+1,L-1)+L*lerdmn(thetak,m+1,L+1)+(L+1)*(L+m-1)*(L+m)
    *lerdmn(thetak,m-1,L-1)+L*(L-m+1)*(L-m+2)*lerdmn(thetak,m
    -1,L+1));
CmL1=-i^L/(2*k1)*prod(1:L-m)/prod(1:L+m)*(lerdmn(thetak,m+1,L
    -1)+(L+m-1)*(L+m)*
lerdmn(thetak,m-1,L-1)-lerdmn(thetak,m+1,L+1)-(L-m+1)*(L-m+2)
    *lerdmn(thetak,m-1,L+1));
AmL2=i^(L+1)*(2*L+1)/(2*L*(L+1))*prod(1:L-m)/prod(1:L+m)*(a2s
    /a1s*cos(thetak)
./sin(thetak).*(lerdmn(thetak,m+1,L)+(L+m)*(L-m+1)*lerdmn(
    thetak,m-1,L))+2*m*lerdmn(thetak,m,L));
BmL2=i^(L-1)/(2*L*(L+1))*prod(1:L-m)/prod(1:L+m)*a2s/a1s*cos(
    thetak)./sin(thetak)
.*((L+1)*lerdmn(thetak,m+1,L-1)+L*lerdmn(thetak,m+1,L+1)-(L
    +1)*(L+m-1)*(L+m)
*lerdmn(thetak,m-1,L-1)-L*(L-m+1)*(L-m+2)*lerdmn(thetak,m-1,L
    +1))
+i^(L+1)*(2*L+1)/(L*(L+1))*prod(1:L-m)/prod(1:L+m)*1/(2*L+1)
    *(L*(L-m+1)
*lerdmn(thetak,m,L+1)-(L+1)*(L+m)*lerdmn(thetak,m,L-1));
CmL2=i^(L-1)*prod(1:L-m)/prod(1:L+m)*a2s/a1s*cos(thetak)./sin
    (thetak)
.*(lerdmn(thetak,m+1,L-1)-(L+m-1)*(L+m)*lerdmn(thetak,m-1,L
    -1)-lerdmn(thetak,m+1,L+1)+(L-m+1)*(L-m+2)*lerdmn(thetak,
    m-1,L+1))./(2*k2)+i^(L-1)*prod(1:L-m)/prod(1:L+m)
*(2*L+1)*cos(thetak).*lerdmn(thetak,m,L)./k2;
%球贝塞尔函数
    yuans11=sqrt(pi./(2*x1)).*besselj(L+1/2,x1);
%球贝塞尔函数除以其宗量
    yuans12=sqrt(pi./(2*x1))/(2*L+1).*(besselj(L-1/2,x1)+besselj
        (L+3/2,x1));
%球贝塞尔函数的导数
    yuans13=sqrt(pi./(2*x1))/(2*L+1).*(L*besselj(L-1/2,x1)-(L+1)
        *besselj(L+3/2,x1));
%球贝塞尔函数乘以其宗量, 再求导, 再除以其宗量
    yuans14=sqrt(pi./(2*x1))/(2*L+1).*((L+1)*besselj(L-1/2,x1)-L
        *besselj(L+3/2,x1));
%
    yuans21=sqrt(pi./(2*x2)).*besselj(L+1/2,x2);
    yuans22=sqrt(pi./(2*x2))/(2*L+1).*(besselj(L-1/2,x2)+besselj
        (L+3/2,x2));
```

```
        yuans23=sqrt(pi./(2*x2))/(2*L+1).*(L*besselj(L-1/2,x2)-(L+1)
            *besselj(L+3/2,x2));
        yuans24=sqrt(pi./(2*x2))/(2*L+1).*((L+1)*besselj(L-1/2,x2)-L
            *besselj(L+3/2,x2));
%
        paimn=1/2*cos(ith).*((L-m+1)*(L+m)*lerdmn(ith,m-1,L)+
            lerdmn(ith,m+1,L))+m*sin(ith)
        .*lerdmn(ith,m,L);
taomn=1/2*((L-m+1)*(L+m)*lerdmn(ith,m-1,L)-lerdmn(ith,m+1,L));
%
        er1=L*(L+1)*yuans12.*lerdmn(ith,m,L)*(BmL1*k1^2.*sin(
            thetak))+yuans13
        .*lerdmn(ith,m,L)*(CmL1*k1^3.*sin(thetak));
    Xemq1r=Xemq1r+er1*juk*lerdm(ithk,m,N);
        etheta1=yuans11.*(i*paimn)*(AmL1*k1^2.*sin(thetak))+
            yuans14.*taomn*(BmL1*k1^2
        .*sin(thetak))+yuans12.*taomn*(CmL1*k1^3.*sin(thetak));
    Xemq1theta=Xemq1theta+etheta1*juk*lerdm(ithk,m,N);
        efai1=yuans11.*taomn*((-1)*AmL1*k1^2.*sin(thetak))+
            yuans14.*(i*paimn)
        *(BmL1*k1^2.*sin(thetak))+yuans12.*(i*paimn)*(CmL1*k1^3.*
            sin(thetak));
    Xemq1fai=Xemq1fai+efai1*juk*lerdm(ithk,m,N);
        er2=L*(L+1)*yuans22.*(lerdmn(ith,m,L)*(BmL2.*k2.^2.*sin(
            thetak)))+yuans23.*(lerdmn(ith,m,L)*(CmL2.*k2.^3.*sin
            (thetak)));
    Xemq2r=Xemq2r+er2*juk*lerdm(ithk,m,N);
        etheta2=yuans21.*(i*paimn*(AmL2.*k2.^2.*sin(thetak)))+
            yuans24.*(taomn
        *(BmL2.*k2.^2.*sin(thetak)))+yuans22.*(taomn*(CmL2.*k2
        .^3.*sin(thetak)));
    Xemq2theta=Xemq2theta+etheta2*juk*lerdm(ithk,m,N);
        efai2=yuans21.*(taomn*((-1)*AmL2.*k2.^2.*sin(thetak)))+
            yuans24.*(i*paimn
        *(BmL2.*k2.^2.*sin(thetak)))+yuans22.*(i*paimn*(CmL2.*k2
        .^3.*sin(thetak)));
    Xemq2fai=Xemq2fai+efai2*juk*lerdm(ithk,m,N);
%
hr1=L*(L+1)*yuans12.*lerdmn(ith,m,L)*(AmL1*k1^3/k0.*sin(thetak)
    );
    Xhmq1r=Xhmq1r+hr1*juk*lerdm(ithk,m,N);
```

```
        htheta1=yuans14.*taomn*(AmL1*k1^3/k0.*sin(thetak))+
            yuans11.*(i*paimn)
        *(BmL1*k1^3/k0.*sin(thetak));
    Xhmq1theta=Xhmq1theta+htheta1*juk*lerdm(ithk,m,N);
        hfai1=yuans14.*(i*paimn)*(AmL1*k1^3/k0.*sin(thetak))-
            yuans11.*taomn
        *(BmL1*k1^3/k0.*sin(thetak));
    Xhmq1fai=Xhmq1fai+hfai1*juk*lerdm(ithk,m,N);
        hr2=L*(L+1)*yuans22.*(lerdmn(ith,m,L)*(AmL2.*k2.^3/k0.*
            sin(thetak)));
    Xhmq2r=Xhmq2r+hr2*juk*lerdm(ithk,m,N);
        htheta2=yuans24.*(taomn*(AmL2.*k2.^3/k0.*sin(thetak)))+
            yuans21.*((i*paimn)
        *(BmL2.*k2.^3/k0.*sin(thetak)));
    Xhmq2theta=Xhmq2theta+htheta2*juk*lerdm(ithk,m,N);
        hfai2=yuans24.*((i*paimn)*(AmL2.*k2.^3/k0.*sin(thetak)))-
            yuans21.*(taomn
        *(BmL2.*k2.^3/k0.*sin(thetak)));
    Xhmq2fai=Xhmq2fai+hfai2*juk*lerdm(ithk,m,N);
end
nt=nn';
    n1=repmat(nt,1,lth);
    yuans1=sqrt(pi./(2*k0*rtheta1)).*bs1(nn+1/2,k0*rinv).';
    yuans2=sqrt(pi./(2*k0*rtheta1))./(2*n1+1).*(bs1(nn-1/2,k0*
        rinv)+bs1(nn+3/2,k0*rinv)).';
     yuans3=sqrt(pi./(2*k0*rtheta1))./(2*n1+1).*((n1+1).*bs1(nn
        -1/2,k0*rinv).'-n1.*bs1(nn+3/2,k0*rinv).');
    yuans4=sqrt(pi./(2*k0*rtheta1)).*bs3(nn+1/2,k0*rinv).';
    yuans5=sqrt(pi./(2*k0*rtheta1))./(2*n1+1).*(bs3(nn-1/2,k0*
        rinv)+bs3(nn+3/2,k0*rinv)).';
     yuans6=sqrt(pi./(2*k0*rtheta1))./(2*n1+1).*((n1+1).*bs3(nn
        -1/2,k0*rinv).'
    -n1.*bs3(nn+3/2,k0*rinv).');
    Ue11=yuans1*i.*mpai(ith,-m,N).'.*rtheta1.^2.*stheta*ju*
        Xemq1fai+yuans1.*mtao(ith,-m,N).'
    .*rtheta1.^2.*stheta*ju*Xemq1theta+yuans1.*mtao(ith,-m,N)
        .'.*rtheta1.*prtheta1.*stheta
    *ju*Xemq1r;
    Ve11=yuans3.*mtao(ith,-m,N).'.*rtheta1.^2.*stheta*ju*
        Xemq1fai-yuans3*i.*mpai(ith,-m,N).'
    .*rtheta1.^2.*stheta*ju*Xemq1theta+n1.*(n1+1).*yuans2.*
```

```
       lerd(ith,-m,N).'.*rtheta1.*prtheta1
.*stheta*ju*Xemq1fai-yuans3*i.*mpai(ith,-m,N).'.*rtheta1.*
    prtheta1.*stheta*ju*Xemq1r;
Ue12=yuans1*i.*mpai(ith,-m,N).'.*rtheta1.^2.*stheta*ju*
    Xemq2fai+yuans1.*mtao(ith,-m,N).'
.*rtheta1.^2.*stheta*ju*Xemq2theta+yuans1.*mtao(ith,-m,N)
    .'.*rtheta1.*prtheta1.*stheta
*ju*Xemq2r;
Ve12=yuans3.*mtao(ith,-m,N).'.*rtheta1.^2.*stheta*ju*
    Xemq2fai-yuans3*i.*mpai(ith,-m,N).'
.*rtheta1.^2.*stheta*ju*Xemq2theta+n1.*(n1+1).*yuans2.*
    lerd(ith,-m,N).'.*rtheta1.*prtheta1
.*stheta*ju*Xemq2fai-yuans3*i.*mpai(ith,-m,N).'.*rtheta1.*
    prtheta1.*stheta*ju*Xemq2r;
Uh11=yuans1*i.*mpai(ith,-m,N).'.*rtheta1.^2.*stheta*ju*
    Xhmq1fai+yuans1.*mtao(ith,-m,N).'
.*rtheta1.^2.*stheta*ju*Xhmq1theta+yuans1.*mtao(ith,-m,N)
    .'.*rtheta1.*prtheta1.*stheta
*ju*Xhmq1r;
Vh11=yuans3.*mtao(ith,-m,N).'.*rtheta1.^2.*stheta*ju*
    Xhmq1fai-yuans3*i.*mpai(ith,-m,N).'
.*rtheta1.^2.*stheta*ju*Xhmq1theta+n1.*(n1+1).*yuans2.*
    lerd(ith,-m,N).'.*rtheta1.*prtheta1
.*stheta*ju*Xhmq1fai-yuans3*i.*mpai(ith,-m,N).'.*rtheta1.*
    prtheta1.*stheta*ju*Xhmq1r;
Uh12=yuans1*i.*mpai(ith,-m,N).'.*rtheta1.^2.*stheta*ju*
    Xhmq2fai+yuans1.*mtao(ith,-m,N).'
.*rtheta1.^2.*stheta*ju*Xhmq2theta+yuans1.*mtao(ith,-m,N)
    .'.*rtheta1.*prtheta1.*stheta
*ju*Xhmq2r;
Vh12=yuans3.*mtao(ith,-m,N).'.*rtheta1.^2.*stheta*ju*
    Xhmq2fai-yuans3*i.*mpai(ith,-m,N).'
.*rtheta1.^2.*stheta*ju*Xhmq2theta+n1.*(n1+1).*yuans2.*
    lerd(ith,-m,N).'.*rtheta1.*prtheta1
.*stheta*ju*Xhmq2fai-yuans3*i.*mpai(ith,-m,N).'.*rtheta1.*
    prtheta1.*stheta*ju*Xhmq2r;
%
Ue31=yuans4*i.*mpai(ith,-m,N).'.*rtheta1.^2.*stheta*ju*
    Xemq1fai+yuans4.*mtao(ith,-m,N).'
.*rtheta1.^2.*stheta*ju*Xemq1theta+yuans4.*mtao(ith,-m,N)
    .'.*rtheta1.*prtheta1.*stheta
```

```
    *ju*Xemq1r;
Ve31=yuans6.*mtao(ith,-m,N).'.*rtheta1.^2.*stheta*ju*
    Xemq1fai-yuans6*i.*mpai(ith,-m,N).'
.*rtheta1.^2.*stheta*ju*Xemq1theta+n1.*(n1+1).*yuans5.*
    lerd(ith,-m,N).'.*rtheta1.*prtheta1
.*stheta*ju*Xemq1fai-yuans6*i.*mpai(ith,-m,N).'.*rtheta1.*
    prtheta1.*stheta*ju*Xemq1r;
Ue32=yuans4*i.*mpai(ith,-m,N).'.*rtheta1.^2.*stheta*ju*
    Xemq2fai+yuans4.*mtao(ith,-m,N).'
.*rtheta1.^2.*stheta*ju*Xemq2theta+yuans4.*mtao(ith,-m,N)
    .'.*rtheta1.*prtheta1.*stheta
*ju*Xemq2r;
Ve32=yuans6.*mtao(ith,-m,N).'.*rtheta1.^2.*stheta*ju*
    Xemq2fai-yuans6*i.*mpai(ith,-m,N).'
.*rtheta1.^2.*stheta*ju*Xemq2theta+n1.*(n1+1).*yuans5.*
    lerd(ith,-m,N).'.*rtheta1.*prtheta1
.*stheta*ju*Xemq2fai-yuans6*i.*mpai(ith,-m,N).'.*rtheta1.*
    prtheta1.*stheta*ju*Xemq2r;
Uh31=yuans4*i.*mpai(ith,-m,N).'.*rtheta1.^2.*stheta*ju*
    Xhmq1fai+yuans4.*mtao(ith,-m,N).'
.*rtheta1.^2.*stheta*ju*Xhmq1theta+yuans4.*mtao(ith,-m,N)
    .'.*rtheta1.*prtheta1.*stheta
*ju*Xhmq1r;
Vh31=yuans6.*mtao(ith,-m,N).'.*rtheta1.^2.*stheta*ju*
    Xhmq1fai-yuans6*i.*mpai(ith,-m,N).'
.*rtheta1.^2.*stheta*ju*Xhmq1theta+n1.*(n1+1).*yuans5.*
    lerd(ith,-m,N).'.*rtheta1.*prtheta1
.*stheta*ju*Xhmq1fai-yuans6*i.*mpai(ith,-m,N).'.*rtheta1.*
    prtheta1.*stheta*ju*Xhmq1r;
Uh32=yuans4*i.*mpai(ith,-m,N).'.*rtheta1.^2.*stheta*ju*
    Xhmq2fai+yuans4.*mtao(ith,-m,N).'
.*rtheta1.^2.*stheta*ju*Xhmq2theta+yuans4.*mtao(ith,-m,N)
    .'.*rtheta1.*prtheta1.*stheta
*ju*Xhmq2r;
Vh32=yuans6.*mtao(ith,-m,N).'.*rtheta1.^2.*stheta*ju*
    Xhmq2fai-yuans6*i.*mpai(ith,-m,N).'
.*rtheta1.^2.*stheta*ju*Xhmq2theta+n1.*(n1+1).*yuans5.*
    lerd(ith,-m,N).'.*rtheta1.*prtheta1
.*stheta*ju*Xhmq2fai-yuans6*i.*mpai(ith,-m,N).'.*rtheta1.*
    prtheta1.*stheta*ju*Xhmq2r;
%构造求未知展开系数的方程组
```

```
          Q11=Uh31+Ve31;Q12=Uh32+Ve32;Q21=Vh31+Ue31;Q22=Vh32+Ue32;
          Q=[Q11,Q12;Q21,Q22];
          Y11=Uh11+Ve11;Y12=Uh12+Ve12;Y21=Vh11+Ue11;Y22=Vh12+Ue12;
          Y=[Y11,Y12;Y21,Y22];
    jiech=prod(1:mm-m)/prod(1:mm+m);
    for n=mm+deltam0+1:mm+deltam0+N
    jiech=[jiech;prod(1:n-m)/prod(1:n+m)];
    end
      nm1=i.^nt.*jiech;
    amn=nm1.*exp(-s^2*(nt+1/2).^2).*mtao(beta,m,N).';
        bmn=nm1.*exp(-s^2*(nt+1/2).^2).*mpai(beta,m,N).';
%解方程组求展开系数
      E=Q\[amn;bmn];
      x=-1*Y*E;
    alpmn=(-1)^m*(2*nt+1)./(nt.*(nt+1)).*(-i).^nt.*x(1:N+1);
    betmn=(-1)^m*(2*nt+1)./(nt.*(nt+1)).*(-i).^nt.*x(N+2:2*N+2);
        dstheta=exp(i*m*fai)*(mpai(xita,m,N)*alpmn+mtao(xita,m,N)*
            betmn);
        dsfai=exp(i*m*fai)*i*(mtao(xita,m,N)*alpmn+mpai(xita,m,N)*
            betmn);
        Tm1=Tm1+dstheta;
        Tm2=Tm2+dsfai;
    end
%求微分散射截面，可以取对数
Tm=abs(Tm1).^2+abs(Tm2).^2;
plot(xita/pi*180,Tm);
```

程序说明:

子程序 1、2 和 3 分别计算 $P_n^m(\cos\theta), \pi_{mn} = m\dfrac{P_n^m(\cos\theta)}{\sin\theta}$ 和 $\tau_{mn} = \dfrac{\mathrm{d}P_n^m(\cos\theta)}{\mathrm{d}\theta}$, 基于如下连带勒让德函数的关系式:

$$P_n^m(\cos\theta) = \frac{\sin^m\theta}{2^n}\sum_{l=0}^{\frac{n-m}{2}}\frac{1}{l!(n-l)!}(-1)^l\frac{(2n-2l)!}{(n-m-2l)!}(\cos\theta)^{n-m-2l} \tag{3.3.11}$$

当 $m = 0$ 时, 由于球矢量波函数 $\boldsymbol{M}_{00}^{(j)}$ 和 $\boldsymbol{N}_{00}^{(j)}$ ($m = 0, n = 0$) 均为零, 则子程序 1、2 和 3 只输出对应于 $n = 1, 2, \cdots, N+1$ (N 为 n 的截断数) 的值; 当 $m \neq 0$ 时, 它们输出对应于 $n = |m|, |m|+1, \cdots, |M|+N$ 的值。

子程序 4 和 5 也是计算 $P_n^m(\cos\theta)$, 只是针对不同需要有所改进。对于 m 为任意整数, 子程序 4 均输出 $P_n^m(\cos\theta)$ 对应于 $n = |m|, |m|+1, \cdots, |M|+N$ 的值; 子程序 5 输出 $P_n^m(\cos\theta)$ 对应于 m、n 和 θ 的值。

子程序 1~5 中 θ 均可以为列向量。

子程序 6 和 7 为贝塞尔函数的改进形式，分别可以用来计算第一类和第三类贝塞尔函数 $J_n(x)$ 和 $H_n^{(1)}(x)$ 中 n 为行向量和 x 为列向量的情况。

主程序以单轴各向异性长椭球对 TE 模高斯波束的散射为例计算了微分散射截面，对于其他旋转对称粒子，只需把对长椭球表面的描述换成相应粒子即可。计算回旋各向异性粒子和单轴各向异性手征粒子的情况时，子程序不变，只需相应改变主程序即可。

本章给出的理论和结果为计算典型各向异性粒子对高斯波束散射的精确解析解，从理论上，如果知道了其他波束用球矢量波函数展开的表达式，本章的理论对该波束入射的情况也是直接适用的。

问题与思考

(1) 式 (3.1.1) 和式 (3.1.2) 中 $\psi_0(\xi, \eta, \zeta) = \mathrm{i}Q \exp(-\mathrm{i}\rho^2 Q)$ 为如下抛物型方程的解：

$$\left(\frac{\partial^2}{\partial \xi^2} + \frac{\partial^2}{\partial \eta^2} + 2\mathrm{i}\frac{\partial}{\partial \zeta} \right) \psi_0(\xi, \eta, \zeta) = 0$$

试把它化成另一种常用的形式：

$$\psi_0 = \frac{1}{w(z)} \exp\left[-\frac{\rho^2}{w^2(z)} \right] \exp\left\{ \mathrm{i}\left[\frac{z_R \rho^2}{R(z)} - \arctan(z/z_R) \right] \right\}$$

其中，$z_R = \frac{1}{2} k_0 w_0^2$ 为共焦参数；$w(z) = \sqrt{1 + \left(\dfrac{z}{z_R} \right)^2}$；$R(z) = z\left[1 + \left(\dfrac{z_R}{z} \right)^2 \right]$。

(2) 参考文献 [9]，从式 (3.1.9) 推导出式 (3.1.16)。

(3) 由式 (3.1.13) 和式 (3.1.14) 推导 TM 模和 TE 模平面波的球矢量波函数展开式，并与 2.2.1 小节的相应展开式进行比较，证明它们的一致性。

(4) 试写出如图 3.3.5 所示的有限长单轴各向异性圆柱表面的径向坐标 $R(\theta)$ (分段函数)，并在主程序中将长椭球换成圆柱计算有限长单轴各向异性圆柱对高斯波束散射的微分散射截面。

第 4 章 高斯波束经过各向异性圆柱和平板的传输

本章在圆柱坐标系下研究各向异性圆柱对高斯波束的散射，以及高斯波束经过各向异性平板的传输特性，针对单轴、双轴、回旋各向异性媒质，以及单轴各向异性手征媒质的情况进行了详细讨论。

4.1 高斯波束经过各向异性圆柱的传输

本节讨论了高斯波束用圆柱矢量波函数展开的形式，在此基础上给出求解单轴、双轴、回旋各向异性圆柱，以及单轴各向异性手征圆柱对高斯波束散射的解析方法。同时给出散射近场和内场的归一化强度分布，并对散射特性进行简要讨论。

4.1.1 高斯波束用圆柱矢量波函数展开

如图 4.1.1 所示，在直角坐标系 $O'x'y'z'$ 中，高斯波束沿正 z' 轴传播。直角坐标系 $Ox''y''z''$ 由 $O'x'y'z'$ 沿正 z' 轴平移 z_0 而得到，因此原点 O 在 $O'x'y'z'$ 中的坐标为 $(0, 0, z_0)$ (在轴入射)。坐标系 $Oxyz$ 由 $Ox''y''z''$ 旋转一个欧拉角 β (欧勒角 $\alpha = \gamma = 0$) 而得到，即 $O'z'$ 轴在坐标系 $Oxyz$ 中的角坐标为 $\theta = \beta$, $\phi = \pi$。

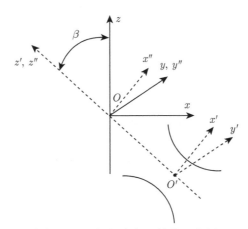

图 4.1.1　高斯波束入射的示意图

3.1 节中已给出高斯波束用属于 $Oxyz$ 的球矢量波函数展开的表达式。由式 (3.1.10)、式 (3.1.13) 和式 (3.1.14) 可知：

对于 TM 模高斯波束，展开式为

$$\boldsymbol{E} = E_0 \sum_{m=-\infty}^{\infty} \sum_{n=|m|}^{\infty} [G_{n,\mathrm{TE}}^m \boldsymbol{M}_{mn}^{(1)}(k_0 R) + G_{n,\mathrm{TM}}^m \boldsymbol{N}_{mn}^{(1)}(k_0 R)] \tag{4.1.1}$$

其中，

$$G_{n,\mathrm{TE}}^m = (-1)^{m-1} \frac{(n-m)!}{(n+m)!} \mathrm{i}^{n-1} \frac{2n+1}{n(n+1)} g_n m \frac{P_n^m(\cos\beta)}{\sin\beta} \tag{4.1.2}$$

$$G_{n,\mathrm{TM}}^m = (-1)^{m-1} \frac{(n-m)!}{(n+m)!} \mathrm{i}^{n-1} \frac{2n+1}{n(n+1)} g_n \frac{\mathrm{d}P_n^m(\cos\beta)}{\mathrm{d}\beta} \tag{4.1.3}$$

已知第一类球矢量波函数与圆柱矢量波函数的关系为 [71]

$$\boldsymbol{M}_{mn}^{(1)}(k_0 R) = \int_0^\pi [c_{mn}(\zeta)\boldsymbol{m}_{m\lambda}^{(1)} + a_{mn}(\zeta)\boldsymbol{n}_{m\lambda}^{(1)}]\mathrm{e}^{\mathrm{i}hz}\mathrm{d}\zeta \tag{4.1.4}$$

$$\boldsymbol{N}_{mn}^{(1)}(k_0 R) = \int_0^\pi [c_{mn}(\zeta)\boldsymbol{n}_{m\lambda}^{(1)} + a_{mn}(\zeta)\boldsymbol{m}_{m\lambda}^{(1)}]\mathrm{e}^{\mathrm{i}hz}\mathrm{d}\zeta \tag{4.1.5}$$

其中，$\lambda = k_0 \sin\zeta$；$h = k_0 \cos\zeta$；

$$c_{mn}(\zeta) = \frac{\mathrm{i}^{m-n-1}}{2k_0} \frac{\mathrm{d}P_n^m(\cos\zeta)}{\mathrm{d}\zeta} \tag{4.1.6}$$

$$a_{mn}(\zeta) = \frac{\mathrm{i}^{m-n-1}}{2k_0} m \frac{P_n^m(\cos\zeta)}{\sin\zeta} \tag{4.1.7}$$

把式 (4.1.4) 和式 (4.1.5) 代入式 (4.1.1)，可得高斯波束用属于直角坐标系 $Oxyz$ 的圆柱矢量波函数展开的表达式如下：

$$\boldsymbol{E} = E_0 \sum_{m=-\infty}^{\infty} \int_0^\pi \left[I_{m,\mathrm{TE}}(\zeta)\boldsymbol{m}_{m\lambda}^{(1)}(h) + I_{m,\mathrm{TM}}(\zeta)\boldsymbol{n}_{m\lambda}(h) \right] \mathrm{e}^{\mathrm{i}hz}\mathrm{d}\zeta \tag{4.1.8}$$

其中，

$$\begin{aligned}
I_{m,\mathrm{TE}} &= \frac{(-\mathrm{i})^m}{2k_0} m \sum_{n=|m|}^{\infty} \frac{2n+1}{n(n+1)} \frac{(n-m)!}{(n+m)!} g_n \\
&\quad \times \left[\frac{P_n^m(\cos\beta)}{\sin\beta} \frac{\mathrm{d}P_n^m(\cos\zeta)}{\mathrm{d}\zeta} + \frac{\mathrm{d}P_n^m(\cos\beta)}{\mathrm{d}\beta} \frac{P_n^m(\cos\zeta)}{\sin\zeta} \right]
\end{aligned} \tag{4.1.9}$$

$$\begin{aligned}
I_{m,\mathrm{TM}} &= \frac{(-\mathrm{i})^m}{2k_0} \sum_{n=|m|}^{\infty} \frac{2n+1}{n(n+1)} \frac{(n-m)!}{(n+m)!} g_n \\
&\quad \times \left[m^2 \frac{P_n^m(\cos\beta)}{\sin\beta} \frac{P_n^m(\cos\zeta)}{\sin\zeta} + \frac{\mathrm{d}P_n^m(\cos\beta)}{\mathrm{d}\beta} \frac{\mathrm{d}P_n^m(\cos\zeta)}{\mathrm{d}\zeta} \right]
\end{aligned} \tag{4.1.10}$$

其中，g_n 由式 (3.1.15) 给出。

4.1.2　单轴各向异性圆柱对高斯波束的散射

如果在图 4.1.1 的坐标系 $Oxyz$ 中放置一个单轴各向异性圆柱,可得如图 4.1.2 所示的单轴各向异性圆柱对高斯波束散射的示意图。图中单轴各向异性圆柱属于直角坐标系 $Oxyz$,即圆柱轴与坐标轴 Oz 重合。

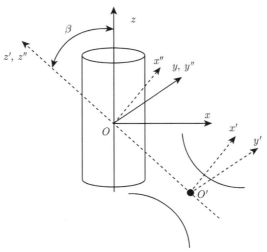

图 4.1.2　单轴各向异性圆柱对高斯波束散射的示意图

4.1.1 小节已得到高斯波束的圆柱矢量波函数展开式,即式 (4.1.8)。为了本小节研究问题的需要,重写如下:

$$\boldsymbol{E}^i = E_0 \sum_{m=-\infty}^{\infty} \int_0^{\pi} [I_{m,\mathrm{TE}}(\zeta)\boldsymbol{m}_{m\lambda}^{(1)}(h) + I_{m,\mathrm{TM}}(\zeta)\boldsymbol{n}_{m\lambda}^{(1)}(h)]\mathrm{e}^{\mathrm{i}hz}\mathrm{d}\zeta \tag{4.1.11}$$

相应的高斯波束磁场强度的展开式为

$$\boldsymbol{H}^i = -\mathrm{i}\frac{E_0}{\eta_0} \sum_{m=-\infty}^{\infty} \int_0^{\pi} [I_{m,\mathrm{TM}}(\zeta)\boldsymbol{m}_{m\lambda}^{(1)}(h) + I_{m,\mathrm{TE}}(\zeta)\boldsymbol{n}_{m\lambda}^{(1)}(h)]\mathrm{e}^{\mathrm{i}hz}\mathrm{d}\zeta \tag{4.1.12}$$

式 (4.1.11) 和式 (4.1.12) 是 TM 模极化高斯波束电场和磁场强度的展开式,对于 TE 模极化高斯波束的圆柱矢量波函数展开式只需在式 (4.1.11) 和式 (4.1.12) 中把 $I_{m,\mathrm{TE}}$ 用 $-\mathrm{i}I_{m,\mathrm{TM}}$ 代替,$I_{m,\mathrm{TM}}$ 用 $-\mathrm{i}I_{m,\mathrm{TE}}$ 代替即可。

单轴各向异性圆柱的散射场可用第三类圆柱矢量波函数展开如下:

$$\boldsymbol{E}^s = E_0 \sum_{m=-\infty}^{\infty} \int_0^{\pi} [\alpha_m(\zeta)\boldsymbol{m}_{m\lambda}^{(3)} + \beta_m(\zeta)\boldsymbol{n}_{m\lambda}^{(3)}]\mathrm{e}^{\mathrm{i}hz}\mathrm{d}\zeta \tag{4.1.13}$$

$$\boldsymbol{H}^s = -\mathrm{i}\frac{E_0}{\eta_0}\sum_{m=-\infty}^{\infty}\int_0^{\pi}[\alpha_m(\zeta)\boldsymbol{n}_{m\lambda}^{(3)} + \beta_m(\zeta)\boldsymbol{m}_{m\lambda}^{(3)}]\mathrm{e}^{\mathrm{i}hz}\mathrm{d}\zeta \tag{4.1.14}$$

其中，$\alpha_m(\zeta)$ 和 $\beta_m(\zeta)$ 为展开系数。

2.4.1 小节中已推导出单轴各向异性圆柱内部的场用圆柱矢量波函数展开的表达式，即式 (2.4.4) 和式 (2.4.8)。研究单轴各向异性圆柱的散射时需要应用电磁场边界条件，在单轴各向异性圆柱的表面要求满足相位匹配，即在入射高斯波束、散射场和圆柱内部场的圆柱矢量波函数展开式中都应当具有相同的指数部分或相位因子 $\mathrm{e}^{\mathrm{i}hz}$。为此，需要在单轴各向异性圆柱内部场的圆柱矢量波函数展开式 (2.4.4) 中令 $h_1 = h_2 = h = k_0\cos\zeta$，即在式 (2.4.4) 中做积分变量的替换（$\theta_k$ 换成 ζ），则可得

$$\begin{aligned}\boldsymbol{E}^w = E_0\sum_{q=1}^{2}\sum_{m=-\infty}^{\infty}\int_0^{\pi}F_{mq}(\zeta)&[\alpha_q^e(\zeta)\boldsymbol{m}_{m\lambda_q}^{(1)}\\ &+\beta_q^e(\zeta)\boldsymbol{n}_{m\lambda_q}^{(1)} + \gamma_q^e(\zeta)\boldsymbol{l}_{m\lambda_q}^{(1)}]\mathrm{e}^{\mathrm{i}hz}\mathrm{d}\zeta\end{aligned} \tag{4.1.15}$$

其中，$F_{mq}(\zeta)\mathrm{d}\zeta = G_{mq}(\theta_k)\mathrm{d}\theta_k$；

$$k_1 = a_1, \quad k_2 = \frac{1}{a_1}\sqrt{a_1^2a_2^2 + (a_1^2 - a_2^2)h^2} \tag{4.1.16}$$

$$\lambda_1 = \sqrt{a_1^2 - h^2}, \quad \lambda_2 = \frac{a_2}{a_1}\sqrt{a_1^2 - h^2} \tag{4.1.17}$$

$$\alpha_1^e(\zeta) = 1, \quad \beta_1^e(\zeta) = \gamma_1^e(\zeta) = \alpha_2^e(\zeta) = 0 \tag{4.1.18}$$

$$\beta_2^e(\zeta) = -\mathrm{i}\frac{a_1^2a_2}{\sqrt{(a_1^2 - h^2)[a_1^2a_2^2 + (a_1^2 - a_2^2)h^2]}} \tag{4.1.19}$$

$$\gamma_2^e(\zeta) = -\frac{a_1^2 - a_2^2}{a_1^2}\frac{a_1a_2h\sqrt{a_1^2 - h^2}}{a_1^2a_2^2 + (a_1^2 - a_2^2)h^2} \tag{4.1.20}$$

在由式 (2.4.4) 得到式 (4.1.15) 时，$\boldsymbol{E}$ 写成了 $\boldsymbol{E}^w$ 用来表示单轴各向异性圆柱的内场。为了与高斯波束和散射场的展开式相对应，原来的不定积分此时变成了求 $\zeta = 0 \to \pi$ 的定积分。

相应的单轴各向异性圆柱内部的磁场强度可由矢量波函数的关系式 (2.1.4) 和式 (2.1.6) 得到，如下：

$$\begin{aligned}\boldsymbol{H}^w = -\mathrm{i}\frac{E_0}{\eta_0}\frac{\mu_0}{\mu}\sum_{q=1}^{2}\sum_{m=-\infty}^{\infty}\int_0^{\pi}\frac{k_q}{k_0}F_{mq}(\zeta)&[\beta_q^e(\zeta)\boldsymbol{m}_{m\lambda_q}^{(1)}\\ &+\alpha_q^e(\zeta)\boldsymbol{n}_{m\lambda_q}^{(1)}]\mathrm{e}^{\mathrm{i}hz}\mathrm{d}\zeta\end{aligned} \tag{4.1.21}$$

式 (4.1.13)、式 (4.1.14) 和式 (4.1.15)、式 (4.1.21) 中的展开系数 $\alpha_m(\zeta)$、$\beta_m(\zeta)$ 和 $F_{m1}(\zeta)$、$F_{m2}(\zeta)$ 可由电场和磁场强度在单轴各向异性圆柱表面的切向分量连续的边界条件来确定，设 r_0 为单轴各向异性圆柱的横截面半径。当 $r = r_0$ 时，边界条件可表示为

$$\left.\begin{array}{ll} E_\phi^i + E_\phi^s = E_\phi^w, & E_z^i + E_z^s = E_z^w \\ H_\phi^i + H_\phi^s = H_\phi^w, & H_z^i + H_z^s = H_z^w \end{array}\right\} \tag{4.1.22}$$

把相应的电场和磁场强度的展开式代入式 (4.1.22)，并考虑到相位匹配关系和复指数函数 $e^{im\phi}$ 的正交关系式 (2.2.7)，则对于每个 m 和 ζ 均有如下关系式：

$$\begin{aligned} &\xi\frac{\mathrm{d}}{\mathrm{d}\xi}J_m(\xi)I_{m,\mathrm{TE}} + \frac{hm}{k_0}J_m(\xi)I_{m,\mathrm{TM}} \\ &+ \xi\frac{\mathrm{d}}{\mathrm{d}\xi}H_m^{(1)}(\xi)\alpha_m(\zeta) + \frac{hm}{k_0}H_m^{(1)}(\xi)\beta_m(\zeta) \\ &= F_{m1}(\zeta)\xi_1\frac{\mathrm{d}}{\mathrm{d}\xi_1}J_m(\xi_1) + F_{m2}(\zeta)\beta_2^e(\zeta)\frac{hm}{k_2}J_m(\xi_2) \\ &- F_{m2}(\zeta)\gamma_2^e(\zeta)\mathrm{i}mJ_m(\xi_2) \end{aligned} \tag{4.1.23}$$

$$\begin{aligned} &\xi^2[J_m(\xi)I_{m,\mathrm{TM}} + H_m^{(1)}(\xi)\beta_m(\zeta)] \\ &= F_{m2}(\zeta)\frac{k_0}{k_2}\xi_2^2 J_m(\xi_2)\left[\beta_2^e(\zeta) + \gamma_2^e(\zeta)\frac{\mathrm{i}hk_2}{\lambda_2^2}\right] \end{aligned} \tag{4.1.24}$$

$$\begin{aligned} &\frac{hm}{k_0}J_m(\xi)I_{m,\mathrm{TE}} + \xi\frac{\mathrm{d}}{\mathrm{d}\xi}J_m(\xi)I_{m,\mathrm{TM}} \\ &+ \frac{hm}{k_0}H_m^{(1)}(\xi)\alpha_m(\zeta) + \xi\frac{\mathrm{d}}{\mathrm{d}\xi}H_m^{(1)}(\xi)\beta_m(\zeta) \\ &= \frac{hm}{k_0}\frac{\mu_0}{\mu}F_{m1}(\zeta)J_m(\xi_1) + \frac{k_2}{k_0}\frac{\mu_0}{\mu}F_{m2}(\zeta)\beta_2^e(\zeta)\xi_2\frac{\mathrm{d}}{\mathrm{d}\xi_2}J_m(\xi_2) \end{aligned} \tag{4.1.25}$$

$$\xi^2[J_m(\xi)I_{m,\mathrm{TE}} + H_m^{(1)}(\xi)\alpha_m(\zeta)] = F_{m1}(\zeta)\frac{\mu_0}{\mu}\xi_1^2 J_m(\xi_1) \tag{4.1.26}$$

其中，$\xi = \lambda r_0$；$\xi_1 = \lambda_1 r_0$；$\xi_2 = \lambda_2 r_0$。

由式 (4.1.23)~ 式 (4.1.26) 组成的方程组可求出 $\alpha_m(\zeta)$、$\beta_m(\zeta)$ 和 $F_{m1}(\zeta)$、$F_{m2}(\zeta)$，代入相应场的展开式，即可求出场分布。

下面求单轴各向异性圆柱的近场和内场的归一化强度分布，在圆柱内部和外部可分别定义如下：

$$|\boldsymbol{E}^w/E_0|^2 = (|E_r^w|^2 + |E_\phi^w|^2 + |E_z^w|^2)/|E_0|^2 \tag{4.1.27}$$

$$\left|(\boldsymbol{E}^i + \boldsymbol{E}^s)/E_0\right|^2 = (\left|E_r^i + E_r^s\right|^2 + \left|E_\phi^i + E_\phi^s\right|^2 + \left|E_z^i + E_z^s\right|^2)/\left|E_0\right|^2 \qquad (4.1.28)$$

图 4.1.3 为 TE 模和 TM 模高斯波束入射单轴各向异性圆柱的近场和内场的归一化强度分布，图中 x 和 z 轴的单位为入射高斯波束的波长 λ_0。单轴各向异性圆柱参数为 $r_0 = 5\lambda_0$，$a_1^2 = 3k_0^2$，$a_2^2 = 2k_0^2$，$\mu = \mu_0$，$\beta = \pi/4$，高斯波束有 $w_0 = 3\lambda_0$，$x_0 = y_0 = z_0 = 0$。

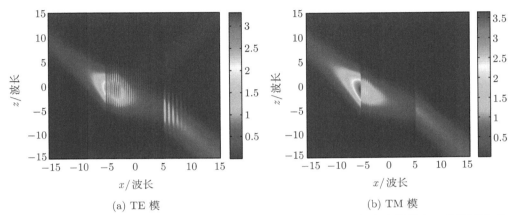

(a) TE 模　　　　　　　　　　　　　　　(b) TM 模

图 4.1.3　TE 模和 TM 模高斯波束入射单轴各向异性圆柱的近场和内场的归一化强度分布

从图 4.1.3 中可看出，单轴各向异性圆柱对 TM 模高斯波束的反射明显比对 TE 模高斯波束的小，传输波束的强度较大。在 $x > 0$ 的区域和圆柱内，由于存在入射波束和反射波束，两者相干叠加出现了明显的驻波。另外，对于 TM 模高斯波束，其传输波束的中心 (强度最大处) 明显比 TE 模高斯波束的要低，说明单轴各向异性圆柱对 TM 模高斯波束的折射较强。

4.1.3　双轴各向异性圆柱对高斯波束的散射

设在直角坐标系 $Oxyz$ 中双轴各向异性媒质的介电常数张量为 $\bar{\varepsilon} = \varepsilon_x \hat{x}\hat{x} + \varepsilon_y \hat{y}\hat{y} + \varepsilon_z \hat{z}\hat{z}$，磁导率为 μ。

图 4.1.4 为高斯波束入射双轴各向异性圆柱的示意图。圆柱在直角坐标系 $Oxyz$ 中描述，即圆柱轴与 Oz 轴重合。高斯波束在 $O'x'y'z'$ 中描述 (为保持图的简洁，图中并未画出)，传播方向为 $O'z'$。由于双轴各向异性圆柱在 xOy 平面上也是各向异性的，所以与单轴各向异性圆柱的情况不同，高斯波束的传播方向 $O'z'$ 在 $Oxyz$ 中的方位角需要用图中两个角 θ_0 和 ϕ_0 来描述。参考 3.1.2 小节欧勒角的概念，以及图 3.1.2 和图 3.1.3 的描述，则 $Oxyz$ 相当于把与 $O'x'y'z'$ 平行的坐标系 $Ox''y''z''$ (原点 O 在 $O'x'y'z'$ 中的坐标为 $(0, 0, z_0)$) 旋转两个欧勒角 $(\alpha = 0)\beta = -\theta_0$ 和 $\gamma = -\phi_0$ 而得到。

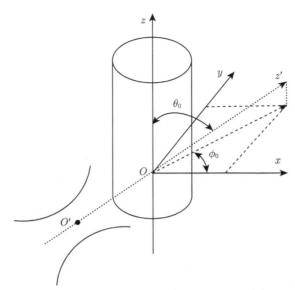

图 4.1.4   高斯波束入射双轴各向异性圆柱

高斯波束用属于 $Oxyz$ 的球矢量波函数展开的表达式仍由式 (3.1.10)~
式 (3.1.15) 给出。如 4.1.1 小节中的讨论, 把第一类球矢量波函数和圆柱矢量波函
数的关系式 (4.1.4) 和式 (4.1.5) 代入高斯波束的球矢量波函数展开式 (3.1.10), 则
可得高斯波束用属于 $Oxyz$ 的圆柱矢量波函数展开的表达式, 仍然如式 (4.1.11)
和式 (4.1.12) 的形式。在上述推导过程中用到了式 (3.1.13) 和式 (3.1.14), 考虑
到连带勒让德函数有关系式 $P_n^m(\cos\beta)|_{\beta=-\theta_0} = (-1)^m P_n^m(\cos\theta_0)$, 则此时的展
开系数为

$$
I_{m,\mathrm{TE}} = -\frac{\mathrm{i}^m}{2k_0} m\mathrm{e}^{-\mathrm{i}m\phi_0} \sum_{n=|m|}^{\infty} \frac{2n+1}{n(n+1)} \frac{(n-m)!}{(n+m)!}
$$
$$
\times g_n \left[\frac{P_n^m(\cos\theta_0)}{\sin\theta_0} \frac{\mathrm{d}P_n^m(\cos\zeta)}{\mathrm{d}\zeta} + \frac{\mathrm{d}P_n^m(\cos\theta_0)}{\mathrm{d}\theta_0} \frac{P_n^m(\cos\zeta)}{\sin\zeta} \right] \tag{4.1.29}
$$

$$
I_{m,\mathrm{TM}} = -\frac{\mathrm{i}^m}{2k_0} \mathrm{e}^{-\mathrm{i}m\phi_0} \sum_{n=|m|}^{\infty} \frac{2n+1}{n(n+1)} \frac{(n-m)!}{(n+m)!}
$$
$$
\times g_n \left[m^2 \frac{P_n^m(\cos\theta_0)}{\sin\theta_0} \frac{P_n^m(\cos\zeta)}{\sin\zeta} + \frac{\mathrm{d}P_n^m(\cos\theta_0)}{\mathrm{d}\theta_0} \frac{\mathrm{d}P_n^m(\cos\zeta)}{\mathrm{d}\zeta} \right] \tag{4.1.30}
$$

下面推导双轴各向异性圆柱内的场用圆柱矢量波函数展开的表达式。

双轴各向异性媒质内的电场强度仍然满足式 (2.3.3), 采用与 2.3.1 小节推导
式 (2.3.3)~ 式 (2.3.6) 相同的步骤, 则得到的如式 (2.3.6) 的方程为

$$\begin{pmatrix} k_y^2 + k_z^2 - a_x^2 & -k_x k_y & -k_x k_z \\ -k_y k_x & k_x^2 + k_z^2 - a_y^2 & -k_y k_z \\ -k_z k_x & -k_z k_y & k_x^2 + k_y^2 - a_z^2 \end{pmatrix} \begin{pmatrix} \tilde{E}_x \\ \tilde{E}_y \\ \tilde{E}_z \end{pmatrix} = \begin{pmatrix} 0 \\ 0 \\ 0 \end{pmatrix} \qquad (4.1.31)$$

其中,$a_x^2 = \omega^2 \mu \varepsilon_x$;　$a_y^2 = \omega^2 \mu \varepsilon_y$;　$a_z^2 = \omega^2 \mu \varepsilon_z$。

　　同理，式 (4.1.31) 中关于 $\tilde{E}_x$、$\tilde{E}_y$ 和 $\tilde{E}_z$ 要有非零解，则应当有系数行列式为零，表示如下：

$$\begin{vmatrix} k_y^2 + k_z^2 - a_x^2 & -k_x k_y & -k_x k_z \\ -k_y k_x & k_x^2 + k_z^2 - a_y^2 & -k_y k_z \\ -k_z k_x & -k_z k_y & k_x^2 + k_y^2 - a_z^2 \end{vmatrix} = 0 \qquad (4.1.32)$$

　　在式 (4.1.32) 中令 $k_x = \lambda \cos \phi_k$, $k_y = \lambda \sin \phi_k$，则有 $k^2 = \lambda^2 + k_z^2$。如 4.1.2 小节的讨论，为了在应用边界条件时保证相位匹配，此时需要令 $k_z = h$，则由式 (4.1.32) 可得 $(q = 1, 2)$

$$\lambda_q^2 = \frac{-B(h, \phi_k) \pm \sqrt{B^2(h, \phi_k) - 4A(\phi_k)C(h)}}{2A(\phi_k)} \qquad (4.1.33)$$

其中,

$$A(\phi_k) = a_x^2 \cos^2 \phi_k + a_y^2 \sin^2 \phi_k \qquad (4.1.34)$$

$$B(h, \phi_k) = (h^2 - a_z^2)(a_x^2 \cos^2 \phi_k + a_y^2 \sin^2 \phi_k) + h^2 a_z^2 - a_x^2 a_y^2 \qquad (4.1.35)$$

$$C(h) = a_z^2 (h^2 - a_x^2)(h^2 - a_y^2) \qquad (4.1.36)$$

两个本征波数为 $k_q = \sqrt{\lambda_q^2 + h^2}$。

　　对应于这两个本征波数的本征解,参考 2.3 节可仍表示为 $\tilde{E}_q(\boldsymbol{k}) = f_q(h, \phi_k)\tilde{\boldsymbol{F}}_q$, 其中 $f_q(h, \phi_k)$ 为幅值函数，$\tilde{\boldsymbol{F}}_q$ 的各分量为

$$\tilde{F}_{qx} = \lambda_q h \cos \phi_k (k_q^2 - a_y^2) \qquad (4.1.37)$$

$$\tilde{F}_{qy} = \lambda_q h \sin \phi_k (k_q^2 - a_x^2) \qquad (4.1.38)$$

$$\tilde{F}_{qz} = \lambda_q^2 [h^2 - (a_x^2 \cos^2 \phi_k + a_y^2 \sin^2 \phi_k)] + (h^2 - a_x^2)(h^2 - a_y^2) \qquad (4.1.39)$$

则在圆柱坐标系下电场强度可表示为

$$\boldsymbol{E} = \sum_{q=1}^{2} \int \mathrm{d}h \int_0^{2\pi} f_q(h, \phi_k)\tilde{\boldsymbol{F}}_q(h, \phi_k)\lambda_q \mathrm{e}^{\mathrm{i}\boldsymbol{k}_q \cdot \boldsymbol{R}} \mathrm{d}\phi_k \qquad (4.1.40)$$

物理意义上，幅值函数 $f_q(h, \phi_k)$ 应当为 ϕ_k 以 2π 为周期的函数，则可展开为如下的 Fourier 级数：

$$f_q(h, \phi_k) = \sum_{n=-\infty}^{\infty} a_{qn}(h) \mathrm{e}^{\mathrm{i}n\phi_k} \tag{4.1.41}$$

把式 (4.1.41) 代入式 (4.1.40)，可得

$$\boldsymbol{E} = \sum_{q=1}^{2} \sum_{n=-\infty}^{\infty} \int a_{qn}(h)\mathrm{d}h \int_0^{2\pi} \tilde{\boldsymbol{F}}_q(h, \phi_k) \lambda_q \mathrm{e}^{\mathrm{i}\boldsymbol{k}_q \cdot \boldsymbol{R}} \mathrm{e}^{\mathrm{i}n\phi_k} \mathrm{d}\phi_k \tag{4.1.42}$$

把 2.2 节中单位振幅平面波用圆柱矢量波函数展开的表达式，即式 (2.2.43)~ 式 (2.2.45) 代入式 (4.1.42)，则可得

$$
\begin{aligned}
\boldsymbol{E} = &\sum_{q=1}^{2} \sum_{m=-\infty}^{\infty} \sum_{n=-\infty}^{\infty} \int a_{qn}(h)\mathrm{d}h \\
&\times \int_0^{2\pi} [A_q(h, \phi_k) \boldsymbol{m}_{m\lambda_q}^{(1)} + B_q(h, \phi_k) \boldsymbol{n}_{m\lambda_q}^{(1)} \\
&+ C_q(h, \phi_k) \boldsymbol{l}_{m\lambda_q}^{(1)}] \exp(\mathrm{i}hz) \lambda_q \mathrm{e}^{\mathrm{i}(n-m)\phi_k} \mathrm{d}\phi_k
\end{aligned}
\tag{4.1.43}
$$

其中，

$$A_q(h, \phi_k) = \frac{\mathrm{i}^{m-1}}{\lambda_q} (\tilde{F}_{qx} \sin \phi_k - \tilde{F}_{qy} \cos \phi_k) \tag{4.1.44}$$

$$B_q(h, \phi_k) = \frac{\mathrm{i}^m}{k_q} \left(-\frac{h}{\lambda_q} \tilde{F}_{qx} \cos \phi_k - \frac{h}{\lambda_q} \tilde{F}_{qy} \sin \phi_k + \tilde{F}_{qz} \right) \tag{4.1.45}$$

$$C_q(h, \phi_k) = \frac{\mathrm{i}^{m-1}}{k_q^2} (\lambda_q \tilde{F}_{qx} \cos \phi_k + \lambda_q \tilde{F}_{qy} \sin \phi_k + h \tilde{F}_{qz}) \tag{4.1.46}$$

已知 $h = k_0 \cos \zeta$，则式 (4.1.43) 可化为双轴各向异性圆柱内的电场强度用圆柱矢量波函数展开的表达式，用 $\boldsymbol{E}^w$ 表示如下：

$$
\begin{aligned}
\boldsymbol{E}^w = &E_0 \sum_{m=-\infty}^{\infty} \int_0^{\pi} \mathrm{d}\zeta \sum_{q=1}^{2} \sum_{n=-\infty}^{\infty} F_{qn}(\zeta) \\
&\times \int_0^{2\pi} [A_q(h, \phi_k) \boldsymbol{m}_{m\lambda_q}^{(1)} + B_q(h, \phi_k) \boldsymbol{n}_{m\lambda_q}^{(1)} \\
&+ C_q(h, \phi_k) \boldsymbol{l}_{m\lambda_q}^{(1)}] \lambda_q \mathrm{e}^{\mathrm{i}hz} \mathrm{e}^{\mathrm{i}(n-m)\phi_k} \mathrm{d}\phi_k
\end{aligned}
\tag{4.1.47}
$$

其中，$F_{qn}(\zeta)\mathrm{d}\zeta = a_{qn}(h)\mathrm{d}h$。

相应的双轴各向异性圆柱内磁场强度的展开式为

$$\boldsymbol{H}^w = -\mathrm{i}\frac{E_0}{\eta_0}\frac{\mu_0}{\mu}\sum_{m=-\infty}^{\infty}\int_0^\pi \mathrm{d}\zeta\sum_{q=1}^{2}\sum_{n=-\infty}^{\infty}F_{qn}(\zeta)$$

$$\times \int_0^{2\pi}\frac{k_q}{k_0}[A_q(h,\phi_k)\boldsymbol{n}_{m\lambda_q}^{(1)} + B_q(h,\phi_k)\boldsymbol{m}_{m\lambda_q}^{(1)}]\lambda_q \mathrm{e}^{\mathrm{i}hz}\mathrm{e}^{\mathrm{i}(n-m)\phi_k}\mathrm{d}\phi_k \tag{4.1.48}$$

双轴各向异性圆柱的散射场仍然可以表示为式 (4.1.13) 和式 (4.1.14)。

设 r_0 为双轴各向异性圆柱的横截面半径，则在其表面仍然有如式 (4.1.22) 的边界条件。把入射高斯波束式 (4.1.11) 和式 (4.1.12)、双轴各向异性圆柱散射场的展开式 (4.1.13) 和式 (4.1.14) (与单轴各向异性圆柱相同) 以及内部场的展开式 (4.1.47) 和式 (4.1.48) 代入式 (4.1.22)，对于每个 m 和 ζ 均成立，则可得

$$\xi\frac{\mathrm{d}}{\mathrm{d}\xi}J_m(\xi)I_{m,\mathrm{TE}} + m\cos\zeta J_m(\xi)I_{m,\mathrm{TM}}$$

$$+ \xi\frac{\mathrm{d}}{\mathrm{d}\xi}H_m^{(1)}(\xi)\alpha_m(\zeta) + m\cos\zeta H_m^{(1)}(\xi)\beta_m(\zeta)$$

$$= \sum_{q=1}^{2}\sum_{n=-\infty}^{\infty}F_{qn}(\zeta)\int_0^{2\pi}[A_q(h,\phi_k)\xi_q\frac{\mathrm{d}}{\mathrm{d}\xi_q}J_m(\xi_q) \tag{4.1.49}$$

$$+ B_q(h,\phi_k)m\cos\alpha\frac{k}{k_q}J_m(\xi_q)$$

$$- \mathrm{i}mC_q(h,\phi_k)J_m(\xi_q)]\lambda_q \mathrm{e}^{\mathrm{i}(n-m)\phi_k}\mathrm{d}\phi_k$$

$$\xi^2[J_m(\xi)I_{m,\mathrm{TM}} + H_m^{(1)}(\xi)\beta_m(\zeta)]$$

$$= \sum_{q=1}^{2}\sum_{n=-\infty}^{\infty}F_{qn}(\zeta)\int_0^{2\pi}\frac{k}{k_q}\xi_q^2 J_m(\xi_q) \tag{4.1.50}$$

$$\times \left[B_q(h,\phi_k) + \mathrm{i}\frac{hk_q}{\lambda_q^2}C_q(h,\phi_k)\right]\lambda_q \mathrm{e}^{\mathrm{i}(n-m)\phi_k}\mathrm{d}\phi_k$$

$$m\cos\zeta J_m(\xi)I_{m,\mathrm{TE}} + \xi\frac{\mathrm{d}}{\mathrm{d}\xi}J_m(\xi)I_{m,\mathrm{TM}}$$

$$+ m\cos\zeta H_m^{(1)}(\xi)\alpha_m(\zeta) + \xi\frac{\mathrm{d}}{\mathrm{d}\xi}H_m^{(1)}(\xi)\beta_m(\zeta)$$

$$= \frac{\mu_0}{\mu}\sum_{q=1}^{2}\sum_{n=-\infty}^{\infty}F_{qn}(\zeta)\int_0^{2\pi}[A_q(h,\phi_k)m\cos\alpha J_m(\xi_q)$$

$$+ B_q(h, \phi_k)\frac{k_q}{k}\xi_q\frac{\mathrm{d}}{\mathrm{d}\xi_q}J_m(\xi_q)]\lambda_q\mathrm{e}^{\mathrm{i}(n-m)\phi_k}\mathrm{d}\phi_k \tag{4.1.51}$$

$$\xi^2[J_m(\xi)I_{m,\mathrm{TE}} + H_m^{(1)}(\xi)\alpha_m(\zeta)]$$

$$= \frac{\mu_0}{\mu}\sum_{q=1}^{2}\sum_{n=-\infty}^{\infty}F_{qn}(\zeta)\int_0^{2\pi}A_q(h, \phi_k)\xi_q^2 J_m(\xi_q)\lambda_q\mathrm{e}^{\mathrm{i}(n-m)\phi_k}\mathrm{d}\phi_k \tag{4.1.52}$$

与 4.1.2 小节一致，仍然有 $\xi = \lambda r_0$；$\xi_1 = \lambda_1 r_0$；$\xi_2 = \lambda_2 r_0$。

从由式 (4.1.49)∼ 式 (4.1.52) 组成的方程组可求出双轴各向异性圆柱散射场和内场的展开系数 $\alpha_m(\zeta)$、$\beta_m(\zeta)$ 和 $F_{1n}(\zeta)$、$F_{2n}(\zeta)$。

求解步骤如下：取 $m = -Z, -Z+1, \cdots, Z-1, Z$ 共 $2Z+1$ 个整数，同样取 $n = -Z, -Z+1, \cdots, Z-1, Z$ 共 $2Z+1$ 个整数，其中 Z 是一个较大的合适的正整数。Z 通常尝试着连续取值，直到获得一定精度的数值结果为止。在图 4.1.5 和图 4.1.6 展示的数值结果中，Z 至少取 25 可得三个或三个以上有效数字的精度。这样，式 (4.1.49)∼ 式 (4.1.52) 就组成了一个 $4(2Z+1)$ 阶的方程组，从中可求出未知的展开系数，进一步求出近场和内部场的分布。

下面仍然计算如式 (4.1.27) 和式 (4.1.28) 定义的归一化强度分布。

图 4.1.5 和图 4.1.6 为高斯波束入射双轴各向异性圆柱的近场和内部场的归一化强度分布，x、y 和 z 轴的单位仍为入射波长。双轴各向异性圆柱参数为 $r_0 = 3\lambda_0$，$a_x^2 = 2.5k_0^2, a_y^2 = 2k_0^2, a_z^2 = 3k_0^2, \mu = \mu_0, \phi_0 = 0$，高斯波束参数为 $x_0 = y_0 = z_0 = 0$，$w_0 = 3\lambda_0$。图 4.1.5 和图 4.1.6 的区别在于入射角度的不同。

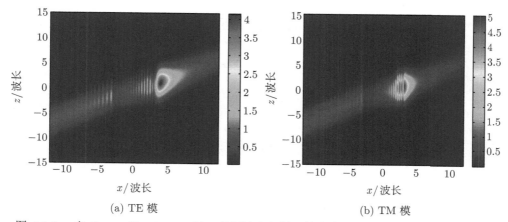

(a) TE 模   (b) TM 模

图 4.1.5   当 $\theta_0 = \pi/3$, $\phi_0 = 0$ 时，高斯波束入射双轴各向异性圆柱的归一化强度分布

从图 4.1.5 和图 4.1.6 可以看出，高斯波束的入射角度 ϕ_0 对近场和内部场的归一化强度分布有较大的影响，这是因为双轴各向异性媒质在 xOy 平面上也是各向异性的，总体来说对 TE 模高斯波束散射强度的影响比对 TM 模高斯波束的大。

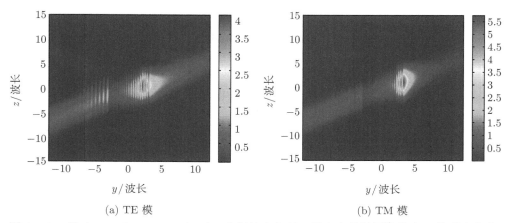

(a) TE 模　　　　　　　　　　　　　　(b) TM 模

图 4.1.6　当 $\theta_0 = \pi/2$，$\phi_0 = \pi/2$ 时，高斯波束入射双轴各向异性圆柱的归一化强度分布

4.1.4　回旋各向异性圆柱对高斯波束的散射

在图 4.1.2 中把单轴各向异性圆柱换成回旋各向异性圆柱，就是本小节要研究的回旋各向异性圆柱对高斯波束的散射。

在 2.4.2 小节中已推导出回旋各向异性圆柱内的场用圆柱矢量波函数展开的表达式，即式 (2.4.9)。与 4.1.2 小节中研究单轴各向异性圆柱对高斯波束的散射一样，为了在应用边界条件时满足相位匹配的要求，需要在式 (2.4.9) 中令 $h_q = k_0 \cos\zeta$，则可得 ($q = 1, 2$)

$$\boldsymbol{E}^w = E_0 \sum_{q=1}^{2} \sum_{m=-\infty}^{\infty} \int_0^\pi F_{mq}(\zeta)[\alpha_q^e(\zeta)\boldsymbol{m}_{m\lambda_q}^{(1)} \tag{4.1.53}$$
$$+ \beta_q^e(\zeta)\boldsymbol{n}_{m\lambda_q}^{(1)} + \gamma_q^e(\zeta)\boldsymbol{l}_{m\lambda_q}^{(1)}]\mathrm{e}^{\mathrm{i}hz}\mathrm{d}\zeta$$

其中，

$$k_q = \sqrt{\frac{2Lh^2}{M \pm \sqrt{M^2 - 4LN}}} \tag{4.1.54}$$

$$\lambda_1 = \sqrt{\frac{2L - M - \sqrt{M^2 - 4LN}}{M + \sqrt{M^2 - 4LN}}h^2} \tag{4.1.55}$$

$$\lambda_2 = \sqrt{\frac{2L - M + \sqrt{M^2 - 4LN}}{M - \sqrt{M^2 - 4LN}}h^2} \tag{4.1.56}$$

$$L = a_3^2(a_1^4 - a_2^4) + (a_1^4 - a_2^4 - a_1^2 a_3^2)h^2 \tag{4.1.57}$$

$$M = (a_1^4 - a_2^4 + a_1^2 a_3^2)h^2 + (a_1^2 - a_3^2)h^4, \quad N = a_1^2 h^4 \tag{4.1.58}$$

$$\alpha_q^e(\zeta) = \frac{\mathrm{i}a_2^2 h}{a_2^4 - (h^2 - a_1^2)(k_q^2 - a_1^2)} \tag{4.1.59}$$

$$\beta_q^e(\zeta) = \frac{\mathrm{i}}{k_q} \frac{a_2^4 + a_1^2(k_q^2 - a_1^2)}{a_2^4 - (h^2 - a_1^2)(k_q^2 - a_1^2)} \tag{4.1.60}$$

$$\gamma_q^e(\zeta) = \frac{h}{k_q^2} \frac{a_2^4 - (k_q^2 - a_1^2)^2}{a_2^4 - (h^2 - a_1^2)(k_q^2 - a_1^2)} \tag{4.1.61}$$

在上述关系式中有 $k_q = \sqrt{\lambda_q^2 + h^2}$。

式 (4.1.53) 是本小节所需要的回旋各向异性圆柱内的电场强度用圆柱矢量波函数展开的关系式，相应的磁场强度的展开式在形式上仍为式 (4.1.21)。

回旋各向异性圆柱的散射场仍然可以表示为式 (4.1.13) 和式 (4.1.14)。

设 r_0 为回旋各向异性圆柱的横截面半径，则在其表面仍然有如式 (4.1.22) 的边界条件。把入射高斯波束、回旋各向异性圆柱内部场和散射场的展开式代入式 (4.1.22)，对于每个 m 和 ζ 均成立，则可得

$$
\begin{aligned}
&\xi\frac{\mathrm{d}}{\mathrm{d}\xi}J_m(\xi)I_{m,\mathrm{TE}} + \frac{hm}{k_0}J_m(\xi)I_{m,\mathrm{TM}} \\
&+ \xi\frac{\mathrm{d}}{\mathrm{d}\xi}H_m^{(1)}(\xi)\alpha_m(\zeta) + \frac{hm}{k_0}H_m^{(1)}(\xi)\beta_m(\zeta) \\
&= \sum_{q=1}^2 F_{mq}(\zeta)\left[\alpha_q^e(\zeta)\xi_q\frac{\mathrm{d}}{\mathrm{d}\xi_q}J_m(\xi_q)\right. \\
&\left.+ \beta_q^e(\zeta)\frac{hm}{k_q}J_m(\xi_q) - \gamma_q^e(\zeta)\mathrm{i}mJ_m(\xi_q)\right]
\end{aligned}
\tag{4.1.62}
$$

$$
\begin{aligned}
&\xi^2[J_m(\xi)I_{m,\mathrm{TM}} + H_m^{(1)}(\xi)\beta_m(\zeta)] \\
&= \sum_{q=1}^2 F_{mq}(\zeta)\frac{k_0}{k_q}\xi_q^2 J_m(\xi_q)\left[\beta_q^e(\zeta) + \gamma_q^e(\zeta)\frac{\mathrm{i}hk_q}{\lambda_q^2}\right]
\end{aligned}
\tag{4.1.63}
$$

$$
\begin{aligned}
&\frac{hm}{k_0}J_m(\xi)I_{m,\mathrm{TE}} + \xi\frac{\mathrm{d}}{\mathrm{d}\xi}J_m(\xi)I_{m,\mathrm{TM}} \\
&+ \frac{hm}{k_0}H_m^{(1)}(\xi)\alpha_m(\zeta) + \xi\frac{\mathrm{d}}{\mathrm{d}\xi}H_m^{(1)}(\xi)\beta_m(\zeta) \\
&= \frac{\mu_0}{\mu}\sum_{q=1}^2 F_{mq}(\zeta)\left[\frac{hm}{k_0}\alpha_q^e(\zeta)J_m(\xi_q) + \frac{k_q}{k_0}\beta_q^e(\zeta)\xi_q\frac{\mathrm{d}}{\mathrm{d}\xi_q}J_m(\xi_q)\right]
\end{aligned}
\tag{4.1.64}
$$

$$\xi^2[J_m(\xi)I_{m,\text{TE}} + H_m^{(1)}(\xi)\alpha_m(\zeta)] = \frac{\mu_0}{\mu}\sum_{q=1}^{2}F_{mq}(\zeta)\alpha_q^e(\zeta)\xi_q^2 J_m(\xi_q) \qquad (4.1.65)$$

其中，各参数与 2.3.2 小节、2.4.2 小节 ($a_1^2 = \omega^2\mu\varepsilon_1$、$a_2^2 = \omega^2\mu\varepsilon_2$ 和 $a_3^2 = \omega^2\mu\varepsilon_3$) 和 4.1.2 小节 ($\xi = \lambda r_0$、$\xi_1 = \lambda_1 r_0$ 和 $\xi_2 = \lambda_2 r_0$) 相关参数一致。

由式 (4.1.62)~ 式 (4.1.65) 组成的方程组可求出未知的展开系数，进一步求出场分布以及如式 (4.1.27) 和式 (4.1.28) 的归一化强度分布。

图 4.1.7 为 TE 模和 TM 模高斯波束入射回旋各向异性圆柱的近场和内场的归一化强度分布。回旋各向异性圆柱参数为 $r_0 = 5\lambda_0$，$a_1^2 = 3k_0^2$，$a_2^2 = 2k_0^2$，$a_3^2 = 4k_0^2$，$\mu = \mu_0$，$\beta = \pi/3$，高斯波束参数为 $x_0 = y_0 = z_0 = 0$, $w_0 = 3\lambda_0$。

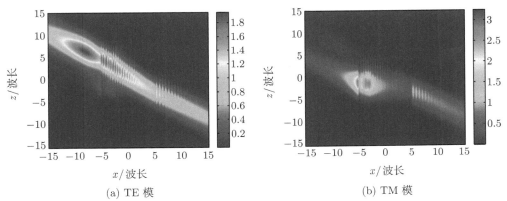

(a) TE 模 　　　　　　　　　　　　　(b) TM 模

图 4.1.7　TE 模和 TM 模高斯波束入射回旋各向异性圆柱的近场和内场的归一化强度分布

从图 4.1.7 可以看出，高斯波束经过回旋各向异性圆柱后分裂成两个波束，这与单轴和双轴各向异性圆柱有明显不同。对于入射的 TE 模和 TM 模高斯波束，两个分裂波束的特性有显著差别。

4.1.5　单轴各向异性手征圆柱对高斯波束的散射

在图 4.1.2 中把单轴各向异性圆柱换成单轴各向异性手征圆柱，就是本小节要研究的单轴各向异性手征圆柱对高斯波束的散射。

2.4.3 小节中已推导出单轴各向异性手征圆柱内的场用圆柱矢量波函数展开的表达式，即式 (2.4.13) 和式 (2.4.17)。与 4.1.2 小节的方法一致，为了在应用边界条件时满足相位匹配的要求，需要令 $k_{qz} = k_q\cos\theta_k = h = k_0\cos\zeta(q = 1,2)$，即在式 (2.4.13) 中进行积分变量的替换 (θ_k 用 ζ 替换)，则可得

$$\begin{aligned}\boldsymbol{E}^w = E_0\sum_{q=1}^{2}\sum_{m=-\infty}^{\infty}\int_0^{\pi}F_{mq}(\zeta)[A_q^e(\zeta)\boldsymbol{m}_{m\lambda_q}^{(1)}\\ + B_q^e(\zeta)\boldsymbol{n}_{m\lambda_q}^{(1)} + C_q^e(\zeta)\boldsymbol{l}_{m\lambda_q}^{(1)}]\mathrm{e}^{\mathrm{i}hz}\mathrm{d}\zeta\end{aligned} \qquad (4.1.66)$$

其中, $F_{mq}(\zeta)\mathrm{d}\zeta = G_{mq}(\theta_k)\mathrm{d}\theta_k$; $k_q = \sqrt{A_q k_t^2 + (1 - A_q)h^2}$; $\lambda_q = \sqrt{A_q(k_t^2 - h^2)}$, 以及

$$A_q^e(\zeta) = \frac{-\mathrm{i}k_q k_0 \kappa}{k_t^2 - k_q^2} \tag{4.1.67}$$

$$B_q^e(\zeta) = \frac{\mathrm{i}k_t^2}{k_t^2 - h^2} \tag{4.1.68}$$

$$C_q^e(\zeta) = \frac{k_t^2 - k_q^2}{k_t^2 - h^2}\frac{h}{k_q} \tag{4.1.69}$$

采用与推导式 (4.1.66) 相同的步骤, 在式 (2.4.17) 中令 $k_{qz} = h = k_0\cos\zeta(q = 1, 2)$, 则可得

$$\begin{aligned}
\boldsymbol{H}^w = -\mathrm{i}\frac{E_0}{\eta_0}\frac{\mu_0}{\mu}\sum_{q=1}^{2}\sum_{m=-\infty}^{\infty}\int_0^\pi F_{mq}(\zeta)[A_q^h(\zeta)\boldsymbol{m}_{m\lambda_q}^{(1)} \\
+ B_q^h(\zeta)\boldsymbol{n}_{m\lambda_q}^{(1)} + C_q^h(\zeta)\boldsymbol{l}_{m\lambda_q}^{(1)}]\mathrm{e}^{\mathrm{i}hz}\mathrm{d}\zeta
\end{aligned} \tag{4.1.70}$$

其中,

$$A_q^h(\zeta) = \mathrm{i}\frac{k_q}{k_0}\frac{k_t^2}{k_t^2 - h^2} \tag{4.1.71}$$

$$B_q^h(\zeta) = -\mathrm{i}\kappa\frac{k_t^2}{k_t^2 - k_q^2} \tag{4.1.72}$$

$$C_q^h(\zeta) = -\kappa\frac{h}{k_q} \tag{4.1.73}$$

式 (4.1.66) 和式 (4.1.70) 是本小节所需的单轴各向异性手征圆柱内的电场和磁场强度用圆柱矢量波函数展开的关系式。

单轴各向异性手征圆柱的散射场仍然可以表示为式 (4.1.13) 和式 (4.1.14) 的形式。

与单轴和回旋各向异性圆柱一样, 设 r_0 为单轴各向异性手征圆柱的横截面半径, 则在其表面仍然有如式 (4.1.22) 的边界条件。把入射高斯波束、单轴各向异性手征圆柱内部场和散射场的展开式代入式 (4.1.22), 则可得

$$\begin{aligned}
\xi\frac{\mathrm{d}}{\mathrm{d}\xi}J_m(\xi)I_{m,\mathrm{TE}} + \frac{hm}{k_0}J_m(\xi)I_{m,\mathrm{TM}} \\
+ \xi\frac{\mathrm{d}}{\mathrm{d}\xi}H_m^{(1)}(\xi)\alpha_m(\zeta) + \frac{hm}{k_0}H_m^{(1)}(\xi)\beta_m(\zeta)
\end{aligned}$$

$$= \sum_{q=1}^{2} F_{mq}(\zeta) \left[A_q^e(\zeta) \xi_q \frac{\mathrm{d}}{\mathrm{d}\xi_q} J_m(\xi_q) \right.$$

$$\left. + B_q^e(\zeta) \frac{hm}{k_q} J_m(\xi_q) - C_q^e(\zeta) \mathrm{i} m J_m(\xi_q) \right] \tag{4.1.74}$$

$$\xi^2 [J_m(\xi) I_{m,\mathrm{TM}} + H_m^{(1)}(\xi) \beta_m(\zeta)]$$

$$= \sum_{q=1}^{2} F_{mq}(\zeta) \frac{k_0}{k_q} \xi_q^2 J_m(\xi_q) \left[B_q^e(\zeta) + C_q^e(\zeta) \frac{\mathrm{i} h k_q}{\lambda_q^2} \right] \tag{4.1.75}$$

$$\frac{hm}{k_0} J_m(\xi) I_{m,\mathrm{TE}} + \xi \frac{\mathrm{d}}{\mathrm{d}\xi} J_m(\xi) I_{m,\mathrm{TM}}$$

$$+ \frac{hm}{k_0} H_m^{(1)}(\xi) \alpha_m(\zeta) + \xi \frac{\mathrm{d}}{\mathrm{d}\xi} H_m^{(1)}(\xi) \beta_m(\zeta)$$

$$= \sum_{q=1}^{2} F_{mq}(\zeta) \frac{\mu_0}{\mu} \left[A_q^h(\zeta) \xi_q \frac{\mathrm{d}}{\mathrm{d}\xi_q} J_m(\xi_q) \right.$$

$$\left. + B_q^h(\zeta) \frac{hm}{k_q} J_m(\xi_q) - C_q^h(\zeta) \mathrm{i} m J_m(\xi_q) \right] \tag{4.1.76}$$

$$\xi^2 [J_m(\xi) I_{m,\mathrm{TE}} + H_m^{(1)}(\xi) \alpha_m(\zeta)]$$

$$= \sum_{q=1}^{2} F_{mq}(\zeta) \frac{k_0}{k_q} \frac{\mu_0}{\mu} \xi_q^2 J_m(\xi_q) \left[B_q^h(\zeta) + C_q^h(\zeta) \frac{\mathrm{i} h k_q}{\lambda_q^2} \right] \tag{4.1.77}$$

其中，各参数与 2.3.3 小节、2.4.3 小节和 4.1.2 小节 ($\xi = \lambda r_0$，$\xi_1 = \lambda_1 r_0$ 和 $\xi_2 = \lambda_2 r_0$) 相关参数一致。

由式 (4.1.74)～ 式 (4.1.77) 组成的方程组可求出展开系数，把它们代入相应场的展开式，即可求出场分布，进一步求出如式 (4.1.27) 和式 (4.1.28) 的归一化强度分布。

图 4.1.8 和图 4.1.9 分别为单轴各向异性手征圆柱对 TE 模和 TM 模高斯波束散射时近场和内部场的归一化强度分布。两个图中的手征参数不同，其余参数一致，即单轴各向异性手征圆柱参数为 $r_0 = 5\lambda_0$，$k_t = k_0$，$\varepsilon_z / \varepsilon_t = 2$，$\mu = \mu_0$，$\beta = \pi/4$，高斯波束参数为 $x_0 = y_0 = z_0 = 0$，$w_0 = 3\lambda_0$，图 4.1.8 中 $\kappa = 0.8$，而图 4.1.9 中 $\kappa = 1.6$，用来研究不同手征参数 κ 对高斯波束传输的影响。

从图 4.1.8 和图 4.1.9 可看出，当 $\kappa = 0.8$ 时 ($A_1 > 0$ 和 $A_2 > 0$) 高斯波束经过单轴各向异性手征圆柱后分裂成了两个波束。当 $\kappa = 1.6$ 时 ($A_1 > 0$ 和 $A_2 < 0$) 出射波束变成了一束，这是因为与 $A_2 < 0$ 相对应的一束在单轴各向异性手征圆柱内传播时衰减掉了。

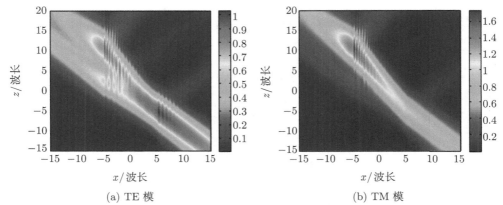

(a) TE 模　　　　　　　　　　　　　　　　(b) TM 模

图 4.1.8　当 $\kappa = 0.8$ 时，单轴各向异性手征圆柱对高斯波束散射时近场和内部场的归一化强度分布

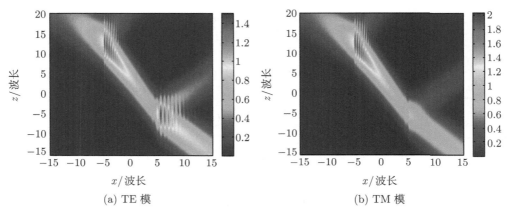

(a) TE 模　　　　　　　　　　　　　　　　(b) TM 模

图 4.1.9　当 $\kappa = 1.6$ 时，单轴各向异性手征圆柱对高斯波束散射时近场和内部场的归一化强度分布

4.2　高斯波束经过各向异性平板的传输

在 4.1.1 小节的基础上，本节在圆柱坐标系内给出求解高斯波束通过单轴、回旋各向异性平板，以及单轴各向异性手征平板传输的解析方法。同时给出场的归一化强度分布，并对传输特性进行简要的讨论。

4.2.1　高斯波束经过单轴各向异性平板的传输

高斯波束在直角坐标系 $O'x'y'z'$ 中描述，且在自由空间内沿正 z' 轴传播，如图 4.2.1 所示 (与图 4.1.1 相同，为简洁起见，图中没有画出 $O'x'y'z'$)。z' 轴在直角坐标系 $Oxyz$ 的 xOz 平面内，平面 $z = 0$ 和 $z = d$ 是一个无限大单轴各向异性平板与自由空间的分界面，所以平板的厚度为 d。坐标系 $Oxyz$ 的原点 O 在 $O'z'$ 轴上或原点 O 在 $O'x'y'z'$ 中的坐标为 $(0,0,z_0)$，且 $O'z'$ 轴与 Oz 轴的夹角为 β。

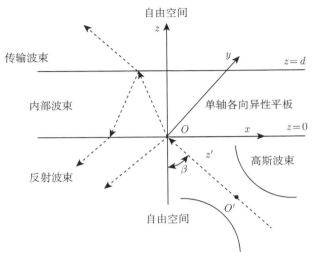

图 4.2.1　高斯波束入射到单轴各向异性平板

入射高斯波束用属于 $Oxyz$ 的圆柱矢量波函数展开的表达式已由式 (4.1.8) 给出。为了下面在研究时应用边界条件，高斯波束写成如下两部分之和：

$$\left(\boldsymbol{E}^i \quad \boldsymbol{H}^i\right) = \left(\boldsymbol{E}_1^i \quad \boldsymbol{H}_1^i\right) + \left(\boldsymbol{E}_2^i \quad \boldsymbol{H}_2^i\right) \tag{4.2.1}$$

其中，

$$
\begin{aligned}
\boldsymbol{E}_1^i = E_0 \sum_{m=-\infty}^{\infty} \int_0^{\frac{\pi}{2}} & [I_{m,\mathrm{TE}}(\zeta)\boldsymbol{m}_{m\lambda}^{(1)}(h) \\
& + I_{m,\mathrm{TM}}(\zeta)\boldsymbol{n}_{m\lambda}^{(1)}(h)] \exp(\mathrm{i}hz)\mathrm{d}\zeta
\end{aligned}
\tag{4.2.2}
$$

$$
\begin{aligned}
\boldsymbol{H}_1^i = -\mathrm{i}\frac{E_0}{\eta_0} \sum_{m=-\infty}^{\infty} \int_0^{\frac{\pi}{2}} & [I_{m,\mathrm{TE}}(\zeta)\boldsymbol{n}_{m\lambda}^{(1)}(h) \\
& + I_{m,\mathrm{TM}}(\zeta)\boldsymbol{m}_{m\lambda}^{(1)}(h)] \exp(\mathrm{i}hz)\mathrm{d}\zeta
\end{aligned}
\tag{4.2.3}
$$

$\boldsymbol{E}_2^i$ 和 $\boldsymbol{H}_2^i$ 的表达式分别与 $\boldsymbol{E}_1^i$ 和 $\boldsymbol{H}_1^i$ 的相同，只是关于 ζ 的积分为 $2/\pi \sim \pi$。其中的展开系数仍然由式 (4.1.9) 和式 (4.1.10) 计算。

式 (4.2.1) 可以这样解释：入射高斯波束可以分解为如图 4.2.2 所示的锥面波 (圆锥的母线为传播矢量 (波矢) $\boldsymbol{k}_0 = \lambda \hat{r} + h\hat{z}$ 的方向) 的线性叠加，每个锥面波的传播矢量 $\boldsymbol{k}_0$ 与 Oz 轴的夹角为 ζ，因此只有 $\boldsymbol{E}_1^i$ 所表示的锥面波才入射到分界面 $z=0$ 上，下面应用边界条件时只需要用到 $\boldsymbol{E}_1^i$ 即可。

高斯波束入射到分界面 $z = 0$ 上时发生反射，反射波束可用圆柱矢量波函数展开如下：

$$\boldsymbol{E}^r = E_0 \sum_{m=-\infty}^{\infty} \int_0^{\frac{\pi}{2}} [a_m(\zeta)\boldsymbol{m}_{m\lambda}^{(1)}(-h) + b_m(\zeta)\boldsymbol{n}_{m\lambda}^{(1)}(-h)] \exp(-\mathrm{i}hz)\mathrm{d}\zeta \quad (4.2.4)$$

$$\boldsymbol{H}^r = -\mathrm{i}\frac{E_0}{\eta_0} \sum_{m=-\infty}^{\infty} \int_0^{\frac{\pi}{2}} [a_m(\zeta)\boldsymbol{n}_{m\lambda}^{(1)}(-h) + b_m(\zeta)\boldsymbol{m}_{m\lambda}^{(1)}(-h)] \exp(-\mathrm{i}hz)\mathrm{d}\zeta \quad (4.2.5)$$

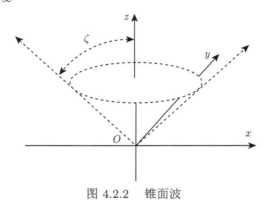

图 4.2.2　锥面波

2.4.1 小节中已推导出单轴各向异性媒质内的场用圆柱矢量波函数展开的关系式，即式 (2.4.4)。为了应用边界条件，需要在式 (2.4.4) 中令 $\lambda_q = k_q \sin\theta_k = \lambda = k_0 \sin\zeta$ （$q = 1, 2$ 和 ζ 从 0 到 $\pi/2$），即在式 (2.4.4) 中做积分变量 θ_k 到 ζ 的变换，则可得

$$\begin{aligned}\boldsymbol{E}_1^w = E_0 \sum_{q=1}^{2} \sum_{m=-\infty}^{\infty} \int_0^{\frac{\pi}{2}} E_{mq}(\zeta)[&\alpha_q^e(\zeta)\boldsymbol{m}_{m\lambda}^{(1)}(h_q) \\ &+ \beta_q^e(\zeta)\boldsymbol{n}_{m\lambda}^{(1)}(h_q) + \gamma_q^e(\zeta)\boldsymbol{l}_{m\lambda}^{(1)}(h_q)]\mathrm{e}^{\mathrm{i}h_q z}\mathrm{d}\zeta\end{aligned} \quad (4.2.6)$$

其中，$E_{mq}(\zeta)\mathrm{d}\zeta = G_{mq}(\theta_k)\mathrm{d}\theta_k$。

$$h_1 = \sqrt{a_1^2 - \lambda^2}, \quad h_2 = \frac{a_1}{a_2}\sqrt{a_2^2 - \lambda^2} \quad (4.2.7)$$

$$k_1 = a_1, \quad k_2 = \frac{1}{a_2}\sqrt{a_1^2 a_2^2 - (a_1^2 - a_2^2)\lambda^2} \quad (4.2.8)$$

$$\alpha_1^e(\zeta) = 1, \quad \beta_1^e(\zeta) = \gamma_1^e(\zeta) = \alpha_2^e(\zeta) = 0 \quad (4.2.9)$$

$$\beta_2^e(\zeta) = -\mathrm{i}\frac{a_2^3}{\lambda} \frac{1}{\sqrt{a_1^2 a_2^2 - (a_1^2 - a_2^2)\lambda^2}} \quad (4.2.10)$$

$$\gamma_2^e(\zeta) = -\frac{(a_1^2 - a_2^2)a_2}{a_1} \frac{\lambda\sqrt{a_2^2 - \lambda^2}}{a_1^2 a_2^2 - (a_1^2 - a_2^2)\lambda^2} \tag{4.2.11}$$

在式 (2.4.4) 中，令 $\theta_k = \pi - \psi_k$，与推导式 (4.2.6) 一样，再令：

$$\lambda_q = k_q \sin\psi_k = \lambda = k_0 \sin\zeta (q = 1, 2 \text{ 和 } \zeta \text{ 从 } 0 \text{ 到 } \pi/2)$$

则可得

$$\begin{aligned}
\boldsymbol{E}_2^w = E_0 \sum_{q=1}^{2} \sum_{m=-\infty}^{\infty} \int_0^{\frac{\pi}{2}} F_{mq}(\zeta)[\alpha_q^e(\zeta)\boldsymbol{m}_{m\lambda}^{(1)}(-h_q) \\
+ \beta_q^e(\zeta)\boldsymbol{n}_{m\lambda}^{(1)}(-h_q) - \gamma_q^e(\zeta)\boldsymbol{l}_{m\lambda}^{(1)}(-h_q)]\mathrm{e}^{-\mathrm{i}h_q z}\mathrm{d}\zeta
\end{aligned} \tag{4.2.12}$$

其中，$F_{mq}(\zeta)\mathrm{d}\zeta = -G_{mq}(\pi - \psi_k)\mathrm{d}\psi_k$。

需要指出的是，式 (4.2.6) 给出的 $\boldsymbol{E}_1^w$ 和式 (4.2.12) 给出的 $\boldsymbol{E}_2^w$ 分别表示向分界面 $z = d$ 传播的波束和向分界面 $z = 0$ 传播的波束的电场强度，相应的磁场强度 $\boldsymbol{H}_1^w$ 和 $\boldsymbol{H}_2^w$ 可由麦克斯韦旋度方程和 2.1 节矢量波函数的性质推导如下：

$$\begin{aligned}
\boldsymbol{H}_1^w = -\mathrm{i}\frac{E_0}{\eta_0}\frac{\mu_0}{\mu} \sum_{q=1}^{2} \sum_{m=-\infty}^{\infty} \int_0^{\frac{\pi}{2}} E_{mq}(\zeta)\frac{k_q}{k_0}[\alpha_q^e(\zeta)\boldsymbol{n}_{m\lambda}^{(1)}(h_q) \\
+ \beta_q^e(\zeta)\boldsymbol{m}_{m\lambda}^{(1)}(h_q)]\mathrm{e}^{\mathrm{i}h_q z}\mathrm{d}\zeta
\end{aligned} \tag{4.2.13}$$

$$\begin{aligned}
\boldsymbol{H}_2^w = -\mathrm{i}\frac{E_0}{\eta_0}\frac{\mu_0}{\mu} \sum_{q=1}^{2} \sum_{m=-\infty}^{\infty} \int_0^{\frac{\pi}{2}} F_{mq}(\zeta)\frac{k_q}{k_0}[\alpha_q^e(\zeta)\boldsymbol{n}_{m\lambda}^{(1)}(-h_q) \\
+ \beta_q^e(\zeta)\boldsymbol{m}_{m\lambda}^{(1)}(-h_q)]\mathrm{e}^{-\mathrm{i}h_q z}\mathrm{d}\zeta
\end{aligned} \tag{4.2.14}$$

传输波束 ($z > d$ 区域内的场) 可用圆柱矢量波函数展开如下：

$$\boldsymbol{E}^t = E_0 \sum_{m=-\infty}^{\infty} \int_0^{\frac{\pi}{2}} [c_m(\zeta)\boldsymbol{m}_{m\lambda}^{(1)}(h) + d_m(\zeta)\boldsymbol{n}_{m\lambda}^{(1)}(h)]\exp(\mathrm{i}hz)\mathrm{d}\zeta \tag{4.2.15}$$

$$\boldsymbol{H}^t = -\mathrm{i}\frac{E_0}{\eta_0} \sum_{m=-\infty}^{\infty} \int_0^{\frac{\pi}{2}} [c_m(\zeta)\boldsymbol{n}_{m\lambda}^{(1)}(h) + d_m(\zeta)\boldsymbol{m}_{m\lambda}^{(1)}(h)]\exp(\mathrm{i}hz)\mathrm{d}\zeta \tag{4.2.16}$$

反射波束、内部波束和传输波束的展开系数 $a_m(\zeta)$ 和 $b_m(\zeta)$、$E_{mq}(\zeta)$ 和 $F_{mq}(\zeta)$ 及 $c_m(\zeta)$ 和 $d_m(\zeta)$ 可由如下的边界条件来确定。

在 $z = 0$ 处：

$$\left.\begin{aligned}
E_{1r}^i + E_r^r = E_{1r}^w + E_{2r}^w \quad & E_{1\phi}^i + E_\phi^r = E_{1\phi}^w + E_{2\phi}^w \\
H_{1r}^i + H_r^r = H_{1r}^w + H_{2r}^w \quad & H_{1\phi}^i + H_\phi^r = H_{1\phi}^w + H_{2\phi}^w
\end{aligned}\right\} \tag{4.2.17}$$

在 $z = d$ 处:

$$\left.\begin{array}{ll} E_{1r}^w + E_{2r}^w = E_r^t & E_{1\phi}^w + E_{2\phi}^w = E_\phi^t \\ H_{1r}^w + H_{2r}^w = H_r^t & H_{1\phi}^w + H_{2\phi}^w = H_\phi^t \end{array}\right\} \qquad (4.2.18)$$

其中, 下标 r 和 ϕ 分别表示电磁场的 r 和 ϕ 分量。

应用反射波束、内部波束和传输波束的圆柱矢量波函数展开式, 则边界条件式 (4.2.17) 可具体表示为

$$I_{m,\mathrm{TE}}(\zeta) + a_m(\zeta) = E_{m1}(\zeta) + F_{m1}(\zeta) \qquad (4.2.19)$$

$$I_{m,\mathrm{TM}}(\zeta)\frac{h}{k_0} - b_m(\zeta)\frac{h}{k_0} = [E_{m2}(\zeta) - F_{m2}(\zeta)]\left[\beta_2^e(\zeta)\frac{h_2}{k_2} - \mathrm{i}\gamma_2^e(\zeta)\right] \qquad (4.2.20)$$

$$I_{m,\mathrm{TE}}(\zeta)\frac{h}{k_0} - a_m(\zeta)\frac{h}{k_0} = \frac{h_1}{k_0}E_{m1}(\zeta) - \frac{h_1}{k_0}F_{m1}(\zeta) \qquad (4.2.21)$$

$$I_{m,\mathrm{TM}}(\zeta) + b_m(\zeta) = E_{m2}(\zeta)\frac{k_2}{k_0}\beta_2^e(\zeta) + F_{m2}(\zeta)\frac{k_2}{k_0}\beta_2^e(\zeta) \qquad (4.2.22)$$

边界条件式 (4.2.18) 可具体表示为

$$E_{m1}(\zeta)\mathrm{e}^{\mathrm{i}h_1 d} + F_{m1}(\zeta)\mathrm{e}^{-\mathrm{i}h_1 d} = c_m(\zeta)\mathrm{e}^{\mathrm{i}hd} \qquad (4.2.23)$$

$$\begin{aligned} & E_{m2}(\zeta)\left[\beta_2^e(\zeta)\frac{h_2}{k_2} - \mathrm{i}\gamma_2^e(\zeta)\right]\mathrm{e}^{\mathrm{i}h_2 d} \\ & - F_{m2}(\zeta)\left[\beta_2^e(\zeta)\frac{h_2}{k_2} - \mathrm{i}\gamma_2^e(\zeta)\right]\mathrm{e}^{-\mathrm{i}h_2 d} = d_m(\zeta)\frac{h}{k_0}\mathrm{e}^{\mathrm{i}hd} \end{aligned} \qquad (4.2.24)$$

$$E_{m1}(\zeta)\mathrm{e}^{\mathrm{i}h_1 d} - F_{m1}(\zeta)\mathrm{e}^{-\mathrm{i}h_1 d} = c_m(\zeta)\frac{h}{h_1}\mathrm{e}^{\mathrm{i}hd} \qquad (4.2.25)$$

$$E_{m2}(\zeta)\beta_2^e(\zeta)\mathrm{e}^{\mathrm{i}h_2 d} + F_{m2}(\zeta)\beta_2^e(\zeta)\mathrm{e}^{-\mathrm{i}h_2 d} = d_m(\zeta)\frac{k_0}{k_2}\mathrm{e}^{\mathrm{i}hd} \qquad (4.2.26)$$

展开系数 $a_m(\zeta)$、$c_m(\zeta)$、$E_{m1}(\zeta)$ 和 $F_{m1}(\zeta)$ 可由式 (4.2.19)、式 (4.2.21)、式 (4.2.23) 和式 (4.2.25) 组成的方程组求出, 而展开系数 $b_m(\zeta)$、$d_m(\zeta)$、$E_{m2}(\zeta)$ 和 $F_{m2}(\zeta)$ 可由式 (4.2.20)、式 (4.2.22)、式 (4.2.24) 和式 (4.2.26) 组成的方程组求出。

求出展开系数后, 代入相应波束的展开式, 即可求出场分布。

下面仍然求归一化强度分布, 在区域 $z < 0$、$0 < z < d$ 和 $d < z$ 内分别定义如下:

$$\left|(\boldsymbol{E}^i + \boldsymbol{E}^r)/E_0\right|^2 = (\left|E_r^i + E_r^r\right|^2 + \left|E_\phi^i + E_\phi^r\right|^2 + \left|E_z^i + E_z^r\right|^2)/|E_0|^2 \qquad (4.2.27)$$

$$|(\boldsymbol{E}_1^w + \boldsymbol{E}_2^w)/E_0|^2 = (|E_{1r}^w + E_{2r}^w|^2 + |E_{1\phi}^w + E_{2\phi}^w|^2$$
$$+ |E_{1z}^w + E_{2z}^w|^2)/|E_0|^2 \tag{4.2.28}$$

$$\left|\boldsymbol{E}^t/E_0\right|^2 = (\left|E_r^t\right|^2 + \left|E_\phi^t\right|^2 + \left|E_z^t\right|^2)/|E_0|^2 \tag{4.2.29}$$

图 4.2.3 为 TE 模和 TM 模高斯波束入射单轴各向异性平板的归一化强度分布, 此时单轴各向异性平板的参数为 $d = 10\lambda_0$, $a_1^2 = 3k_0^2$, $a_2^2 = 2k_0^2$, $\mu = \mu_0, \beta = \pi/3$, 高斯波束参数为 $x_0 = y_0 = z_0 = 0, w_0 = 3\lambda_0$。

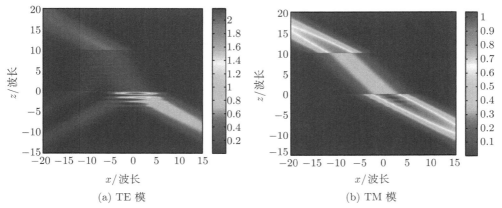

(a) TE 模　　　　　　　　　　　　　　　(b) TM 模

图 4.2.3　高斯波束入射单轴各向异性平板的归一化强度分布

从图 4.2.3 可以看出, 单轴各向异性平板对 TM 模高斯波束的反射较小, 这与通常介质的布儒斯特角现象一致。另外, 与 TE 模高斯波束相比, TM 模高斯波束入射时出射波束 ($d < z$ 区域的波束) 的中心更偏向左边, 说明单轴各向异性平板对 TM 模高斯波束的折射更强。

4.2.2　高斯波束经过回旋各向异性平板的传输

如果在图 4.2.1 中把单轴各向异性平板换成回旋各向异性平板, 就成为本节要介绍的高斯波束通过回旋各向异性平板传输的问题。

入射高斯波束和反射波束仍然如式 (4.2.1)～ 式 (4.2.5) 进行展开。

在 2.4.2 小节已经把回旋各向异性媒质内的场用圆柱矢量波函数展开, 即式 (2.4.9)。与 4.2.1 小节处理单轴各向异性平板相同, 为应用边界条件, 在式 (2.4.9) 中令 $\lambda_q = k_q \sin\theta_k = \lambda = k_0 \sin\zeta (q = 1, 2$ 以及 ζ 从 0 到 $\pi/2$), 则可得

$$\boldsymbol{E}_1^w = E_0 \sum_{q=1}^{2} \sum_{m=-\infty}^{\infty} \int_0^{\frac{\pi}{2}} E_{mq}(\zeta)[\alpha_q^e(\zeta)\boldsymbol{m}_{m\lambda}^{(1)}$$
$$+ \beta_q^e(\zeta)\boldsymbol{n}_{m\lambda}^{(1)} + \gamma_q^e(\zeta)\boldsymbol{l}_{m\lambda}^{(1)}]e^{ih_q z}d\zeta \tag{4.2.30}$$

其中，$E_{mq}(\zeta)\mathrm{d}\zeta = G_{mq}(\theta_k)\mathrm{d}\theta_k$。

$$k_q = \lambda\sqrt{\frac{2L}{M \mp \sqrt{M^2 - 4LN}}}, \quad h_q = \sqrt{k_q^2 - \lambda^2} \tag{4.2.31}$$

$$\alpha_q^e(\zeta) = \frac{\mathrm{i}a_2^2 h_q}{a_2^4 - (h_q^2 - a_1^2)(k_q^2 - a_1^2)} \tag{4.2.32}$$

$$\beta_q^e(\zeta) = \frac{\mathrm{i}}{k_q}\frac{a_2^4 + a_1^2(k_q^2 - a_1^2)}{a_2^4 - (h_q^2 - a_1^2)(k_q^2 - a_1^2)} \tag{4.2.33}$$

$$\gamma_q^e(\zeta) = \frac{h_q}{k_q^2}\frac{a_2^4 - (k_q^2 - a_1^2)^2}{a_2^4 - (h_q^2 - a_1^2)(k_q^2 - a_1^2)} \tag{4.2.34}$$

$$L = a_3^2(a_1^4 - a_2^4) - (a_1^4 - a_2^4 - a_1^2 a_3^2)\lambda^2 \tag{4.2.35}$$

$$M = 2a_1^2 a_3^2 \lambda^2 - (a_1^2 - a_3^2)\lambda^4 \quad N = a_3^2\lambda^4 \tag{4.2.36}$$

相应的磁场强度的展开式为

$$\boldsymbol{H}_1^w = -\mathrm{i}\frac{E_0}{\eta_0}\frac{\mu_0}{\mu}\sum_{q=1}^{2}\sum_{m=-\infty}^{\infty}\int_0^{\frac{\pi}{2}} E_{mq}(\zeta)\frac{k_q}{k_0}[\alpha_q^e(\zeta)\boldsymbol{n}_{m\lambda}^{(1)}(h_q)$$
$$+ \beta_q^e(\zeta)\boldsymbol{m}_{m\lambda}^{(1)}(h_q)]\mathrm{e}^{\mathrm{i}h_q z}\mathrm{d}\zeta \tag{4.2.37}$$

与 4.2.1 小节研究单轴各向异性平板的情况一样，式 (4.2.30) 和式 (4.2.37) 所给出的 $\boldsymbol{E}_1^w$ 和 $\boldsymbol{H}_1^w$ 分别表示向分界面 $z = d$ 传播波束的电场强度和磁场强度。

在式 (2.4.9) 中令 $\theta_k = \pi - \psi_k$，接着令 $\lambda_q = k_q\sin\psi_k = \lambda = k_0\sin\zeta(q = 1, 2$ 以及 ζ 从 0 到 $\pi/2$)，则可得向分界面 $z = 0$ 传播的波束的电场强度 $\boldsymbol{E}_2^w$ 和磁场强度 $\boldsymbol{H}_2^w$ 如下：

$$\boldsymbol{E}_2^w = E_0\sum_{q=1}^{2}\sum_{m=-\infty}^{\infty}\int_0^{\frac{\pi}{2}} F_{mq}(\zeta)[\alpha_q^e(\zeta)\boldsymbol{m}_{m\lambda}^{(1)}(-h_q)$$
$$- \beta_q^e(\zeta)\boldsymbol{n}_{m\lambda}^{(1)}(-h_q) + \gamma_q^e(\zeta)\boldsymbol{l}_{m\lambda}^{(1)}(-h_q)]\mathrm{e}^{-\mathrm{i}h_q z}\mathrm{d}\zeta \tag{4.2.38}$$

$$\boldsymbol{H}_2^w = -\mathrm{i}\frac{E_0}{\eta_0}\frac{\mu_0}{\mu}\sum_{q=1}^{2}\sum_{m=-\infty}^{\infty}\int_0^{\frac{\pi}{2}} F_{mq}(\zeta)\frac{k_q}{k_0}[\alpha_q^e(\zeta)\boldsymbol{n}_{m\lambda}^{(1)}(-h_q)$$
$$- \beta_q^e(\zeta)\boldsymbol{m}_{m\lambda}^{(1)}(-h_q)]\mathrm{e}^{-\mathrm{i}h_q z}\mathrm{d}\zeta \tag{4.2.39}$$

在 $z > d$ 区域内的传输波束可如式 (4.2.15) 和式 (4.2.16) 进行展开。反射波束、内部波束和传输波束的展开系数仍可由式 (4.2.17) 和式 (4.2.18) 的边界条件来确定。

式 (4.2.17) 的边界条件可具体表示为

$$I_{m,\mathrm{TE}}(\zeta) + a_m(\zeta) = \sum_{q=1}^{2} [E_{mq}(\zeta) + F_{mq}(\zeta)]\alpha_q^e(\zeta) \tag{4.2.40}$$

$$[I_{m,\mathrm{TM}}(\zeta) - b_m(\zeta)]\frac{h}{k_0} = \sum_{q=1}^{2} [E_{mq}(\zeta) + F_{mq}(\zeta)][\beta_q^e(\zeta)\frac{h_q}{k_q} - \mathrm{i}\gamma_q^e(\zeta)] \tag{4.2.41}$$

$$I_{m,\mathrm{TE}}(\zeta) - a_m(\zeta) = \sum_{q=1}^{2} [E_{mq}(\zeta) - F_{mq}(\zeta)]\frac{h_q}{h}\alpha_q^e(\zeta) \tag{4.2.42}$$

$$I_{m,\mathrm{TM}}(\zeta) + b_m(\zeta) = \sum_{q=1}^{2} [E_{mq}(\zeta) - F_{mq}(\zeta)]\frac{k_q}{k_0}\beta_q^e(\zeta) \tag{4.2.43}$$

式 (4.2.18) 的边界条件可具体表示为

$$\sum_{q=1}^{2} [E_{mq}(\zeta)\mathrm{e}^{\mathrm{i}h_q d} + F_{mq}(\zeta)\mathrm{e}^{-\mathrm{i}h_q d}]\alpha_q^e(\zeta) = c_m(\zeta)\mathrm{e}^{\mathrm{i}h d} \tag{4.2.44}$$

$$\sum_{q=1}^{2} [E_{mq}(\zeta)\mathrm{e}^{\mathrm{i}h_q d} + F_{mq}(\zeta)\mathrm{e}^{-\mathrm{i}h_q d}]\left[\beta_q^e(\zeta)\frac{h_q}{k_q} - \mathrm{i}\gamma_q^e(\zeta)\right] = d_m(\zeta)\frac{h}{k_0}\mathrm{e}^{\mathrm{i}h d} \tag{4.2.45}$$

$$\sum_{q=1}^{2} \frac{k_q}{k_0}[E_{mq}(\zeta)\mathrm{e}^{\mathrm{i}h_q d} - F_{mq}(\zeta)\mathrm{e}^{-\mathrm{i}h_q d}]\beta_q^e(\zeta) = d_m(\zeta)\mathrm{e}^{\mathrm{i}h d} \tag{4.2.46}$$

$$\sum_{q=1}^{2} \frac{h_q}{h}[E_{mq}(\zeta)\mathrm{e}^{\mathrm{i}h_q d} - F_{mq}(\zeta)\mathrm{e}^{-\mathrm{i}h_q d}]\alpha_q^e(\zeta) = c_m(\zeta)\mathrm{e}^{\mathrm{i}h d} \tag{4.2.47}$$

展开系数 $a_m(\zeta)$、$c_m(\zeta)$、$b_m(\zeta)$、$d_m(\zeta)$、$E_{m1}(\zeta)$、$F_{m1}(\zeta)$、$F_{m2}(\zeta)$ 和 $E_{m2}(\zeta)$ 可由式 (4.2.40)~ 式 (4.2.47) 组成的方程组求出。求出展开系数后，代入相应波束的展开式，即可求出场分布。

下面仍然求式 (4.2.27)~ 式 (4.2.29) 所定义的归一化强度分布。图 4.2.4 为 TE 模和 TM 模高斯波束入射回旋各向异性平板的归一化强度分布，回旋各向异性平板参数为 $d = 10\lambda_0$，$a_1^2 = 3k_0^2$，$a_2^2 = 2k_0^2$，$a_3^2 = 4k_0^2$，$\mu = \mu_0, \beta = \pi/3$，高斯波束参数为 $x_0 = y_0 = z_0 = 0, w_0 = 3\lambda_0$。

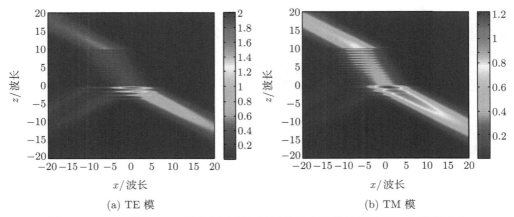

(a) TE 模   (b) TM 模

图 4.2.4　TE 模和 TM 模高斯波束入射回旋各向异性平板的归一化强度分布

4.2.3　高斯波束经过单轴各向异性手征平板的传输

如果在图 4.2.1 中把单轴各向异性平板换成单轴各向异性手征平板，就成为本节要介绍的高斯波束经过单轴各向异性手征平板传输的问题。

在 2.4.3 小节中，单轴各向异性手征媒质内的场已用圆柱矢量波函数展开，即式 (2.4.13) 和式 (2.4.17)。与 4.2.1 小节和 4.2.2 小节一样，令式 (2.4.13) 中 $\lambda_q = k_q \sin\theta_k = \lambda = k_0 \sin\zeta (q = 1, 2$ 以及 ζ 从 0 到 $\pi/2)$，则可得

$$
\begin{aligned}
\boldsymbol{E}_1^w = \sum_{q=1}^{2} \sum_{m=-\infty}^{\infty} \int_0^{\frac{\pi}{2}} & E_{mq}(\zeta)[\alpha_q^e(\zeta)\boldsymbol{m}_{m\lambda}^{(1)} \\
& + \beta_q^e(\zeta)\boldsymbol{n}_{m\lambda}^{(1)} + \gamma_q^e(\zeta)\boldsymbol{l}_{m\lambda}^{(1)}] \exp(\mathrm{i}h_q z)\mathrm{d}\zeta
\end{aligned}
\tag{4.2.48}
$$

其中，$E_{mq}(\zeta)\mathrm{d}\zeta = G_{mq}(\theta_k)\mathrm{d}\theta_k$；$k_q = \sqrt{h_q^2 + \lambda^2}$；$h_q = \sqrt{k_t^2 - \dfrac{1}{A_q}\lambda^2}$；

$$
\alpha_q^e(\zeta) = \frac{-\mathrm{i}k_q k_0 \kappa}{k_t^2 - k_q^2}
\tag{4.2.49}
$$

$$
\beta_q^e(\zeta) = \mathrm{i}\frac{k_t^2}{k_t^2 - h_q^2}
\tag{4.2.50}
$$

$$
\gamma_q^e(\zeta) = \frac{k_t^2 - k_q^2}{k_t^2 - h_q^2}\frac{h_q}{k_q}
\tag{4.2.51}
$$

在式 (2.4.13) 中，令 $\theta_k = \pi - \psi_k$，接着令 $\lambda_q = k_q \sin\psi_k = \lambda = k_0 \sin\zeta$，

则可得

$$
\boldsymbol{E}_2^w = \sum_{q=1}^{2} \sum_{m=-\infty}^{\infty} \int_0^{\frac{\pi}{2}} F_{mq}(\zeta)[\alpha_q^e(\zeta)\boldsymbol{m}_{m\lambda}^{(1)}(-h_q)
$$
$$
+ \beta_q^e(\zeta)\boldsymbol{n}_{m\lambda}^{(1)}(-h_q) - \gamma_q^e(\zeta)\boldsymbol{l}_{m\lambda}^{(1)}(-h_q)] \exp(-\mathrm{i}h_q z)\mathrm{d}\zeta \tag{4.2.52}
$$

其中，$F_{mq}(\zeta)\mathrm{d}\zeta = -G_{mq}(\pi-\psi_k)\mathrm{d}\psi_k$。

与从式 (2.4.13) 推导出式 (4.2.48) 和式 (4.2.52) 一样，在式 (2.4.17) 中进行同样的操作，可得磁场强度 $\boldsymbol{H}_1^w$ 和 $\boldsymbol{H}_2^w$ 如下：

$$
\boldsymbol{H}_1^w = -\mathrm{i}\frac{1}{\eta_0}\frac{\mu_0}{\mu} \sum_{q=1}^{2} \sum_{m=-\infty}^{\infty} \int_0^{\frac{\pi}{2}} E_{mq}(\zeta)[\alpha_q^h(\zeta)\boldsymbol{m}_{m\lambda}^{(1)}
$$
$$
+ \beta_q^h(\zeta)\boldsymbol{n}_{m\lambda}^{(1)} + \gamma_q^h(\zeta)\boldsymbol{l}_{m\lambda}^{(1)}]\mathrm{e}^{\mathrm{i}h_q z}\mathrm{d}\zeta \tag{4.2.53}
$$

$$
\boldsymbol{H}_2^w = -\mathrm{i}\frac{1}{\eta_0}\frac{\mu_0}{\mu} \sum_{q=1}^{2} \sum_{m=-\infty}^{\infty} \int_0^{\frac{\pi}{2}} F_{mq}(\zeta)
$$
$$
\times [\alpha_q^h(\zeta)\boldsymbol{m}_{m\lambda}^{(1)}(-h_q) + \beta_q^h(\zeta)\boldsymbol{n}_{m\lambda}^{(1)}(-h_q)
$$
$$
- \gamma_q^h(\zeta)\boldsymbol{l}_{m\lambda}^{(1)}(-h_q)] \exp(-\mathrm{i}h_q z)\mathrm{d}\zeta \tag{4.2.54}
$$

其中，

$$
\alpha_q^h(\zeta) = \mathrm{i}\frac{k_q}{k_0}\frac{k_t^2}{k_t^2 - h_q^2} \tag{4.2.55}
$$

$$
\beta_q^h(\zeta) = -\mathrm{i}\kappa\frac{k_t^2}{k_t^2 - k_q^2} \tag{4.2.56}
$$

$$
\gamma_q^h(\zeta) = -\kappa\frac{h_q}{k_q} \tag{4.2.57}
$$

与 4.2.1 小节和 4.2.2 小节一致，$\boldsymbol{E}_1^w$ 和 $\boldsymbol{H}_1^w$ 分别表示向分界面 $z=d$ 传播的波束的电场强度和磁场强度，$\boldsymbol{E}_2^w$ 和 $\boldsymbol{H}_2^w$ 分别表示向分界面 $z=0$ 传播的波束的电场强度和磁场强度。

未知的展开系数仍然可由式 (4.2.17) 和式 (4.2.18) 的边界条件确定，则边界条件式 (4.2.17) 可具体表示为

$$
\frac{h}{k_0}b_m(\zeta) + \sum_{q=1}^{2} E_{mq}(\zeta)\left[\beta_q^e(\zeta)\frac{h_q}{k_q} - \mathrm{i}\gamma_q^e(\zeta)\right]
$$
$$
+ \sum_{q=1}^{2} F_{mq}(\zeta)\left[-\beta_q^e(\zeta)\frac{h_q}{k_q} + \mathrm{i}\gamma_q^e(\zeta)\right] = I_{m,\mathrm{TM}}(\zeta)\frac{h}{k_0} \tag{4.2.58}
$$

$$-a_m(\zeta) + \sum_{q=1}^{2} E_{mq}(\zeta)\alpha_q^e(\zeta) + \sum_{q=1}^{2} F_{mq}(\zeta)\alpha_q^e(\zeta) = I_{m,\mathrm{TE}}(\zeta) \tag{4.2.59}$$

$$\frac{h}{k_0}a_m(\zeta) + \sum_{q=1}^{2} E_{mq}(\zeta)\left[\beta_q^h(\zeta)\frac{h_q}{k_q} - \mathrm{i}\gamma_q^h(\zeta)\right]$$
$$+ \sum_{q=1}^{2} F_{mq}(\zeta)\left[-\beta_q^h(\zeta)\frac{h_q}{k_q} + \mathrm{i}\gamma_q^h(\zeta)\right] = I_{m,\mathrm{TE}}(\zeta)\frac{h}{k_0} \tag{4.2.60}$$

$$b_m(\zeta) - \sum_{q=1}^{2} E_{mq}(\zeta)\alpha_q^h(\zeta) - \sum_{q=1}^{2} F_{mq}(\zeta)\alpha_q^h(\zeta) = -I_{m,\mathrm{TM}}(\zeta) \tag{4.2.61}$$

边界条件式 (4.2.18) 可具体表示为

$$\sum_{q=1}^{2} E_{mq}(\zeta)\alpha_q^e(\zeta)\mathrm{e}^{\mathrm{i}h_q d} + \sum_{q=1}^{2} F_{mq}(\zeta)\alpha_q^e(\zeta)\mathrm{e}^{-\mathrm{i}h_q d} = c_m(\zeta)\mathrm{e}^{\mathrm{i}hd} \tag{4.2.62}$$

$$\sum_{q=1}^{2}\left[E_{mq}(\zeta)\mathrm{e}^{\mathrm{i}h_q d} - F_{mq}(\zeta)\mathrm{e}^{-\mathrm{i}h_q d}\right]\left[\beta_q^e(\zeta)\frac{h_q}{k_q} - \mathrm{i}\gamma_q^e(\zeta)\right]\mathrm{e}^{\mathrm{i}h_q d} = d_m(\zeta)\frac{h}{k_0}\mathrm{e}^{\mathrm{i}hd} \tag{4.2.63}$$

$$\sum_{q=1}^{2} E_{mq}(\zeta)\alpha_q^h(\zeta)\mathrm{e}^{\mathrm{i}h_q d} + \sum_{q=1}^{2} F_{mq}(\zeta)\alpha_q^h(\zeta)\mathrm{e}^{-\mathrm{i}h_q d} = d_m(\zeta)\mathrm{e}^{\mathrm{i}hd} \tag{4.2.64}$$

$$\sum_{q=1}^{2}\left[E_{mq}(\zeta)\mathrm{e}^{\mathrm{i}h_q d} - F_{mq}(\zeta)\mathrm{e}^{-\mathrm{i}h_q d}\right]\left[\beta_q^h(\zeta)\frac{h_q}{k_q} - \mathrm{i}\gamma_q^h(\zeta)\right] = c_m(\zeta)\frac{h}{k_0}\mathrm{e}^{\mathrm{i}hd} \tag{4.2.65}$$

展开系数由式 (4.2.58)~ 式 (4.2.65) 组成的方程组求出。求出展开系数后，代入相应波束的展开式，即可求出场分布。

下面仍然求如式 (4.2.27)~ 式 (4.2.29) 所定义的归一化强度分布。图 4.2.5~ 图 4.2.7 为高斯波束入射单轴各向异性手征平板的归一化强度分布，图中的手征参数不同，其余参数一致，即 $d = 10\lambda_0$, $k_t = k_0$, $\varepsilon_z/\varepsilon_t = 2$, $\mu = \mu_0$, $\beta = \pi/3$, 高斯波束的参数均为 $x_0 = y_0 = z_0 = 0, w_0 = 3\lambda_0$。图 4.2.5~ 图 4.2.7 中 κ 的取值依次为 0.4、0.8 和 1.6。

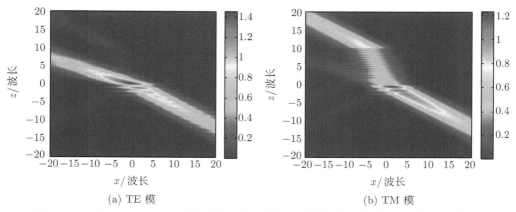

(a) TE 模　　　　　　　　　　　　　　　　　　(b) TM 模

图 4.2.5　当 $\kappa = 0.4$ 时，高斯波束入射单轴各向异性手征平板的归一化强度分布

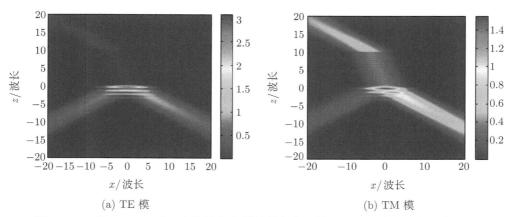

(a) TE 模　　　　　　　　　　　　　　　　　　(b) TM 模

图 4.2.6　当 $\kappa = 0.8$ 时，高斯波束入射单轴各向异性手征平板的归一化强度分布

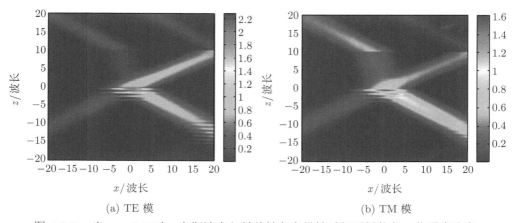

(a) TE 模　　　　　　　　　　　　　　　　　　(b) TM 模

图 4.2.7　当 $\kappa = 1.6$ 时，高斯波束入射单轴各向异性手征平板的归一化强度分布

从图 4.2.5 可以看出，对于较小的手征参数 $\kappa = 0.4$，高斯波束入射到单轴各向异性手征平板后在其内部会分裂成两个波束，对应于 A_1 的波束折射角小于入射角 $\beta = \pi/3$，而对应于 A_2 的波束折射角则大于入射角。

从图 4.2.6 可以看出，对于较大的手征参数 $\kappa = 0.8$，与 $\kappa = 0.4$ 的情况相比，在单轴各向异性手征平板内只有一个波束，这是因为对应于 A_2 的波束在单轴各向异性手征平板内传输时会很快衰减掉。

从图 4.2.7 可以看出，对于更大的手征参数 $\kappa = 1.6$，与 $\kappa = 0.4$ 的情况相比，在单轴各向异性手征平板内仍有两个波束，只是对应于 A_2 的波束在单轴各向异性手征平板内传输时出现了负折射现象 (入射波束和折射波束在法线，即 z 轴的同侧)。

本章给出的理论和结果是计算高斯波束经过各向异性圆柱和平板传输的精确解析解，从计算结果可以看出高斯波束的传输特性与其模式密切相关。从理论上，如果已知其他波束用圆柱矢量波函数展开的表达式，那么本章的理论对该波束入射的情况也是直接适用的。

问题与思考

(1) 在式 (4.1.15) 中令 $z_0 = 0$ 和 $w_0 = \infty$，则有 $g_n = 1$，此时式 (4.1.8) 变成了入射平面波用圆柱矢量波函数展开的表达式，试推导相应的表达式。

(2) 已知文献 [13] 中已证明：

$$\sum_{n=|m|}^{\infty} \frac{2n+1}{n(n+1)} \frac{(n-m)!}{(n+m)!} \left[\frac{\mathrm{d}P_n^m(\cos\beta)}{\mathrm{d}\beta} \frac{\mathrm{d}P_n^m(\cos\zeta)}{\mathrm{d}\zeta} \sin\zeta \right.$$

$$\left. + m^2 \frac{P_n^m(\cos\beta)}{\sin\beta} P_n^m(\cos\zeta) \right] = 2\delta(\zeta - \beta)$$

$$m \sum_{n=|m|}^{\infty} \frac{(n-m)!}{(n+m)!} \frac{2n+1}{n(n+1)} \left[\frac{P_n^m(\cos\beta)}{\sin\beta} \frac{\mathrm{d}P_n^m(\cos\zeta)}{\mathrm{d}\zeta} \sin\zeta \right.$$

$$\left. + \frac{\mathrm{d}P_n^m(\cos\beta)}{\mathrm{d}\beta} P_n^m(\cos\zeta) \right] = 0$$

则式 (4.1.8) 变为

$$E_0(\hat{x}\cos\beta + \hat{z}\sin\beta) \exp[\mathrm{i}k_0(-x\sin\beta + z\cos\beta)]$$

$$= E_0 \sum_{m=-\infty}^{\infty} (-\mathrm{i})^m \int_0^{\pi} \frac{1}{k_0\sin\beta} \boldsymbol{n}_{m\lambda}^{(1)}(h) \mathrm{e}^{\mathrm{i}hz} \delta(\zeta - \beta) \mathrm{d}\zeta$$

尝试求解单轴各向异性圆柱对平面波的散射。

(3) 试令式 (2.4.4) 中 $h_1 = h_2 = h = k_0 \cos \zeta$，并推导出式 (4.1.15)。

(4) 试从式 (2.4.4) 推导出式 (4.2.6) 和式 (4.2.12)。

第 5 章　各向异性粒子对任意波束的散射

本章给出一种求解各向异性粒子对波束散射的半解析方法，称为投影法，然后应用该方法研究单轴、回旋各向异性粒子，以及单轴各向异性手征粒子对常见波束的散射，并对散射特性进行简要讨论。

5.1　单轴各向异性粒子对任意波束的散射

把图 3.3.1 中的高斯波束换成任意入射波束，就是如图 5.1.1 所示的单轴各向异性粒子对任意波束散射的示意图。任意波束在直角坐标系 $O'x'y'z'$ (波束坐标系) 中描述，$O'x'y'z'$ 按照图 3.1.2 和图 3.1.3 的描述通过平移和旋转得到坐标系 $Oxyz$，一个单轴各向异性粒子属于 $Oxyz$ (粒子坐标系)。

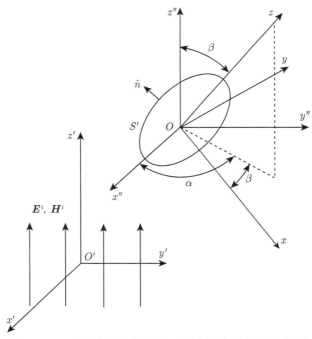

图 5.1.1　单轴各向异性粒子对任意波束散射的示意图

根据 3.2 节扩展边界条件法的一般理论可知，散射场在散射体的外接球外部可以用第三类球矢量波函数展开。把上述结论解析拓展到散射体的外部，因为第三类球贝塞尔函数的奇点在散射体的中心 O 点，散射体外并不包括 O 点，所以设图 5.1.1 中单轴各向异性粒子的散射场 (在单轴各向异性粒子外部) 可如式 (3.2.12) 和式 (3.2.13) 用第三类球矢量波函数展开，重写如下：

$$\boldsymbol{E}^s = \sum_{m=-\infty}^{\infty} \sum_{n=|m|}^{\infty} [\alpha_{mn}\boldsymbol{M}_{mn}^{(3)}(k_0) + \beta_{mn}\boldsymbol{N}_{mn}^{(3)}(k_0)] \tag{5.1.1}$$

$$\boldsymbol{H}^s = -\mathrm{i}\frac{1}{\eta_0} \sum_{m=-\infty}^{\infty} \sum_{n=|m|}^{\infty} [\alpha_{mn}\boldsymbol{N}_{mn}^{(3)}(k_0) + \beta_{mn}\boldsymbol{M}_{mn}^{(3)}(k_0)] \tag{5.1.2}$$

单轴各向异性粒子内部的场已在 2.3.1 小节推导出，即式 (2.3.19) 和式 (2.3.27)，重写如下：

$$\boldsymbol{E}^w = \sum_{q=1}^{2} \sum_{m=-\infty}^{\infty} \sum_{n=|m|}^{\infty} E_{mnq}\boldsymbol{X}_{mnq}^e(k_q) \tag{5.1.3}$$

$$\boldsymbol{H}^w = -\mathrm{i}\frac{1}{\eta_0}\frac{\mu_0}{\mu} \sum_{q=1}^{2} \sum_{m=-\infty}^{\infty} \sum_{n=|m|}^{\infty} E_{mnq}\boldsymbol{X}_{mnq}^h(k_q) \tag{5.1.4}$$

电磁场边界条件要求在单轴各向异性粒子的表面 S' 上电场和磁场强度的切向分量是连续的，可表示为

$$\hat{n} \times (\boldsymbol{E}^s + \boldsymbol{E}^i) = \hat{n} \times \boldsymbol{E}^w \tag{5.1.5}$$

$$\hat{n} \times (\boldsymbol{H}^s + \boldsymbol{H}^i) = \hat{n} \times \boldsymbol{H}^w \tag{5.1.6}$$

其中，$\boldsymbol{E}^i$ 和 $\boldsymbol{H}^i$ 分别为入射波束的电场和磁场强度；$\hat{n}$ 为表面 S' 的外法向单位矢量。

把式 (5.1.1) ~ 式 (5.1.4) 代入式 (5.1.5) 和式 (5.1.6)，可得

$$\hat{n} \times \sum_{m=-\infty}^{\infty} \sum_{n=|m|}^{\infty} [\alpha_{mn}\boldsymbol{M}_{mn}^{(3)}(k_0) + \beta_{mn}\boldsymbol{N}_{mn}^{(3)}(k_0)] + \hat{n} \times \boldsymbol{E}^i$$

$$= \hat{n} \times \sum_{q=1}^{2} \sum_{m=-\infty}^{\infty} \sum_{n=|m|}^{\infty} E_{mnq}\boldsymbol{X}_{mnq}^e(k_q) \tag{5.1.7}$$

$$\hat{n} \times \sum_{m=-\infty}^{\infty} \sum_{n=|m|}^{\infty} [\alpha_{mn}\boldsymbol{N}_{mn}^{(3)}(k_0) + \beta_{mn}\boldsymbol{M}_{mn}^{(3)}(k_0)] + \mathrm{i}\eta_0\hat{n} \times \boldsymbol{H}^i$$

$$= \hat{n} \times \frac{\mu_0}{\mu} \sum_{q=1}^{2} \sum_{m=-\infty}^{\infty} \sum_{n=|m|}^{\infty} E_{mnq}\boldsymbol{X}_{mnq}^h(k_q) \tag{5.1.8}$$

在式 (5.1.7) 等号两边分别点乘 $\boldsymbol{M}^{(1)}_{m'n'}(k_0)$ 和 $\boldsymbol{N}^{(1)}_{m'n'}(k_0)$，并在 S' 求面积分可得

$$\sum_{m=-\infty}^{\infty}\sum_{n=|m|}^{\infty}(U_{m'n'mn}\alpha_{mn}+V_{m'n'mn}\beta_{mn})$$

$$-\sum_{m=-\infty}^{\infty}\sum_{n=|m|}^{\infty}(H^e_{m'n'mn1}E_{mn1}+H^e_{m'n'mn2}E_{mn2})$$

$$=-\oint_{S'}\boldsymbol{M}^{(1)}_{m'n'}(k_0)\times\boldsymbol{E}^i\cdot\hat{n}\mathrm{d}S'\tag{5.1.9}$$

$$\sum_{m=-\infty}^{\infty}\sum_{n=|m|}^{\infty}(K_{m'n'mn}\alpha_{mn}+L_{m'n'mn}\beta_{mn})$$

$$-\sum_{m=-\infty}^{\infty}\sum_{n=|m|}^{\infty}(I^e_{m'n'mn1}E_{mn1}+I^e_{m'n'mn2}E_{mn2})$$

$$=-\oint_{S'}\boldsymbol{N}^{(1)}_{m'n'}(k_0)\times\boldsymbol{E}^i\cdot\hat{n}\mathrm{d}S'\tag{5.1.10}$$

其中，

$$U_{m'n'mn}=\oint_{S'}\boldsymbol{M}^{(1)}_{m'n'}(k_0)\times\boldsymbol{M}^{(3)}_{mn}(k_0)\cdot\hat{n}\mathrm{d}S'\tag{5.1.11}$$

$$V_{m'n'mn}=\oint_{S'}\boldsymbol{M}^{(1)}_{m'n'}(k_0)\times\boldsymbol{N}^{(3)}_{mn}(k_0)\cdot\hat{n}\mathrm{d}S'\tag{5.1.12}$$

$$K_{m'n'mn}=\oint_{S'}\boldsymbol{N}^{(1)}_{m'n'}(k_0)\times\boldsymbol{M}^{(3)}_{mn}(k_0)\cdot\hat{n}\mathrm{d}S'\tag{5.1.13}$$

$$L_{m'n'mn}=\oint_{S'}\boldsymbol{N}^{(1)}_{m'n'}(k_0)\times\boldsymbol{N}^{(3)}_{mn}(k_0)\cdot\hat{n}\mathrm{d}S'\tag{5.1.14}$$

同理，在式 (5.1.8) 等号两边分别点乘 $\boldsymbol{M}^{(1)}_{m'n'}(k_0)$ 和 $\boldsymbol{N}^{(1)}_{m'n'}(k_0)$，并在 S' 求面积分可得

$$\sum_{m=-\infty}^{\infty}\sum_{n=|m|}^{\infty}(V_{m'n'mn}\alpha_{mn}+U_{m'n'mn}\beta_{mn})$$

$$-\frac{\mu_0}{\mu}\sum_{m=-\infty}^{\infty}\sum_{n=|m|}^{\infty}(H^h_{m'n'mn1}E_{mn1}+H^h_{m'n'mn2}E_{mn2})$$

$$=-\mathrm{i}\eta_0\oint_{S'}\boldsymbol{M}^{(1)}_{m'n'}(k_0)\times\boldsymbol{H}^i\cdot\hat{n}\mathrm{d}S'\tag{5.1.15}$$

$$\sum_{m=-\infty}^{\infty} \sum_{n=|m|}^{\infty} \left(L_{m'n'mn} \alpha_{mn} + K_{m'n'mn} \beta_{mn} \right)$$

$$-\frac{\mu_0}{\mu} \sum_{m=-\infty}^{\infty} \sum_{n=|m|}^{\infty} \left(I_{m'n'mn1}^h E_{mn1} + I_{m'n'mn2}^h E_{mn2} \right)$$

$$= -\mathrm{i}\eta_0 \oint_{S'} \boldsymbol{N}_{m'n'}^{(1)}(k_0) \times \boldsymbol{H}^i \cdot \hat{n} \mathrm{d}S' \tag{5.1.16}$$

其中，

$$H_{m'n'mnq}^{e,h} = \oint_{S'} \boldsymbol{M}_{m'n'}^{(1)}(k_0) \times \boldsymbol{X}_{mnq}^{e,h}(k_q) \cdot \hat{n} \mathrm{d}S' \tag{5.1.17}$$

$$I_{m'n'mnq}^{e,h} = \oint_{S'} \boldsymbol{N}_{m'n'}^{(1)}(k_0) \times \boldsymbol{X}_{mnq}^{e,h}(k_q) \cdot \hat{n} \mathrm{d}S' \tag{5.1.18}$$

在推导式 (5.1.9)、式 (5.1.10)、式 (5.1.15) 和式 (5.1.16) 时用到了矢量恒等式 $\boldsymbol{b} \times \boldsymbol{c} \cdot \boldsymbol{a} = -\boldsymbol{a} \times \boldsymbol{c} \cdot \boldsymbol{b}$，其中 $\boldsymbol{a}$、$\boldsymbol{b}$ 和 $\boldsymbol{c}$ 为矢量函数。例如，由式 (5.1.16) 可得 $\hat{n} \times \boldsymbol{E}^i \cdot \boldsymbol{m}_{m'n'}^{(1)}(k_0) = -\boldsymbol{m}_{m'n'}^{(1)}(k_0) \times \boldsymbol{E}^i \cdot \hat{n}$。

当入射波束的电场和磁场强度 $\boldsymbol{E}^i$ 和 $\boldsymbol{H}^i$ 的表达式已给出，则式 (5.1.9)、式 (5.1.10)、式 (5.1.15) 和式 (5.1.16) 的右边就是已知的，它们就化成了关于散射场和内场展开系数 α_{mn}、β_{mn} 和 E_{mn1}、E_{mn2} 的方程组。与 3.3 节的讨论一致，下面仍然只研究旋转对称的单轴各向异性粒子，则此时由式 (5.1.9)、式 (5.1.10)、式 (5.1.15) 和式 (5.1.16) 组成的方程组写成矩阵的形式为

$$\begin{pmatrix} U_{(-m)n'mn} & V_{(-m)n'mn} & -H_{(-m)n'mn1}^e & -H_{(-m)n'mn2}^e \\ K_{(-m)n'mn} & L_{(-m)n'mn} & -I_{(-m)n'mn1}^e & -I_{(-m)n'mn2}^e \\ V_{(-m)n'mn} & U_{(-m)n'mn} & -\dfrac{\mu_0}{\mu} H_{(-m)n'mn1}^h & -\dfrac{\mu_0}{\mu} H_{(-m)n'mn2}^h \\ L_{(-m)n'mn} & K_{(-m)n'mn} & -\dfrac{\mu_0}{\mu} I_{(-m)n'mn1}^h & -\dfrac{\mu_0}{\mu} I_{(-m)n'mn2}^h \end{pmatrix} \begin{pmatrix} \alpha_{mn} \\ \beta_{mn} \\ E_{mn1} \\ E_{mn2} \end{pmatrix}$$

$$= \begin{pmatrix} -\displaystyle\oint_{S'} \boldsymbol{M}_{(-m)n'}^{(1)}(k_0) \times \boldsymbol{E}^i \cdot \hat{n} \mathrm{d}S' \\[2mm] -\displaystyle\oint_{S'} \boldsymbol{N}_{(-m)n'}^{(1)}(k_0) \times \boldsymbol{E}^i \cdot \hat{n} \mathrm{d}S' \\[2mm] -\mathrm{i}\eta_0 \displaystyle\oint_{S'} \boldsymbol{M}_{(-m)n'}^{(1)}(k_0) \times \boldsymbol{H}^i \cdot \hat{n} \mathrm{d}S' \\[2mm] -\mathrm{i}\eta_0 \displaystyle\oint_{S'} \boldsymbol{N}_{(-m)n'}^{(1)}(k_0) \times \boldsymbol{H}^i \cdot \hat{n} \mathrm{d}S' \end{pmatrix} \tag{5.1.19}$$

式 (5.1.19) 的求解方法与 3.3.1 小节构造 T 矩阵的方法一致，对于每个子矩阵，如 $U_{(-m)n'mn}$ 和 $V_{(-m)n'mn}$，给定 $m = -M$，$-M+1, \cdots, M-1$，M，取 $n = |m|$，$|m|+1, \cdots, |m|+N$ 和 $n' = |m|$，$|m|+1, \cdots, |m|+N$，则每个子矩阵就成了一个 $N+1$ 阶的方阵，整个方程组就变成了一个关于 $4(N+1)$ 个未知数的方程组，从中就可以求出散射场和内场的展开系数，进而求出场分布和其他相关参数。与 3.3.1 小节的讨论一致，截断数 M 和 N 仍然尝试着确定，通常取 10 和 20 时，计算结果即可获得三个或三个以上有效数字的精度。

式 (5.1.19) 等号左边矩阵中子矩阵的具体表达式可参考 3.3.1 小节给出，等号右边的表达式给出一个例子为

$$\oint_{S'} \boldsymbol{M}_{(-m)n'}^{(1)}(k_0) \times \boldsymbol{E}^i \cdot \hat{n} \mathrm{d}S'$$

$$= \int_0^\pi \sin\theta \mathrm{d}\theta \int_0^{2\pi} j_{n'}(k_0 R) \left[\mathrm{i}(-m) \frac{P_{n'}^{-m}(\cos\theta)}{\sin\theta} R^2 E_\phi^i \right.$$

$$\left. + \frac{\mathrm{d}\, P_{n'}^{-m}(\cos\theta)}{\mathrm{d}\,\theta} \left(R \frac{\partial R}{\partial \theta} E_R^i + R^2 E_\theta^i \right) \right] \mathrm{e}^{-\mathrm{i}m\phi} \mathrm{d}\phi \qquad (5.1.20)$$

其中，E_R^i、E_θ^i 和 E_ϕ^i 分别为入射波束电场强度在坐标系 $Oxyz$ 中沿球坐标 R、θ 和 ϕ 方向的分量。入射波束电场强度通常在波束坐标系 $O'x'y'z'$ 中描述，如 3.1.1 小节中高斯波束的描述，在计算式 (5.1.19) 中有关的面积分时需要转换到 $Oxyz$ 中进行描述。入射波束从 $O'x'y'z'$ 中转换到 $Oxyz$ 中描述，需要经过如下两个转换，包括坐标的转换和电磁分量的转换：

$$\begin{pmatrix} x' - x_0 \\ y' - y_0 \\ z' - z_0 \end{pmatrix} = C \begin{pmatrix} x \\ y \\ z \end{pmatrix} \qquad (5.1.21)$$

$$\begin{pmatrix} E_{x'} \\ E_{y'} \\ E_{z'} \end{pmatrix} = C \begin{pmatrix} E_x \\ E_y \\ E_z \end{pmatrix}, \qquad \begin{pmatrix} H_{x'} \\ H_{y'} \\ H_{z'} \end{pmatrix} = C \begin{pmatrix} H_x \\ H_y \\ H_z \end{pmatrix} \qquad (5.1.22)$$

其中，

$$C = \begin{pmatrix} \cos\beta & 0 & -\sin\beta \\ 0 & 1 & 0 \\ \sin\beta & 0 & \cos\beta \end{pmatrix} \begin{pmatrix} \cos\alpha & \sin\alpha & 0 \\ -\sin\alpha & \cos\alpha & 0 \\ 0 & 0 & 1 \end{pmatrix} \qquad (5.1.23)$$

当通过式 (5.1.21) 和式 (5.1.22) 把入射波束转换到 $Oxyz$ 中进行描述之后，入射波束在球坐标系下的分量 E_R^i、E_θ^i 和 E_ϕ^i 可应用球坐标与直角坐标的关系得到。

在从式 (5.1.7) 和式 (5.1.8) 推导式 (5.1.9)、式 (5.1.10) 和式 (5.1.15)、式 (5.1.16) 的过程中，用到了在式 (5.1.7) 和式 (5.1.8) 两边分别点乘 $\boldsymbol{M}_{m'n'}^{(1)}(k_0)$ 和 $\boldsymbol{N}_{m'n'}^{(1)}(k_0)$ 并在 S' 上进行积分的操作，上述操作称为求内积。不妨把通过求内积得到式 (5.1.9)、式 (5.1.10) 和式 (5.1.15)、式 (5.1.16) 的方法称为投影法 (projection method)。投影法也可用矩量法的语言来进行描述：通过选取适当的矢量波函数作为基函数 (basis function)，把散射场和单轴各向异性粒子的内场进行展开，式 (5.1.7) 和式 (5.1.8) 把入射波束、散射场和内场联系起来；然后选取第一类球矢量波函数 $\boldsymbol{M}_{m'n'}^{(1)}(k_0)$ 和 $\boldsymbol{N}_{m'n'}^{(1)}(k_0)$ 作为检验函数 (test function)，在式 (5.1.7) 和式 (5.1.8) 两边求内积得到关于未知展开系数的方程组。

与 3.3.1 小节的方法一致，式 (5.1.19) 中矩阵元素的计算一般采用数值积分的方法进行。

本小节仍然计算如式 (3.3.10) 所定义的微分散射截面：

$$\sigma(\theta,\phi) = \lim_{R\to\infty} 4\pi R^2 \left|\frac{\boldsymbol{E}^s}{E_0}\right|^2 = \frac{1}{|E_0|^2}\frac{\lambda_0^2}{\pi}[|T_1(\theta,\phi)|^2 + |T_2(\theta,\phi)|^2] \qquad (5.1.24)$$

其中，E_0 为与入射波束功率有关的复振幅；$T_1(\theta,\phi)$ 和 $T_2(\theta,\phi)$ 的表达式仍然分别为式 (3.3.8) 和式 (3.3.9)。值得注意的是，因为本小节在散射场和内场的球矢量波函数展开式前面并没有加上复振幅 E_0，所以式 (5.1.24) 与式 (3.3.10) 相比多了一个乘积因子 $1/|E_0|^2$，而二者其实是一致的。

本小节利用投影法计算高斯波束入射各向异性粒子的归一化微分散射截面，在附录 A 中给出了投影法在介质球形粒子对波束散射问题中的证明。下面提供的是应用本小节的投影法计算高斯波束入射单轴各向异性长椭球的归一化微分散射截面的 Matlab 程序。其中用到的 7 个子程序与 3.3 节一致，此处不再重复提供，只给出主程序。

主程序：

```
%入射波束波长
lamda=0.6328e-6;k0=2*pi/lamda;
%作图用的方位角
xita=(0:0.001*pi:pi).';fai=pi;
% m和n的截断数
M=10;N=20;
%单轴各向异性媒质参数
a1=sqrt(5.3495)*k0;a2=sqrt(4.9284)*k0;a1s=a1^2;a2s=a2^2;
%辛普森三点法求积分
thetak1=0.002*pi;thetak2=pi-0.002*pi;Nk=50;Nthetak=2*Nk+1;
stepk=(thetak2-thetak1)/(Nthetak-1);
thetak=thetak1+(0:Nthetak-1)*stepk;
```

```
ithk=thetak.';
juk=zeros(1,Nthetak);juk(1)=1;juk(Nthetak)=1;
juk(2:2:2*Nk)=4;juk(3:2:2*Nk-1)=2;
juk=diag(juk*stepk/3);
k1=a1;k2=a1*a2./sqrt(a1s*sin(thetak).^2+a2s*cos(thetak).^2);
%
theta1=0;theta2=pi;Nth=50;Ntheta=2*Nth+1;
step1=(theta2-theta1)/(Ntheta-1);
theta=theta1+(0:Ntheta-1)*step1;lth=length(theta);ith=theta.';
ju=zeros(1,Ntheta);ju(1)=1;ju(Ntheta)=1;ju(2:2:2*Nth)=4;
ju(3:2:2*Nth-1)=2;
ju=diag(ju*step1/3);yju=ones(lth,1);
step2=0.004*pi;phai=0:step2:2*pi;lph=length(phai);iph=phai.';
juf=diag(step2/2*([0,ones(1,lph-1)]+[ones(1,lph-1),0]));
yju1=ones(1,lph);
%单轴各向异性长椭球的参数
a=2*pi/(2*pi)*lamda;bili=2;b=a/bili;
rtheta=a*b./sqrt(b^2*cos(theta).^2+a^2*sin(theta).^2);
rinv=rtheta.';
prtheta=a*b*(b^2-a^2)*sin(theta).*cos(theta)./(b^2*cos(theta)
        .^2+a^2*sin(theta).^2).^(3/2);
xx=rinv*k1;xy=rinv*k2;
rtheta1=repmat(rtheta,N+1,1);
prtheta1=repmat(prtheta,N+1,1);
stheta=repmat(sin(theta),N+1,1);
%波束参数
x0=0*lamda;y0=0*lamda;z0=0*lamda;
alfa=0;beta=pi/3;%欧勒角
%波束从波束坐标系到粒子坐标系的转换
x=rinv.*sin(ith)*cos(phai);y=rinv.*sin(ith)*sin(phai);
z=rinv.*cos(ith)*yju1;
x1=x0+x*cos(beta)*cos(alfa)-y*sin(alfa)+z*sin(beta)*cos(alfa);
y1=y0+x*cos(beta)*sin(alfa)+y*cos(alfa)+z*sin(beta)*sin(alfa);
z1=z0-x*sin(beta)+z*cos(beta);
%高斯波束
w0=5*lamda;
%高斯波束束腰半径
expz=exp(i*k0*z1);
L=k0*w0^2;s=w0/L;ksaiz=z1/L;Q=1./(i-2*ksaiz);
zetax=x1/w0;yitay=y1/w0;srou=zetax.^2+yitay.^2;
zfai0=i*Q.*exp(-i*Q.*srou).*expz;
```

```
Ex1=-s^2*2*Q.^2.*zetax.*yitay.*zfai0;
Ey1=(1+s^2*(i*Q.^3.*srou.^2-Q.^2.*srou-2*Q.^2.*yitay.^2)).*
    zfai0;
Ez1=(s*2*Q.*yitay+s^3*(-6*Q.^3.*srou.*yitay+2*i*Q.^4.*srou.^2.*
    yitay)).*zfai0;
Hx1=-(1+s^2*(i*Q.^3.*srou.^2-Q.^2.*srou-2*Q.^2.*zetax.
    ^2)).*zfai0;
Hy1=-Ex1;Hz1=-(s*2*Q.*zetax+s^3*(-6*Q.^3.*srou.*zetax+
    2*i*Q.^4.*srou.^2.*zetax)).*zfai0;
%
Ex=Ex1*cos(beta)*cos(alfa)+Ey1*cos(beta)*sin(alfa)-Ez1*sin(beta
    );
Ey=-Ex1*sin(alfa)+Ey1*cos(alfa);
Ez=Ex1*sin(beta)*cos(alfa)+Ey1*sin(beta)*sin(alfa)+Ez1*cos(beta
    );
Hx=Hx1*cos(beta)*cos(alfa)+Hy1*cos(beta)*sin(alfa)-Hz1*sin(beta
    );
Hy=-Hx1*sin(alfa)+Hy1*cos(alfa);
Hz=Hx1*sin(beta)*cos(alfa)+Hy1*sin(beta)*sin(alfa)+Hz1*cos(beta
    );
Er=Ex.*(sin(ith)*cos(phai))+Ey.*(sin(ith)*sin(phai))+Ez.*(cos(
    ith)*yju1);
Eth=Ex.*(cos(ith)*cos(phai))+Ey.*(cos(ith)*sin(phai))-Ez.*(sin(
    ith)*yju1);
Efai=-Ex.*(yju*sin(phai))+Ey.*(yju*cos(phai));
Hr=Hx.*(sin(ith)*cos(phai))+Hy.*(sin(ith)*sin(phai))+Hz.*(cos(
    ith)*yju1);
Hth=Hx.*(cos(ith)*cos(phai))+Hy.*(cos(ith)*sin(phai))-Hz.*(sin(
    ith)*yju1);
Hfai=-Hx.*(yju*sin(phai))+Hy.*(yju*cos(phai));
%
Tm1=0;Tm2=0;
for m=-M:M
    mm=abs(m);
if m==0
    Xemq1r=0;Xemq1theta=0;Xemq1fai=0;Xemq2theta=0;Xemq2fai=0;
yuansu=sin(thetak).*cos(thetak).*k2.^2;
        Xemq2r=i*(1-a2s/a1s)*sqrt(pi./(2*xy)).*besselj(3/2,xy)*
            juk*(repmat(yuansu.',1,N+1).*lerdm(ithk,m,N));
        Xhmq1r=0;Xhmq1theta=0;Xhmq1fai=0;Xhmq2r=0;
        Xhmq2theta=0;Xhmq2fai=0;
```

```
        deltam0=1;
    nn=1:N+1;
    else
        Xemq1r=0;Xemq1theta=0;Xemq1fai=0;Xemq2r=0;Xemq2theta=0;
        Xemq2fai=0;Xhmq1r=0;Xhmq1theta=0;Xhmq1fai=0;Xhmq2r=0;
        Xhmq2theta=0;Xhmq2fai=0;
        deltam0=0;
    nn=mm:mm+N;
    end
    for L=mm+deltam0:mm+deltam0+N
        AmL1=i^L*(2*L+1)/(2*L*(L+1))*prod(1:L-m)/prod(1:L+m)*(
            lerdmn(thetak,m+1,L)-(L+m)*(L-m+1)*lerdmn(thetak,m-1,L
            ));
        BmL1=-i^L/(2*L*(L+1))*prod(1:L-m)/prod(1:L+m)*((L+1)*lerdmn
            (thetak,m+1,L-1)+L*lerdmn(thetak,m+1,L+1)+(L+1)*(L+m
            -1)*(L+m)*lerdmn(thetak,m-1,L-1)+L*(L-m+1)*(L-m+2)*
            lerdmn(thetak,m-1,L+1));
        CmL1=-i^L/(2*k1)*prod(1:L-m)/prod(1:L+m)*(lerdmn(thetak,m
            +1,L-1)+(L+m-1)*(L+m)*lerdmn(thetak,m-1,L-1)-lerdmn
            (thetak,m+1,L+1)-(L-m+1)*(L-m+2)*lerdmn(thetak,m-1,L
            +1));
        AmL2=i^(L+1)*(2*L+1)/(2*L*(L+1))*prod(1:L-m)/prod(1:L+m)*(
            a2s/a1s*cos(thetak)./sin(thetak).*(lerdmn(thetak,m+1,
            L)+(L+m)*(L-m+1)*lerdmn(thetak,m-1,L))+2*m*lerdmn(
            thetak,m,L));
        BmL2=i^(L-1)/(2*L*(L+1))*prod(1:L-m)/prod(1:L+m)*a2s/a1s*
            cos(thetak)./sin(thetak).*((L+1)*lerdmn(thetak,m+1,L-
            1)+L*lerdmn(thetak,m+1,L+1)-(L+1)*(L+m-1)*(L+m)*lerdmn
            (thetak,m-1,L-1)-L*(L-m+1)*(L-m+2)*lerdmn(thetak,m-1,L
            +1))+i^(L+1)*(2*L+1)/(L*(L+1))*prod(1:L-m)/prod(1:L+m)
            *1/(2*L+1)*(L*(L-m+1)*lerdmn(thetak,m,L+1)-(L+1)*(L+m)
            *lerdmn(thetak,m,L-1));
        CmL2=i^(L-1)*prod(1:L-m)/prod(1:L+m)*a2s/a1s*cos(thetak)./
            sin(thetak).*(lerdmn(thetak,m+1,L-1)-(L+m-1)*(L+m)*
            lerdmn(thetak,m-1,L-1)-lerdmn(thetak,m+1,L+1)+(L-m+1)
            *(L-m+2)*lerdmn(thetak,m-1,L+1))./(2*k2)+i^(L-1)*prod
            (1:L-m)/prod(1:L+m)*(2*L+1)*cos(thetak).*lerdmn(
            thetak,m,L)./k2;
%球贝塞尔函数
        yuans11=sqrt(pi./(2*xx)).*besselj(L+1/2,xx);
%球贝塞尔函数除以其宗量，用到了相应的递推关系式
```

```
    yuans12=sqrt(pi./(2*xx))/(2*L+1).*(besselj(L-1/2,xx)+besselj
           (L+3/2,xx));
%球贝塞尔函数的导数
    yuans13=sqrt(pi./(2*xx))/(2*L+1).*(L*besselj(L-1/2,xx)-(L+1)
           *besselj(L+3/2,xx));
%球贝塞尔函数乘以其宗量，再求导，再除以其宗量
    yuans14=sqrt(pi./(2*xx))/(2*L+1).*((L+1)*besselj(L-1/2,xx)-
           L*besselj(L+3/2,xx));
%
    yuans21=sqrt(pi./(2*xy)).*besselj(L+1/2,xy);
    yuans22=sqrt(pi./(2*xy))/(2*L+1).*(besselj(L-1/2,xy)+besselj
           (L+3/2,xy));
    yuans23=sqrt(pi./(2*xy))/(2*L+1).*(L*besselj(L-1/2,xy)-(L+1)
           *besselj(L+3/2,xy));
    yuans24=sqrt(pi./(2*xy))/(2*L+1).*((L+1)*besselj(L-1/2,xy)-
           L*besselj(L+3/2,xy));
%
       paimn=1/2*cos(ith).*((L-m+1)*(L+m)*lerdmn(ith,m-1,L)+
             lerdmn(ith,m+1,L))+m*sin(ith).*lerdmn(ith,m,L);
taomn=1/2*((L-m+1)*(L+m)*lerdmn(ith,m-1,L)-lerdmn(ith,m+1,L));
%
    er1=L*(L+1)*yuans12.*lerdmn(ith,m,L)*(BmL1*k1^2.*sin
        (thetak))+yuans13.*lerdmn(ith,m,L)*(CmL1*k1^3.*
        sin(thetak));
  Xemq1r=Xemq1r+er1*juk*lerdm(ithk,m,N);
       etheta1=yuans11.*(i*paimn)*(AmL1*k1^2.*sin(thetak))+
              yuans14.*taomn*(BmL1*k1^2.*sin(thetak))+
              yuans12.*taomn*(CmL1*k1^3.*sin(thetak));
  Xemq1theta=Xemq1theta+etheta1*juk*lerdm(ithk,m,N);
       efai1=yuans11.*taomn*((-1)*AmL1*k1^2.*sin(thetak))+yuans
             14.*(i*paimn)*(BmL1*k1^2.*sin(thetak))+yuans12.*
             (i*paimn)*(CmL1*k1^3.*sin(thetak));
  Xemq1fai=Xemq1fai+efai1*juk*lerdm(ithk,m,N);
       er2=L*(L+1)*yuans22.*(lerdmn(ith,m,L)*(BmL2.*k2.^2.*sin
           (thetak)))+yuans23.*(lerdmn(ith,m,L)*(CmL2.*k2.^3.*
           sin(thetak)));
  Xemq2r=Xemq2r+er2*juk*lerdm(ithk,m,N);
       etheta2=yuans21.*(i*paimn*(AmL2.*k2.^2.*sin(thetak)))+
              yuans24.*(taomn*(BmL2.*k2.^2.*sin(thetak)))+
              yuans22.*(taomn*(CmL2.*k2.^3.*sin(thetak)));
  Xemq2theta=Xemq2theta+etheta2*juk*lerdm(ithk,m,N);
```

```
        efai2=yuans21.*(taomn*((-1)*AmL2.*k2.^2.*sin(thetak)))
               +yuans24.*(i*paimn*(BmL2.*k2.^2.*sin(thetak)))+
               yuans22.*(i*paimn*(CmL2.*k2.^3.*sin(thetak)));
        Xemq2fai=Xemq2fai+efai2*juk*lerdm(ithk,m,N);
%
        hr1=L*(L+1)*yuans12.*lerdmn(ith,m,L)*(AmL1*k1^3/k0.*sin(
            thetak));
        Xhmq1r=Xhmq1r+hr1*juk*lerdm(ithk,m,N);
          htheta1=yuans14.*taomn*(AmL1*k1^3/k0.*sin(thetak))+
                  yuans11.*(i*paimn)*(BmL1*k1^3/k0.*sin(thetak));
        Xhmq1theta=Xhmq1theta+htheta1*juk*lerdm(ithk,m,N);
          hfai1=yuans14.*(i*paimn)*(AmL1*k1^3/k0.*sin(thetak))-
                  yuans11.*taomn*(BmL1*k1^3/k0.*sin(thetak));
        Xhmq1fai=Xhmq1fai+hfai1*juk*lerdm(ithk,m,N);
        hr2=L*(L+1)*yuans22.*(lerdmn(ith,m,L)*(AmL2.*k2.^3/k0.*sin
            (thetak)));
        Xhmq2r=Xhmq2r+hr2*juk*lerdm(ithk,m,N);
          htheta2=yuans24.*(taomn*(AmL2.*k2.^3/k0.*sin(thetak)))+
                  yuans21.*((i*paimn)*(BmL2.*k2.^3/k0.*sin(thetak)
                  ));
        Xhmq2theta=Xhmq2theta+htheta2*juk*lerdm(ithk,m,N);
          hfai2=yuans24.*((i*paimn)*(AmL2.*k2.^3/k0.*sin(thetak)))
                  -yuans21.*(taomn*(BmL2.*k2.^3/k0.*sin(thetak)));
        Xhmq2fai=Xhmq2fai+hfai2*juk*lerdm(ithk,m,N);
end
nt=nn';n1=repmat(nt,1,lth);n2=repmat(nn,lth,1);
  yuans1=sqrt(pi./(2*k0*rtheta1)).*bs1(nn+1/2,k0*rinv).';
  yuans2=sqrt(pi./(2*k0*rtheta1))./(2*n1+1).*(bs1(nn-1/2,k0*
        rinv)+bs1(nn+3/2,k0*rinv)).';
  yuans3=sqrt(pi./(2*k0*rtheta1))./(2*n1+1).*((n1+1).*bs1(nn
        -1/2,k0*rinv).'-n1.*bs1(nn+3/2,k0*rinv).');
  yuans4=sqrt(pi./(2*k0*rtheta1)).*bs3(nn+1/2,k0*rinv).';
  yuans5=sqrt(pi./(2*k0*rtheta1))./(2*n1+1).*(bs3(nn-1/2,k0*
        rinv)+bs3(nn+3/2,k0*rinv)).';
  yuans6=sqrt(pi./(2*k0*rtheta1))./(2*n1+1).*((n1+1).*bs3(nn-
        1/2,k0*rinv).'-n1.*bs3(nn+3/2,k0*rinv).');
%
  U=i*(yuans1.*rtheta1.^2.*stheta*(-1).*mpai(ith,-m,N).'*ju*
    (yuans4.'.*mtao(ith,m,N))+yuans1.*rtheta1.^2.*stheta.*mtao
    (ith,-m,N).'*ju*(yuans4.'.*mpai(ith,m,N)));
  V=yuans1.*rtheta1.^2.*stheta*(-1).*mpai(ith,-m,N).'*ju*
```

```
    (yuans6.'.*mpai(ith,m,N))+yuans1.*rtheta1.^2.*stheta.*
    mtao(ith,-m,N).'*ju*(yuans6.'.*mtao(ith,m,N))+yuans1.*
    rtheta1.*prtheta1.*stheta.*mtao(ith,-m,N).'*ju*(yuans5
    .'.*n2.*(n2+1).*lerd(ith,m,N));
K=yuans3.*rtheta1.^2.*stheta.*mpai(ith,-m,N).'*ju*(yuans4
    .'.*mpai(ith,m,N))-yuans3.*rtheta1.^2.*stheta.*mtao(ith,
    -m,N).'*ju*(yuans4.'.*mtao(ith,m,N))-yuans2.*rtheta1.*
    prtheta1.*stheta.*n1.*(n1+1).*lerd(ith,-m,N).'*ju*(yuans4
    .'.*mtao(ith,m,N));
L=i*(yuans2.*rtheta1.*prtheta1.*stheta.*n1.*(n1+1).*lerd
    (ith,-m,N).'*ju*(yuans6.'.*mpai(ith,m,N))+yuans3.*rtheta1
    .*prtheta1.*stheta.*lerd(ith,-m,N).'*ju*(yuans5.'.*n2.*
    (n2+1).*mpai(ith,m,N))+yuans3.*rtheta1.^2.*stheta.*mtao
    (ith,-m,N).'*ju*(yuans6.'.*mpai(ith,m,N))-yuans3.*rtheta1
    .^2.*stheta.*mpai(ith,-m,N).'*ju*(yuans6.'.*mtao(ith,m,N)
    ));
%
He1=yuans1*i.*mpai(ith,-m,N).'.*rtheta1.^2.*stheta*ju*
    Xemq1fai+yuans1.*mtao(ith,-m,N).'.*rtheta1.^2.*stheta
    *ju*Xemq1theta+yuans1.*mtao(ith,-m,N).'.*rtheta1.*
    prtheta1.*stheta*ju*Xemq1r;
He2=yuans1*i.*mpai(ith,-m,N).'.*rtheta1.^2.*stheta*ju*
    Xemq2fai+yuans1.*mtao(ith,-m,N).'.*rtheta1.^2.*stheta
    *ju*Xemq2theta+yuans1.*mtao(ith,-m,N).'.*rtheta1
    .*prtheta1.*stheta*ju*Xemq2r;
Ie1=yuans3.*mtao(ith,-m,N).'.*rtheta1.^2.*stheta*ju*Xemq1fai
    -yuans3*i.*mpai(ith,-m,N).'.*rtheta1.^2.*stheta*ju*
    Xemq1theta+n1.*(n1+1).*yuans2.*lerd(ith,-m,N).'.*rtheta1
    .*prtheta1.*stheta*ju*Xemq1fai-yuans3*i.*mpai(ith,-m,N)
    .'.*rtheta1.*prtheta1.*stheta*ju*Xemq1r;
Ie2=yuans3.*mtao(ith,-m,N).'.*rtheta1.^2.*stheta*ju*Xemq2fai
    -yuans3*i.*mpai(ith,-m,N).'.*rtheta1.^2.*stheta*ju*
    Xemq2theta+n1.*(n1+1).*yuans2.*lerd(ith,-m,N).'.*rtheta1
    .*prtheta1.*stheta*ju*Xemq2fai-yuans3*i.*mpai(ith,-m,N)
    .'.*rtheta1.*prtheta1.*stheta*ju*Xemq2r;
Hh1=yuans1*i.*mpai(ith,-m,N).'.*rtheta1.^2.*stheta*ju*
    Xhmq1fai+yuans1.*mtao(ith,-m,N).'.*rtheta1.^2.*stheta*ju
    *Xhmq1theta+yuans1.*mtao(ith,-m,N).'.*rtheta1.*prtheta1
    .*stheta*ju*Xhmq1r;
Hh2=yuans1*i.*mpai(ith,-m,N).'.*rtheta1.^2.*stheta*ju*
    Xhmq2fai+yuans1.*mtao(ith,-m,N).'.*rtheta1.^2.*stheta*ju
```

```
        *Xhmq2theta+yuans1.*mtao(ith,-m,N).'.*rtheta1.*prtheta1
        .*stheta*ju*Xhmq2r;
    Ih1=yuans3.*mtao(ith,-m,N).'.*rtheta1.^2.*stheta*ju*Xhmq1fai
        -yuans3*i.*mpai(ith,-m,N).'.*rtheta1.^2.*stheta*ju*
        Xhmq1theta+n1.*(n1+1).*yuans2.*lerd(ith,-m,N).'.*rtheta1
        .*prtheta1.*stheta*ju*Xhmq1fai-yuans3*i.*mpai(ith,-m,N)
        .'.*rtheta1.*prtheta1.*stheta*ju*Xhmq1r;
    Ih2=yuans3.*mtao(ith,-m,N).'.*rtheta1.^2.*stheta*ju*Xhmq2fai
        -yuans3*i.*mpai(ith,-m,N).'.*rtheta1.^2.*stheta*ju*
        Xhmq2theta+n1.*(n1+1).*yuans2.*lerd(ith,-m,N).'.*rtheta1
        .*prtheta1.*stheta*ju*Xhmq2fai-yuans3*i.*mpai(ith,-m,N)
        .'.*rtheta1.*prtheta1.*stheta*ju*Xhmq2r;
%
    ME=i*yuans1.*mpai(ith,-m,N).'.*stheta.*rtheta1.^2*ju*Efai+
        yuans1.*mtao(ith,-m,N).'.*stheta.*rtheta1.*prtheta1*ju*
        Er+yuans1.*mtao(ith,-m,N).'.*stheta.*rtheta1.^2*ju*Eth;
    ME=ME*juf*(exp(-i*m*iph))/(2*pi);
    NE=yuans2.*n1.*(n1+1).*lerd(ith,-m,N).'.*stheta.*rtheta1.*
        prtheta1*ju*Efai+yuans3.*mtao(ith,-m,N).'.*stheta.*
        rtheta1.^2*ju*Efai-i*yuans3.*mpai(ith,-m,N).'.*stheta.*
        rtheta1.*prtheta1*ju*Er-i*yuans3.*mpai(ith,-m,N).'.*
        stheta.*rtheta1.^2*ju*Eth;
    NE=NE*juf*(exp(-i*m*iph))/(2*pi);
    MH=i*yuans1.*mpai(ith,-m,N).'.*stheta.*rtheta1.^2*ju*Hfai+
        yuans1.*mtao(ith,-m,N).'.*stheta.*rtheta1.*prtheta1*ju*
        Hr+yuans1.*mtao(ith,-m,N).'.*stheta.*rtheta1.^2*ju*Hth;
    MH=MH*juf*(exp(-i*m*iph))/(2*pi);
    NH=yuans2.*n1.*(n1+1).*lerd(ith,-m,N).'.*stheta.*rtheta1.*
        prtheta1*ju*Hfai+yuans3.*mtao(ith,-m,N).'.*stheta.*
        rtheta1.^2*ju*Hfai-i*yuans3.*mpai(ith,-m,N).'.*stheta.*
        rtheta1.*prtheta1*ju*Hr-i*yuans3.*mpai(ith,-m,N).'.*
        stheta.*rtheta1.^2*ju*Hth;
    NH=NH*juf*(exp(-i*m*iph))/(2*pi);
%构造求解未知展开系数的方程组
    XX=[U,V,-He1,-He2;K,L,-Ie1,-Ie2;V,U,-Hh1,-Hh2;L,K,-Ih1,-Ih2];
    YY=[-ME;-NE;-i*MH;-i*NH];
%求解展开系数
    x=XX\YY;
alpmn=(-i).^nt.*x(1:N+1);
betmn=(-i).^nt.*x(N+2:2*N+2);
    dstheta=exp(i*m*fai)*(mpai(xita,m,N)*alpmn+mtao(xita,m,N)*
```

```
        betmn);
 dsfai=exp(i*m*fai)*i*(mtao(xita,m,N)*alpmn+mpai(xita,m,N)*
        betmn);
 Tm1=Tm1+dstheta;
 Tm2=Tm2+dsfai;
end
%计算微分散射截面
Tm=abs(Tm1).^2+abs(Tm2).^2;
plot(xita/pi*180,Tm);
```

用上面的程序可以计算微分散射截面，计算出结果后读者可自行取对数。

下面计算如图 3.3.2 ~ 图 3.3.5 所示的单轴各向异性球、长椭球、扁椭球和有限长圆柱的微分散射截面。对于入射高斯波束，经过计算本小节应用投影法所得的结果，发现与第 3 章 T 矩阵的结果一致，下面不再进行计算和两种方法的比较。第 3 章和本小节附有高斯波束入射单轴各向异性长椭球的 Matlab 程序，读者可自行验证。

对于其他波束，如高阶厄米–高斯波束、拉盖尔–高斯波束、零阶贝塞尔波束等，只需在 Matlab 程序中把高斯波束的描述换成相应波束的描述即可计算它们入射下单轴各向异性粒子的微分散射截面。下面给出它们的算例。

高阶厄米–高斯波束在波束坐标系 $O'x'y'z'$ 中的描述可由

$$\mathrm{TEM}_{mn}^{(x',y')} = \frac{\partial^m \partial^n \mathrm{TEM}_{00}^{(x',y')}}{\partial \xi^m \partial \eta^n}$$

求出 [72]，其中 $\mathrm{TEM}_{00}^{(x',y')}$ 已在式 (3.1.1) 和式 (3.1.2) 中给出。以 $\mathrm{TEM}_{10}^{(x')}$ 为例，其电磁场分量的三阶近似描述可推导为

$$E_{x'} = E_0\{-2\mathrm{i}Q + s^2[2\mathrm{i}Q^3(5\xi^2 + 3\eta^2) - 6Q^2 + 2Q^4\rho^4]\}\xi\psi_0 \mathrm{e}^{\mathrm{i}\zeta/s^2}$$

$$E_{y'} = -E_0 s^2 2Q^2 \eta(1 - 2\mathrm{i}Q\xi^2)\psi_0 \mathrm{e}^{\mathrm{i}\zeta/s^2}$$

$$E_{z'} = E_0[s(2Q - 4\mathrm{i}Q^2\xi^2)$$
$$+ s^3(-6Q^3\eta^2 - 18Q^3\xi^2 + 22\mathrm{i}Q^4\rho^2\xi^2 + 2\mathrm{i}Q^4\rho^2\eta^2 + 4Q^5\rho^4\xi^2)]\psi_0 \mathrm{e}^{\mathrm{i}\zeta/s^2}$$

$$H_{x'} = \frac{E_0}{\eta_0} s^2(-2Q^2\eta)(1 - 2\mathrm{i}Q\xi^2)\psi_0 \mathrm{e}^{\mathrm{i}\zeta/s^2}$$

$$H_{y'} = \frac{E_0}{\eta_0}[-2\mathrm{i}Q + s^2(-2Q^2 + 6\mathrm{i}Q^3\rho^2 + 4\mathrm{i}Q^3\eta^2 + 2Q^4\rho^4)]\xi\psi_0 \mathrm{e}^{\mathrm{i}\zeta/s^2}$$

$$H_{z'} = \frac{E_0}{\eta_0}[-s4\mathrm{i}Q^2 + s^3(-12Q^3 + 20\mathrm{i}Q^4\rho^2 + 4Q^5\rho^4)]\xi\eta\psi_0 \mathrm{e}^{\mathrm{i}\zeta/s^2} \tag{5.1.25}$$

图 5.1.2 为 $\mathrm{TEM}_{10}^{(x')}$ 模厄米–高斯波束 $(w_0 = 3\lambda)$ 的归一化强度分布,$|\boldsymbol{E}/E_0|^2 = (|E_{x'}|^2 + |E_{y'}|^2 + |E_{z'}|^2)/|E_0|^2$。图 5.1.2(a) 和 (b) 分别展示了平面 $x'O'y'$ 和平面 $x'O'z'$ 上的归一化强度分布。

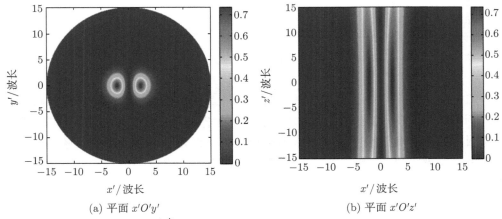

(a) 平面 $x'O'y'$ (b) 平面 $x'O'z'$

图 5.1.2 $\mathrm{TEM}_{10}^{(x')}$ 模厄米–高斯波束 $(w_0 = 3\lambda)$ 的归一化强度分布

拉盖尔–高斯波束可以表示为高阶厄米–高斯波束的线性叠加,以 $\mathrm{TEM}_{\mathrm{dn}}^{(\mathrm{rad})}$ 为例,可具体表示为[72]

$$\mathrm{TEM}_{\mathrm{dn}}^{(\mathrm{rad})} = \left(\mathrm{TEM}_{10}^{(x')} + \mathrm{TEM}_{01}^{(y')}\right)\big/ \sqrt{2} \tag{5.1.26}$$

则 $\mathrm{TEM}_{\mathrm{dn}}^{(\mathrm{rad})}$ 模拉盖尔–高斯波束电磁场分量的三阶近似描述可推导为

$$E_{x'} = \frac{E_0}{\sqrt{2}}[-2\mathrm{i}Q + s^2(-8Q^2 + 10\mathrm{i}Q^3\rho^2 + 2Q^4\rho^4)]\xi\psi_0\mathrm{e}^{\mathrm{i}\zeta/s^2}$$

$$E_{y'} = \frac{E_0}{\sqrt{2}}[-2\mathrm{i}Q + s^2(-8Q^2 + 10\mathrm{i}Q^3\rho^2 + 2Q^4\rho^4)]\eta\psi_0\mathrm{e}^{\mathrm{i}\zeta/s^2}$$

$$E_{z'} = \frac{E_0}{\sqrt{2}}[s(4Q - 4\mathrm{i}Q^2\rho^2) + s^3(-24Q^3\rho^2 + 24\mathrm{i}Q^4\rho^2\rho^2 + 4Q^5\rho^4\rho^2)]\psi_0\mathrm{e}^{\mathrm{i}\zeta/s^2}$$

$$H_{x'} = \frac{E_0}{\sqrt{2}\eta_0}[2\mathrm{i}Q + s^2(-6\mathrm{i}Q^3\rho^2 - 2Q^4\rho^4)]\eta\psi_0\mathrm{e}^{\mathrm{i}\zeta/s^2}$$

$$H_{y'} = \frac{E_0}{\sqrt{2}\eta_0}[-2\mathrm{i}Q + s^2(6\mathrm{i}Q^3\rho^2 + 2Q^4\rho^4)]\xi\psi_0\mathrm{e}^{\mathrm{i}\zeta/s^2}$$

$$H_{z'} = 0 \tag{5.1.27}$$

图 5.1.3 为 $\mathrm{TEM}_{\mathrm{dn}}^{(\mathrm{rad})}$ 模拉盖尔–高斯波束 ($w_0 = 3\lambda$) 的归一化强度分布，图 5.1.3(a) 和 (b) 分别展示了平面 $x'O'y'$ 和平面 $x'O'z'$ 上的归一化强度分布。

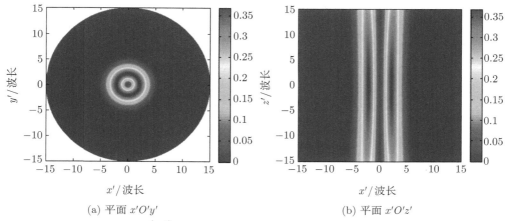

(a) 平面 $x'O'y'$　　　　　　　　　　(b) 平面 $x'O'z'$

图 5.1.3　$\mathrm{TEM}_{\mathrm{dn}}^{(\mathrm{rad})}$ 模拉盖尔–高斯波束 ($w_0 = 3\lambda$) 的归一化强度分布

零阶贝塞尔波束具有方向性好、长焦深和传输距离远等特点，具有很大的潜在应用价值。在波束坐标系 $O'x'y'z'$ 中，沿正 z' 轴传播的零阶贝塞尔波束的电场和磁场强度的各分量可表示为 [73]

$$E_{x'} = E_0 \frac{1}{2} x'y' \left[\frac{2k_\rho}{k^2\rho^3} J_1(k_\rho\rho) - \frac{k_\rho^2}{k^2\rho^2} J_0(k_\rho\rho) \right] \exp(\mathrm{i}k_z z')$$

$$E_{y'} = E_0 \frac{1}{2} \left[\left(1 + \frac{k_z}{k} - \frac{k_\rho^2 y'^2}{k^2\rho^2} \right) J_0(k_\rho\rho) + k_\rho \frac{y'^2 - x'^2}{k^2\rho^3} J_1(k_\rho\rho) \right] \exp(\mathrm{i}k_z z')$$

$$E_{z'} = -\mathrm{i}E_0 \frac{1}{2} \left(1 + \frac{k_z}{k} \right) \frac{k_\rho y'}{k\rho} J_1(k_\rho\rho) \exp(\mathrm{i}k_z z')$$

$$H_{x'} = -\frac{E_0}{\eta_0} \frac{1}{2} \left[\left(1 + \frac{k_z}{k} - \frac{k_\rho^2 x'^2}{k^2\rho^2} \right) J_0(k_\rho\rho) - \frac{k_\rho(y'^2 - x'^2)}{k^2\rho^3} J_1(k_\rho\rho) \right] \exp(\mathrm{i}k_z z')$$

$$H_{y'} = -\frac{1}{\eta_0} E_{x'}$$

$$H_{z'} = \mathrm{i}\frac{E_0}{\eta_0} \frac{1}{2} \frac{x'}{k\rho} \left(1 + \frac{k_z}{k} \right) k_\rho J_1(k_\rho\rho) \exp(\mathrm{i}k_z z') \tag{5.1.28}$$

其中，$k_z = k\cos\psi$，ψ 为半锥角；$k_\rho = k\sin\psi$；$\rho = \sqrt{x'^2 + y'^2}$ (此处的 ρ 与高斯波束的含义有所不同)。

设零阶贝塞尔波束的半锥角 $\psi = \pi/3$，其在平面 $x'O'y'$ 和平面 $x'O'z'$ 上的归一化场强分布分别如图 5.1.4(a) 和 (b) 所示。

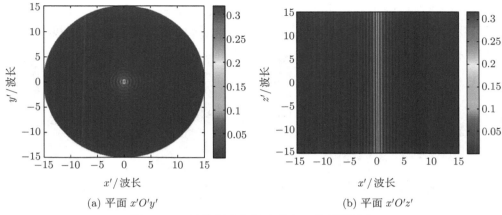

(a) 平面 $x'O'y'$ (b) 平面 $x'O'z'$

图 5.1.4   零阶贝塞尔波束的归一化场强分布

计算各向异性粒子对任意入射波束散射的微分散射截面, 如入射的零阶贝塞尔波束。以本小节提供的单轴各向异性长椭球对 TE 模高斯波束散射的 Matlab 程序为例, 只需把其中的高斯波束换成零阶贝塞尔波束即可, 即把高斯波束的部分程序做如下改变:

```
alpha=pi/3;%取半锥角为60°
kz=k0*cos(alpha);krou=k0*sin(alpha);rou=sqrt(x1.^2+y1.^2);
bes0=besselj(0,krou*rou);bes1=besselj(1,krou*rou);expz=exp
    (i*kz*z1);
Ex1=1/2*x1.*y1.*(2*krou/k0^2./rou.^3.*bes1-krou^2/k0^2./rou.^2.
    *bes0).*expz;
Ey1=1/2*((1+kz/k0-krou^2/k0^2*y1.^2./rou.^2).*bes0+krou/k0^2*
    (y1.^2-x1.^2)./rou.^3.*bes1).*expz;
Ez1=-i*1/2*(1+kz/k0)*krou/k0*y1./rou.*bes1.*expz;
Hx1=-1/2*((1+kz/k0-krou^2/k0^2*x1.^2./rou.^2).*bes0-krou/k0^2
    *(y1.^2-x1.^2)./rou.^3.*bes1).*expz;
Hy1=-Ex1;
Hz1=i*1/2*krou/k0*(1+kz/k0)*x1./rou.*bes1.*expz;
```

下面计算 $\mathrm{TEM}_{10}^{(x')}$ 模厄米–高斯波束、$\mathrm{TEM}_{\mathrm{dn}}^{(\mathrm{rad})}$ 模拉盖尔–高斯波束、零阶贝塞尔波束入射时, 单轴各向异性球、单轴各向异性长椭球、单轴各向异性扁椭球和单轴各向异性有限长圆柱的归一化微分散射截面 (normalized DSCS) $\pi\sigma(\theta,\phi)/\lambda_0^2$ (λ_0 为入射波束的波长), 如图 3.3.2 ~ 图 3.3.5 所示。

图 5.1.5 为 $\mathrm{TEM}_{10}^{(x')}$ 模厄米–高斯波束入射时单轴各向异性球的归一化微分散射截面。单轴各向异性球满足 $k_0 r_0 = 2\pi$, $a_1^2 = 5.3495 k_0^2$, $a_2^2 = 4.9284 k_0^2$, 欧勒角 $\alpha = \beta = 0$, $\mu = \mu_0$, $\mathrm{TEM}_{10}^{(x')}$ 模厄米–高斯波束满足 $x_0 = y_0 = z_0 = 0$, $w_0 = 5\lambda_0$。因为在前向 ($\theta = 0$ 附近) 和后向 ($\theta = \pi$ 附近) 的归一化微分散射截面

非常小，取对数后中间角度部分的归一化微分散射截面对比不明显，所以在图中没有对其取对数。

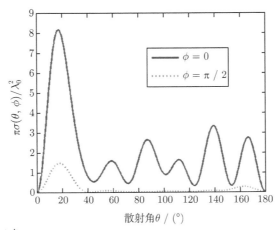

图 5.1.5 $\mathrm{TEM}_{10}^{(x')}$ 模厄米–高斯波束入射时单轴各向异性球的归一化微分散射截面

图 5.1.6 ~ 图 5.1.8 分别为 $\mathrm{TEM}_{10}^{(x')}$ 模厄米–高斯波束 (参数均为 $w_0 = 5\lambda_0$, $x_0 = y_0 = z_0 = 0$) 入射时单轴各向异性长椭球、单轴各向异性扁椭球和单轴各向异性有限长圆柱的归一化微分散射截面 $\pi\sigma(\theta, \phi)/\lambda_0^2$。欧勒角保持一致, 均为 $\alpha = 0$ 和 $\beta = \pi/3$。单轴各向异性长椭球参数为 $k_0 a = 2\pi$, $a/b = 2$, $a_1^2 = 5.3495k_0^2$, $a_2^2 = 4.9284k_0^2$, $\mu = \mu_0$。单轴各向异性扁椭球参数为 $k_0 a = 2\pi$, $a/b = 1.5$, $a_1^2 = 5.3495k_0^2, a_2^2 = 4.9284k_0^2, \mu = \mu_0$。单轴各向异性有限长圆柱参数为 $k_0 l_0 = 3\pi$, $l_0/r_0 = 3$, $a_1^2 = 3k_0^2$, $a_2^2 = 2k_0^2$, $\mu = \mu_0$。

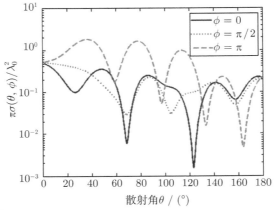

图 5.1.6 $\mathrm{TEM}_{10}^{(x')}$ 模厄米–高斯波束入射时单轴各向异性长椭球的归一化微分散射截面

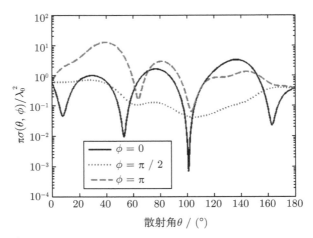

图 5.1.7 $\mathrm{TEM}_{10}^{(x')}$ 模厄米–高斯波束入射时单轴各向异性扁椭球的归一化微分散射截面

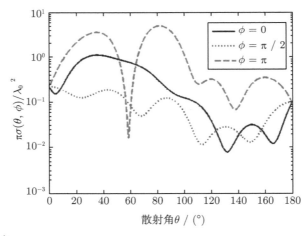

图 5.1.8 $\mathrm{TEM}_{10}^{(x')}$ 模厄米–高斯波束入射时单轴各向异性有限长圆柱的归一化微分散射截面

与图 5.1.5 ~ 图 5.1.8 相对应，图 5.1.9 ~ 图 5.1.12 为 $\mathrm{TEM}_{dn}^{(\mathrm{rad})}$ 模拉盖尔–高斯波束 (参数均为 $w_0 = 5\lambda_0$，$x_0 = y_0 = z_0 = 0$) 入射时单轴各向异性球、单轴各向异性长椭球、单轴各向异性扁椭球和单轴各向异性有限长圆柱的归一化微分散射截面 $\pi\sigma(\theta,\phi)/\lambda_0^2$。

当波束坐标系和粒子坐标系重合 ($x_0 = y_0 = z_0 = 0$)，$\mathrm{TEM}_{dn}^{(\mathrm{rad})}$ 模拉盖尔–高斯波束沿 $O'z'$ 轴传播时 ($\alpha = \beta = 0$)，经计算，如图 5.1.9 所示，单轴各向异性球在任意方位角 ϕ 上具有相同的微分散射截面，单轴各向异性长椭球、扁椭球和有限长圆柱也有相同的散射特性。

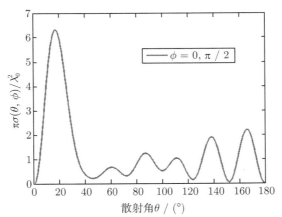

图 5.1.9　$\text{TEM}_{\text{dn}}^{(\text{rad})}$ 模拉盖尔–高斯波束入射时单轴各向异性球 (参数与图 5.1.5 一致) 的归一化微分散射截面

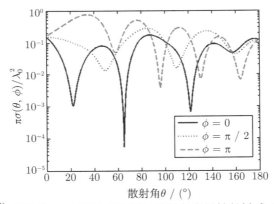

图 5.1.10　$\text{TEM}_{\text{dn}}^{(\text{rad})}$ 模拉盖尔–高斯波束入射时单轴各向异性长椭球 (参数与图 5.1.6 一致) 的归一化微分散射截面

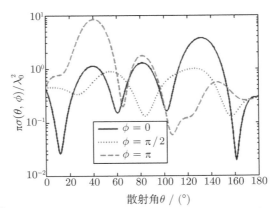

图 5.1.11　$\text{TEM}_{\text{dn}}^{(\text{rad})}$ 模拉盖尔–高斯波束入射时单轴各向异性扁椭球 (参数与图 5.1.7 一致) 的归一化微分散射截面

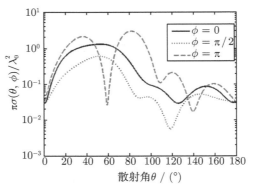

图 5.1.12 $\mathrm{TEM}_{\mathrm{dn}}^{(\mathrm{rad})}$ 模拉盖尔–高斯波束入射时单轴各向异性有限长圆柱 (参数与图 5.1.8 一
致) 的归一化微分散射截面

同样地, 与图 5.1.5～图 5.1.8 相对应, 图 5.1.13～图 5.1.16 为零阶贝塞尔波束 (参
数均为 $\psi = \pi/3$, $x_0 = y_0 = z_0 = 0$) 入射时单轴各向异性球、单轴各向异性长椭球、单
轴各向异性扁椭球和单轴各向异性有限长圆柱的归一化微分散射截面 $\pi\sigma(\theta, \phi)/\lambda_0^2$。

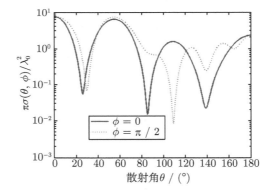

图 5.1.13   零阶贝塞尔波束入射时单轴各向异性球 (参数与图 5.1.5 一致) 的 $\pi\sigma(\theta, \phi)/\lambda_0^2$

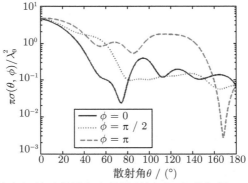

图 5.1.14   零阶贝塞尔波束入射时单轴各向异性长椭球 (参数与图 5.1.6 一致) 的 $\pi\sigma(\theta, \phi)/\lambda_0^2$

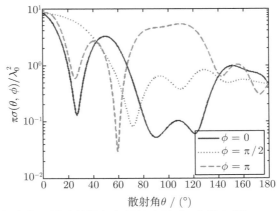

图 5.1.15　零阶贝塞尔波束入射时单轴各向异性扁椭球 (参数与图 5.1.7 一致) 的 $\pi\sigma(\theta,\phi)/\lambda_0^2$

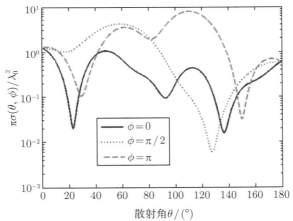

图 5.1.16　零阶贝塞尔波束入射时单轴各向异性有限长圆柱 (参数与图 5.1.8 一致) 的
$\pi\sigma(\theta,\phi)/\lambda_0^2$

由于 $\mathrm{TEM}_{10}^{(x')}$ 模厄米–高斯波束和 $\mathrm{TEM}_{\mathrm{dn}}^{(\mathrm{rad})}$ 模拉盖尔–高斯波束都是中空的 (即 O' 处的电场强度为零), 入射方向上 ($\theta=\beta$, $\phi=\pi$) 的电场强度为零。对于单轴各向异性有限长圆柱, 由图 5.1.8 和图 5.1.12 可看出在前向有一个明显的散射强度的极小值。

零阶贝塞尔波束的散射特性较复杂, 散射强度的极小值可能在前向 (图 5.1.15), 但极大值并不在前向。

5.2　回旋各向异性粒子对任意波束的散射

把图 5.1.1 中的单轴各向异性粒子换成回旋各向异性粒子, 就是本节所介绍的回旋各向异性粒子对任意波束散射的示意图。

本节采用与 5.1 节研究单轴各向异性粒子相同的理论步骤，此时构造方程组 (5.1.19) 中的子矩阵 $\boldsymbol{H}_{(-m)n'mnq}^{e,h}$ 和 $\boldsymbol{I}_{(-m)n'mnq}^{e,h}$ 用到的 $\boldsymbol{X}_{mn'q}^{e,h}(k_q)$ $(q=1,2)$ 已在 2.3.2 小节给出。

对于入射高斯波束，由 Matlab 程序可以验证第 3 章采用 T 矩阵方法所计算的结果与 5.1 节采用投影法计算的结果是一致的，本节不再进行计算和比较。

把图 3.3.2 ~ 图 3.3.5 中的单轴各向异性球、单轴各向异性长椭球、单轴各向异性扁椭球和单轴各向异性有限长圆柱换成回旋各向异性球、回旋各向异性长椭球、回旋各向异性扁椭球和回旋各向异性有限长圆柱，下面仍然计算回旋各向异性球、回旋各向异性长椭球、回旋各向异性扁椭球和回旋各向异性有限长圆柱对 $\mathrm{TEM}_{10}^{(x')}$ 模厄米–高斯波束、$\mathrm{TEM}_{\mathrm{dn}}^{(\mathrm{rad})}$ 模拉盖尔–高斯波束和零阶贝塞尔波束散射的归一化微分散射截面 $\pi\sigma(\theta,\phi)/\lambda_0^2$。

图 5.2.1 为 $\mathrm{TEM}_{10}^{(x')}$ 模厄米–高斯波束入射时回旋各向异性球的归一化微分散射截面 $\pi\sigma(\theta,\phi)/\lambda_0^2$。与图 5.1.5 中单轴各向异性球同理，图 5.2.1 中没有对归一化微分散射截面取对数。回旋各向异性球满足 $k_0r_0=2\pi$，$a_1^2=4k_0^2$，$a_2^2=2k_0^2$，$a_3^2=3k_0^2$，欧勒角 $\alpha=\beta=0$，$\mu=\mu_0$，$\mathrm{TEM}_{10}^{(x')}$ 模厄米–高斯波束的参数为 $x_0=y_0=z_0=0$，$w_0=5\lambda_0$。

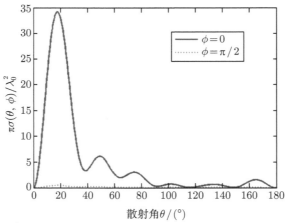

图 5.2.1 $\mathrm{TEM}_{10}^{(x')}$ 模厄米–高斯波束入射时回旋各向异性球的归一化微分散射截面

图 5.2.2~ 图 5.2.4 分别为 $\mathrm{TEM}_{10}^{(x')}$ 模厄米–高斯波束 (参数均为 $w_0=5\lambda_0$，$x_0=y_0=z_0=0$) 入射时回旋各向异性长椭球、回旋各向异性扁椭球和回旋各向异性有限长圆柱的归一化微分散射截面 $\pi\sigma(\theta,\phi)/\lambda_0^2$。欧勒角保持一致，均为 $\alpha=0$ 和 $\beta=\pi/3$。图 5.2.2 中回旋各向异性长椭球参数为 $k_0a=2\pi$，$a/b=2$，$a_1^2=4k_0^2$，$a_2^2=2k_0^2$，$a_3^2=3k_0^2$，$\mu=\mu_0$。图 5.2.3 中回旋各向异性扁椭球参数为 $k_0a=2\pi$，$a/b=1.5$，$a_1^2=4k_0^2$，$a_2^2=2k_0^2$，$a_3^2=3k_0^2$，$\mu=\mu_0$。图 5.2.4 中回旋各向异性有限长圆柱参数为 $k_0l_0=2\pi$，$l_0/r_0=3$，$a_1^2=4k_0^2$，$a_2^2=2k_0^2$，$a_3^2=3k_0^2$，$\mu=\mu_0$。

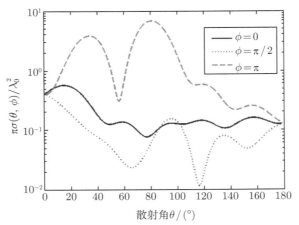

图 5.2.2　$\mathrm{TEM}_{10}^{(x')}$ 模厄米–高斯波束入射时回旋各向异性长椭球的归一化微分散射截面

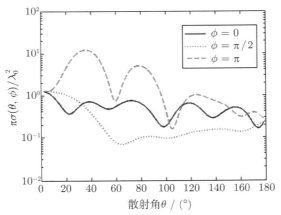

图 5.2.3　$\mathrm{TEM}_{10}^{(x')}$ 模厄米–高斯波束入射时回旋各向异性扁椭球的归一化微分散射截面

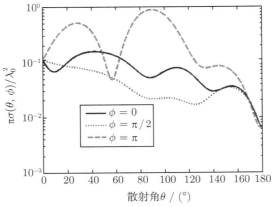

图 5.2.4　$\mathrm{TEM}_{10}^{(x')}$ 模厄米–高斯波束入射时回旋各向异性有限长圆柱的归一化微分散射截面

与图 5.2.1 ～ 图 5.2.4 相对应,图 5.2.5 ～ 图 5.2.8 为 $\text{TEM}_{\text{dn}}^{(\text{rad})}$ 模拉盖尔–高斯波束 (参数均为 $w_0 = 5\lambda_0$, $x_0 = y_0 = z_0 = 0$) 入射时回旋各向异性球 (参数与图 5.2.1 一致)、回旋各向异性长椭球和回旋各向异性扁椭球 (参数分别与图 5.2.2 和图 5.2.3 一致),以及回旋各向异性有限长圆柱 (参数与图 5.2.4 一致) 的归一化微分散射截面 $\pi\sigma(\theta,\phi)/\lambda_0^2$。

与单轴各向异性粒子一样,经计算,如图 5.2.5 所示的回旋各向异性球在任意方位角 ϕ 上具有相同的微分散射截面。

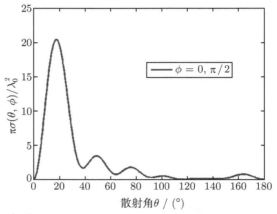

图 5.2.5 $\text{TEM}_{\text{dn}}^{(\text{rad})}$ 模拉盖尔–高斯波束入射时回旋各向异性球的 $\pi\sigma(\theta,\phi)/\lambda_0^2$

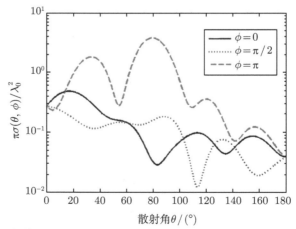

图 5.2.6 $\text{TEM}_{\text{dn}}^{(\text{rad})}$ 模拉盖尔–高斯波束入射时回旋各向异性长椭球的 $\pi\sigma(\theta,\phi)/\lambda_0^2$

同理,与图 5.2.1～图 5.2.4 相对应,图 5.2.9～图 5.2.12 为零阶贝塞尔波束 (参数均为 $\psi = \pi/3$, $x_0 = y_0 = z_0 = 0$) 入射时回旋各向异性球 (参数与图 5.2.1 一致)、回旋各向异性长椭球和回旋各向异性扁椭球 (参数分别与图 5.2.2 和图 5.2.3 一致),以及回旋各向异性有限长圆柱 (参数与图 5.2.4 一致) 的归一化微分散射截面 $\pi\sigma(\theta,\phi)/\lambda_0^2$。

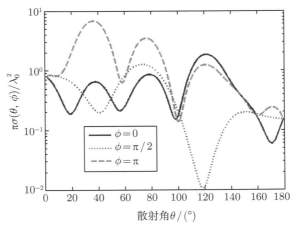

图 5.2.7　$\mathrm{TEM}_{\mathrm{dn}}^{(\mathrm{rad})}$ 模拉盖尔–高斯波束入射时回旋各向异性扁椭球的 $\pi\sigma(\theta,\phi)/\lambda_0^2$

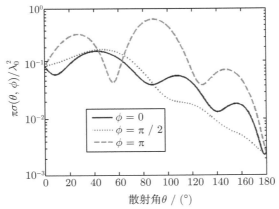

图 5.2.8　$\mathrm{TEM}_{\mathrm{dn}}^{(\mathrm{rad})}$ 模拉盖尔–高斯波束入射时回旋各向异性有限长圆柱的 $\pi\sigma(\theta,\phi)/\lambda_0^2$

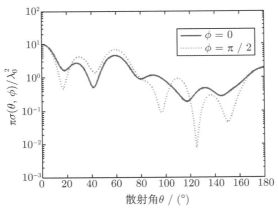

图 5.2.9　零阶贝塞尔波束入射时回旋各向异性球的 $\pi\sigma(\theta,\phi)/\lambda_0^2$

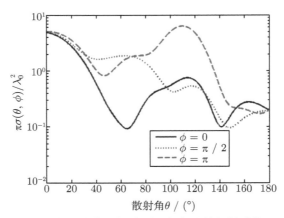

图 5.2.10　零阶贝塞尔波束入射时回旋各向异性长椭球的 $\pi\sigma(\theta,\phi)/\lambda_0^2$

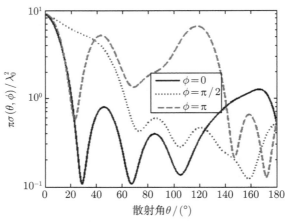

图 5.2.11　零阶贝塞尔波束入射时回旋各向异性扁椭球的 $\pi\sigma(\theta,\phi)/\lambda_0^2$

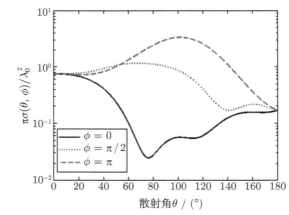

图 5.2.12　零阶贝塞尔波束入射时回旋各向异性有限长圆柱的 $\pi\sigma(\theta,\phi)/\lambda_0^2$

对于 $\mathrm{TEM}_{10}^{(x')}$ 模厄米–高斯波束、$\mathrm{TEM}_{\mathrm{dn}}^{(\mathrm{rad})}$ 模拉盖尔–高斯波束，它们在前向仍然有散射强度的一个极小值。零阶贝塞尔波束入射时，散射强度极大值仍没出现在前向。

5.3　单轴各向异性手征粒子对任意波束的散射

把图 5.1.1 中的单轴各向异性粒子换成单轴各向异性手征粒子，就是本节所介绍的单轴各向异性手征粒子对任意波束散射的示意图。

采用与 5.1 节研究单轴各向异性粒子相同的理论步骤，则此时构造方程组 (5.1.19) 中的子矩阵 $\boldsymbol{H}_{(-m)n'mnq}^{e,h}$ 和 $\boldsymbol{I}_{(-m)n'mnq}^{e,h}$ 用到的 $\boldsymbol{X}_{mn'q}^{e,h}(k_q)$ $(q=1,2)$ 已在 2.3.3 小节给出。

对于入射高斯波束，仍可由 Matlab 程序验证第 3 章采用 T 矩阵方法计算的结果与 5.1 节采用投影法计算的结果是一致的，也不再进行计算和比较。把图 3.3.2 ~ 图 3.3.5 中的单轴各向异性球、单轴各向异性长椭球、单轴各向异性扁椭球和单轴各向异性有限长圆柱换成单轴各向异性手征球、单轴各向异性手征长椭球、单轴各向异性手征扁椭球和单轴各向异性手征有限长圆柱，下面仍然计算单轴各向异性手征球、单轴各向异性手征长椭球、单轴各向异性手征扁椭球和单轴各向异性手征有限长圆柱对 $\mathrm{TEM}_{10}^{(x')}$ 模厄米–高斯波束、$\mathrm{TEM}_{\mathrm{dn}}^{(\mathrm{rad})}$ 模拉盖尔–高斯波束和零阶贝塞尔波束散射的归一化微分散射截面 $\pi\sigma(\theta,\phi)/\lambda_0^2$。

图 5.3.1 为 $\mathrm{TEM}_{10}^{(x')}$ 模厄米–高斯波束入射时单轴各向异性手征球的 $\pi\sigma(\theta,\phi)/\lambda_0^2$。与图 5.1.5 中单轴各向异性球同理，图 5.3.1 中没有对归一化微分散射截面取对数。单轴各向异性手征球满足 $k_0 r_0=2\pi$，$k_t^2=3k_0^2$，$\varepsilon_z/\varepsilon_t=2/3$，$\kappa=0.5$，$\alpha=\beta=0$，$\mu=\mu_0$，$\mathrm{TEM}_{10}^{(x')}$ 模厄米–高斯波束参数为 $x_0=y_0=z_0=0$，$w_0=5\lambda_0$。

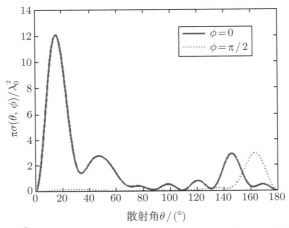

图 5.3.1　$\mathrm{TEM}_{10}^{(x')}$ 模厄米–高斯波束入射时单轴各向异性手征球的 $\pi\sigma(\theta,\phi)/\lambda_0^2$

图 5.3.2 ～ 图 5.3.4 分别为 $\text{TEM}_{10}^{(x')}$ 模厄米–高斯波束 (参数均为 $w_0 = 5\lambda_0$, $x_0 = y_0 = z_0 = 0$) 入射时单轴各向异性手征长椭球、单轴各向异性手征扁椭球和单轴各向异性手征有限长圆柱的归一化微分散射截面 $\pi\sigma(\theta,\phi)/\lambda_0^2$。欧拉角均为 $\alpha = 0$ 和 $\beta = \pi/3$。图 5.3.2 中单轴各向异性手征长椭球参数为 $k_0 a = 2\pi$, $a/b = 2$, $k_t^2 = 3k_0^2$, $\varepsilon_z/\varepsilon_t = 2/3$, $\kappa = 0.5$, $\mu = \mu_0$。图 5.3.3 中单轴各向异性手征扁椭球参数为 $k_0 a = 2\pi$, $a/b = 1.5$, $k_t^2 = 3k_0^2$, $\varepsilon_z/\varepsilon_t = 2/3$, $\kappa = 0.5$, $\mu = \mu_0$。图 5.3.4 中单轴各向异性手征有限长圆柱参数为 $k_0 l_0 = 3\pi$, $l_0/r_0 = 3$, $k_t^2 = 3k_0^2$, $\varepsilon_z/\varepsilon_t = 2/3$, $\kappa = 0.5$, $\mu = \mu_0$。

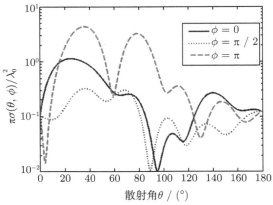

图 5.3.2　$\text{TEM}_{10}^{(x')}$ 模厄米–高斯波束入射时单轴各向异性手征长椭球的归一化微分散射截面

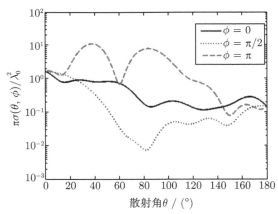

图 5.3.3　$\text{TEM}_{10}^{(x')}$ 模厄米–高斯波束入射时单轴各向异性手征扁椭球的归一化微分散射截面

与图 5.3.1 ～ 图 5.3.4 相对应,图 5.3.5 ～ 图 5.3.8 为 $\text{TEM}_{\text{dn}}^{(\text{rad})}$ 模拉盖尔–高斯波束 (参数均为 $w_0 = 5\lambda_0$, $x_0 = y_0 = z_0 = 0$) 入射时单轴各向异性手征球 (参数与图 5.3.1 一致)、单轴各向异性手征长椭球和单轴各向异性手征扁椭球 (参数分别与图 5.3.2 和图 5.3.3 一致),以及单轴各向异性手征有限长圆柱 (参数与图 5.3.4 一致) 的归一化微分散射截面 $\pi\sigma(\theta,\phi)/\lambda_0^2$。

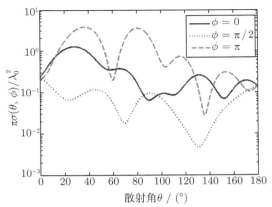

图 5.3.4　$\mathrm{TEM}_{10}^{(x')}$ 模厄米–高斯波束入射时单轴各向异性手征有限长圆柱的归一化微分散射截面

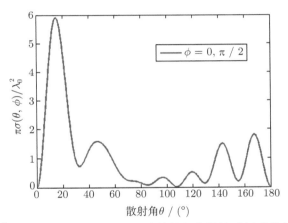

图 5.3.5　$\mathrm{TEM}_{\mathrm{dn}}^{(\mathrm{rad})}$ 模拉盖尔–高斯波束入射时单轴各向异性手征球的归一化微分散射截面

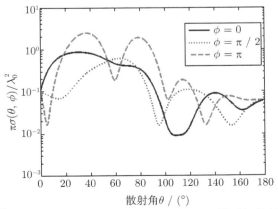

图 5.3.6　$\mathrm{TEM}_{\mathrm{dn}}^{(\mathrm{rad})}$ 模拉盖尔–高斯波束入射时单轴各向异性手征长椭球的归一化微分散射截面

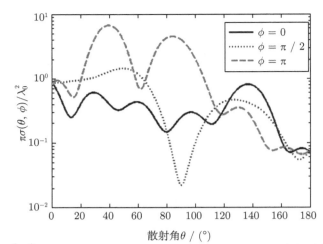

图 5.3.7 $\mathrm{TEM}_{\mathrm{dn}}^{(\mathrm{rad})}$ 模拉盖尔–高斯波束入射时单轴各向异性手征扁椭球的归一化微分散射截面

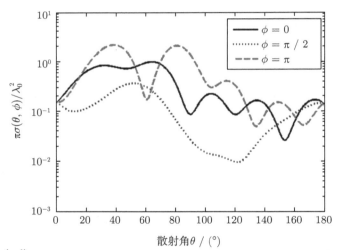

图 5.3.8 $\mathrm{TEM}_{\mathrm{dn}}^{(\mathrm{rad})}$ 模拉盖尔–高斯波束入射时单轴各向异性手征有限长圆柱的归一化微分散射截面

  与单轴各向异性粒子一样, 经计算, 图 5.3.5 中的单轴各向异性手征球在任意方位角 ϕ 上具有相同的微分散射截面。

  同理, 与图 5.3.1 ~ 图 5.3.4 相对应, 图 5.3.9 ~ 图 5.3.12 为零阶贝塞尔波束 (参数均为 $\psi = \pi/3$, $x_0 = y_0 = z_0 = 0$) 入射时单轴各向异性手征球 (参数与图 5.3.1 一致)、单轴各向异性手征长椭球和单轴各向异性手征扁椭球 (参数分别与图 5.3.2 和图 5.3.3 一致), 以及单轴各向异性手征有限长圆柱 (参数与图 5.3.4 一致) 的 $\pi\sigma(\theta,\phi)/\lambda_0^2$。

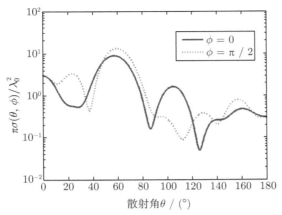

图 5.3.9   零阶贝塞尔波束入射时单轴各向异性手征球的归一化微分散射截面

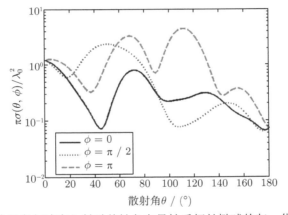

图 5.3.10   零阶贝塞尔波束入射时单轴各向异性手征长椭球的归一化微分散射截面

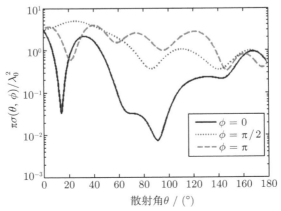

图 5.3.11   零阶贝塞尔波束入射时单轴各向异性手征扁椭球的归一化微分散射截面

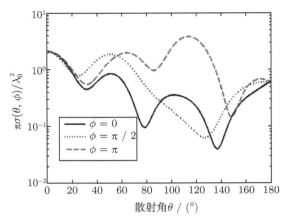

图 5.3.12   零阶贝塞尔波束入射时单轴各向异性手征有限长圆柱的归一化微分散射截面

本章给出的理论和结果是计算典型各向异性粒子对任意波束散射的半解析解。从理论上，如果知道了任意波束的表达式，或者是在坐标系中电、磁场强度各分量的表达式，或者是相应的矢量波函数展开式，本章的理论都可以直接适用。

问题与思考

以单轴各向异性长椭球为例，从第 3 章和本章提供的 Matlab 程序比较并验证 T 矩阵方法与投影法所计算的归一化强度分布的一致性。

(1) 在提供的程序中，将高斯波束的描述换成其他波束 (如零阶贝塞尔波束) 的描述来计算单轴各向异性长椭球对相应波束的散射。

(2) 在提供的程序中，将单轴各向异性长椭球改成其他轴对称粒子 (如单轴各向异性扁椭球和单轴各向异性有限长圆柱) 来计算相应粒子的散射。

(3) 将 5.1 节提供的主程序改成计算高斯波束入射回旋各向异性长椭球的微分散射截面的程序。

(4) 以高斯波束入射回旋各向异性长椭球为例，比较并验证 T 矩阵方法与投影法所计算的归一化强度分布的一致性。

(5) 将 5.1 节提供的主程序改成计算高斯波束入射单轴各向异性手征长椭球的微分散射截面的程序。

(6) 以高斯波束入射单轴各向异性手征长椭球为例，比较并验证 T 矩阵方法与投影法所计算的归一化强度分布的一致性。

(7) 具有轨道角动量的拉盖尔–高斯波束的电、磁场强度可描述为

$$H = \frac{1}{\mu_0} \nabla \times A, \quad E = \frac{\mathrm{i}}{\omega \varepsilon_0 \mu_0} \nabla \nabla \cdot A + \mathrm{i}\omega A$$

其中，矢势函数 $\boldsymbol{A} = A\hat{x}$，

$$A = 2\sqrt{\frac{1}{(1+\delta_{01})\pi}\frac{n!}{(n+l)!}}\frac{1}{w_0 w(z)}\left[\frac{\sqrt{2}\rho}{w(z)}\right]^l L_n^l\left[\frac{2\rho^2}{w^2(z)}\right]\exp\left[-\frac{\rho^2}{w^2(z)}\right]$$

$$\times \exp\left\{\mathrm{i}\left[\frac{z_R\rho^2}{R(z)} - (2n+l+1)\arctan(z/z_R)\right]\right\}\mathrm{e}^{\mathrm{i}l\phi}\mathrm{e}^{\mathrm{i}k_0 z}$$

其中，w_0 为束腰半径；$z_R = \dfrac{1}{2}k_0 w_0^2$ 为共焦参数；$w(z) = \sqrt{1 + \left(\dfrac{z}{z_R}\right)^2}$；$R(z) = z\left[1 + \left(\dfrac{z_R}{z}\right)^2\right]$；拉盖尔多项式 $L_n^l(x) = \displaystyle\sum_{k=0}^{n}\frac{(n+l)!}{(k+l)!}\frac{(-1)^k}{k!(n-k)!}x^k$。

推导对应于 $L_0^2(x)$ 的拉盖尔–高斯波束的电、磁场强度表达式，并将 5.1 节提供的主程序改成计算对应于 $L_0^2(x)$ 的拉盖尔–高斯波束入射单轴各向异性长椭球的微分散射截面的程序。

第 6 章 任意波束经过各向异性圆柱和平板的传输

本章将介绍一种求解任意波束经过各向异性圆柱和平板传输的半解析方法，称为投影法。针对常见波束经过单轴、回旋各向异性媒质和单轴各向异性手征媒质的情况进行了研究，并对传输特性给出简要讨论。

6.1 各向异性圆柱对任意波束的散射

6.1.1 单轴各向异性圆柱对任意波束的散射

把图 4.1.2 中的入射高斯波束换成任意波束，就成为如图 6.1.1 所示的任意波束入射单轴各向异性圆柱的示意图。波束在直角坐标系 $O'x'y'z'$ (波束坐标系) 中描述，辅助坐标系 $Ox''y''z''$ 由 $O'x'y'z'$ 沿 $O'z'$ 平移 z_0 得到，所以原点 O 在 $O'x'y'z'$ 中的坐标为 $(0, 0, z_0)$。坐标系 $Oxyz$ 为 $Ox''y''z''$ 旋转一个欧勒角 β 得到，一个单轴各向异性圆柱粒子属于 $Oxyz$ (粒子坐标系)，即圆柱轴与 Oz 轴重合。

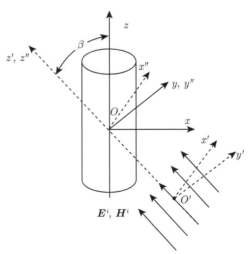

图 6.1.1 任意波束入射单轴各向异性圆柱的示意图

单轴各向异性圆柱的散射场仍然可用式 (4.1.13) 和式 (4.1.14) 表示，重写如下：

$$\boldsymbol{E}^s = \sum_{m=-\infty}^{\infty} \int_0^{\pi} \left[\alpha_m(\zeta) \boldsymbol{m}_{m\lambda}^{(3)} + \beta_m(\zeta) \boldsymbol{n}_{m\lambda}^{(3)} \right] \mathrm{e}^{\mathrm{i}hz} \mathrm{d}\zeta \tag{6.1.1}$$

$$\boldsymbol{H}^s = -\mathrm{i}\frac{1}{\eta_0}\sum_{m=-\infty}^{\infty}\int_0^\pi \left[\alpha_m(\zeta)\boldsymbol{n}^{(3)} + \beta_m(\zeta)\boldsymbol{m}_{m\lambda}^{(3)}\right]\mathrm{e}^{\mathrm{i}hz}\mathrm{d}\zeta \tag{6.1.2}$$

单轴各向异性圆柱内部的场用圆柱矢量波函数展开的表达式已由式 (4.1.15) 和式 (4.1.21) 给出，也重写如下：

$$\boldsymbol{E}^w = \sum_{q=1}^{2}\sum_{m=-\infty}^{\infty}\int_0^\pi F_{mq}(\zeta)\left[\alpha_q^e(\zeta)\boldsymbol{m}_{m\lambda_q}^{(1)} + \beta_q^e(\zeta)\boldsymbol{n}_{m\lambda_q}^{(1)} + \gamma_q^e(\zeta)\boldsymbol{l}_{m\lambda_q}^{(1)}\right]\mathrm{e}^{\mathrm{i}hz}\mathrm{d}\zeta \tag{6.1.3}$$

$$\boldsymbol{H}^w = -\mathrm{i}\frac{1}{\eta_0}\frac{\mu_0}{\mu}\sum_{q=1}^{2}\sum_{m=-\infty}^{\infty}\int_0^\pi \frac{k_q}{k_0}F_{mq}(\zeta)\left[\beta_q^e(\zeta)\boldsymbol{m}_{m\lambda_q}^{(1)} + \alpha_q^e(\zeta)\boldsymbol{n}_{m\lambda_q}^{(1)}\right]\mathrm{e}^{\mathrm{i}hz}\mathrm{d}\zeta \tag{6.1.4}$$

各参数与 4.1.2 小节一致。

电磁场边界条件要求在单轴各向异性圆柱粒子的表面 $(r = r_0)$ 上，电场和磁场强度的切向分量是连续的，可表示为

$$\hat{r} \times (\boldsymbol{E}^s + \boldsymbol{E}^i) = \hat{r} \times \boldsymbol{E}^w \tag{6.1.5}$$

$$\hat{r} \times (\boldsymbol{H}^s + \boldsymbol{H}^i) = \hat{r} \times \boldsymbol{H}^w \tag{6.1.6}$$

其中，$\boldsymbol{E}^i$ 和 $\boldsymbol{H}^i$ 分别为入射波束的电场和磁场强度；$\hat{r}$ 为圆柱表面的外法向单位矢量。

把式 (6.1.1) ~ 式 (6.1.4) 代入式 (6.1.5) 和式 (6.1.6)，则可得

$$\hat{r} \times \sum_{m=-\infty}^{\infty}\int_0^\pi [\alpha_m(\zeta)\boldsymbol{m}_{m\lambda}^{(3)} + \beta_m(\zeta)\boldsymbol{n}_{m\lambda}^{(3)}]\mathrm{e}^{\mathrm{i}hz}\mathrm{d}\zeta + \hat{r} \times \boldsymbol{E}^i\,|_{r=r_0}$$

$$= \hat{r} \times \sum_{q=1}^{2}\sum_{m=-\infty}^{\infty}\int_0^\pi F_{mq}(\zeta)[\alpha_q^e(\zeta)\boldsymbol{m}_{m\lambda_q}^{(1)} + \beta_q^e(\zeta)\boldsymbol{n}_{m\lambda_q}^{(1)} + \gamma_q^e(\zeta)\boldsymbol{l}_{m\lambda_q}^{(1)}]\mathrm{e}^{\mathrm{i}hz}\mathrm{d}\zeta \tag{6.1.7}$$

$$\hat{r} \times \sum_{m=-\infty}^{\infty}\int_0^\pi [\alpha_m(\zeta)\boldsymbol{n}_{m\lambda}^{(3)} + \beta_m(\zeta)\boldsymbol{m}_{m\lambda}^{(3)}]\mathrm{e}^{\mathrm{i}hz}\mathrm{d}\zeta + \hat{r} \times \mathrm{i}\eta_0\boldsymbol{H}^i\,|_{r=r_0}$$

$$= \hat{r} \times \frac{\mu_0}{\mu}\sum_{q=1}^{2}\sum_{m=-\infty}^{\infty}\int_0^\pi \frac{k_q}{k_0}F_{mq}(\zeta)[\beta_q^e(\zeta)\boldsymbol{m}_{m\lambda_q}^{(1)} + \alpha_q^e(\zeta)\boldsymbol{n}_{m\lambda_q}^{(1)}]\mathrm{e}^{\mathrm{i}hz}\mathrm{d}\zeta \tag{6.1.8}$$

在式 (6.1.7) 和式 (6.1.8) 两边分别点乘 $\hat{z}e^{-ih_1z}e^{-im'\phi}$ 和 $\hat{\phi}e^{-ih_1z}e^{-im'\phi}$ (其中 $h_1 = k_0\cos\psi$), 并在单轴各向异性圆柱表面上求面积分可得

$$\xi\frac{\mathrm{d}}{\mathrm{d}\xi}H_m^{(1)}(\xi)\alpha_m(\zeta) + \frac{hm}{k_0}H_m^{(1)}(\xi)\beta_m(\zeta)$$

$$-F_{m1}(\zeta)\xi_1\frac{\mathrm{d}}{\mathrm{d}\xi_1}J_m(\xi_1) - F_{m2}(\zeta)\left[\beta_2^e(\zeta)\frac{hm}{k_2}J_m(\xi_2) - \gamma_2^e(\zeta)\mathrm{i}mJ_m(\xi_2)\right]$$

$$= \left(\frac{1}{2\pi}\right)^2\xi\int_{-\infty}^{\infty}\mathrm{d}z\int_0^{2\pi}\hat{r}\times\boldsymbol{E}^i\cdot\hat{z}e^{-im\phi}e^{-ihz}\mathrm{d}\phi \tag{6.1.9}$$

$$\xi^2H_m^{(1)}(\xi)\beta_m(\zeta) - F_{m2}(\zeta)\frac{k_0}{k_2}\xi_2^2J_m(\xi_2)\left[\beta_2^e(\zeta) + \gamma_2^e(\zeta)\frac{\mathrm{i}hk_2}{\lambda_2^2}\right]$$

$$= \left(\frac{1}{2\pi}\right)^2(k_0r_0)^2\sin\zeta\int_{-\infty}^{\infty}\mathrm{d}z\int_0^{2\pi}\hat{r}\times\boldsymbol{E}^i\cdot\hat{\phi}e^{-im\phi}e^{-ihz}\mathrm{d}\phi \tag{6.1.10}$$

$$\frac{hm}{k_0}H_m^{(1)}(\xi)\alpha_m(\zeta) + \xi\frac{\mathrm{d}}{\mathrm{d}\xi}H_m^{(1)}(\xi)\beta_m(\zeta) - \frac{\mu_0}{\mu}\frac{hm}{k_0}F_{m1}(\zeta)J_m(\xi_1)$$

$$-\frac{\mu_0}{\mu}\frac{k_2}{k_0}F_{m2}(\zeta)\beta_2^e(\zeta)\xi_2\frac{\mathrm{d}}{\mathrm{d}\xi_2}J_m(\xi_2)$$

$$= \mathrm{i}\eta_0\left(\frac{1}{2\pi}\right)^2\xi\int_{-\infty}^{\infty}\mathrm{d}z\int_0^{2\pi}\hat{r}\times\boldsymbol{H}^i\cdot\hat{z}e^{-im\phi}e^{-ihz}\mathrm{d}\phi \tag{6.1.11}$$

$$\xi^2H_m^{(1)}(\xi)\alpha_m(\zeta) - \frac{\mu_0}{\mu}F_{m1}(\zeta)\xi_1^2J_m(\xi_1)$$

$$= \mathrm{i}\eta_0\left(\frac{1}{2\pi}\right)^2(k_0r_0)^2\sin\zeta\int_{-\infty}^{\infty}\mathrm{d}z\int_0^{2\pi}\hat{r}\times\boldsymbol{H}^i\cdot\hat{\phi}e^{-im\phi}e^{-ihz}\mathrm{d}\phi \tag{6.1.12}$$

各参数与 4.1.2 小节一致, 即 $h = k_0\cos\zeta$; $\xi = \lambda r_0$; $\xi_1 = \lambda_1 r_0$; $\xi_2 = \lambda_2 r_0$。

从式 (6.1.7) 和式 (6.1.8) 推导式 (6.1.9) ∼ 式 (6.1.12) 的过程中, 用到了如式 (2.2.7) 的复指数函数的正交性和如下的关系式:

$$\int_{-\infty}^{\infty}e^{ik_0(\cos\zeta-\cos\psi)z}\mathrm{d}z = 2\pi\delta[k_0(\cos\zeta-\cos\psi)] = 2\pi\frac{\delta(\psi-\zeta)}{k_0\sin\zeta} \tag{6.1.13}$$

式 (6.1.9) ∼ 式 (6.1.12) 与 4.1.2 小节的式 (4.1.23) ∼ 式 (4.1.26) 一致, 以式 (6.1.9) 为例证明如下:

设入射波束可以如式 (4.1.11) 和式 (4.1.12) 用圆柱矢量波函数展开，以电场强度为例，展开式为

$$\boldsymbol{E}^i = \sum_{m=-\infty}^{\infty} \int_0^{\pi} [I_{m,\mathrm{TE}}(\zeta)\boldsymbol{m}_{m\lambda}^{(1)}(h) + I_{m,\mathrm{TM}}(\zeta)\boldsymbol{n}_{m\lambda}^{(1)}(h)]\mathrm{e}^{\mathrm{i}hz}\mathrm{d}\zeta \qquad (6.1.14)$$

把式 (6.1.14) 代入式 (6.1.9) 的右边，可得

$$\left(\frac{1}{2\pi}\right)^2 \xi \int_{-\infty}^{\infty} \mathrm{d}z \int_0^{2\pi} \hat{r} \times \boldsymbol{E}^i \cdot \hat{z}\mathrm{e}^{-\mathrm{i}m'\phi}\mathrm{e}^{-\mathrm{i}h_1 z}\mathrm{d}\phi = \frac{1}{2\pi}\xi \int_{-\infty}^{\infty} \mathrm{e}^{-\mathrm{i}k_0(\cos\psi - \cos\zeta)z}\mathrm{d}z$$

$$\times \int_0^{\pi} \left[-I_{m',\mathrm{TE}}(\zeta)\lambda \frac{\mathrm{d}}{\mathrm{d}(\lambda r_0)} J_{m'}(\lambda r_0) - I_{m',\mathrm{TM}}(\zeta)\frac{hm'}{k_0}\lambda \frac{1}{\lambda r_0} J_{m'}(\lambda r_0) \right] \mathrm{d}\zeta \qquad (6.1.15)$$

在推导式 (6.1.15) 时用到如式 (2.2.7) 的复指数函数的正交性。把 m' 用 m 来代替 (符号上的代替)，并考虑到式 (6.1.13) 中狄拉克 δ 函数的性质，则可得

$$\left(\frac{1}{2\pi}\right)^2 \xi \int_{-\infty}^{\infty} \mathrm{d}z \int_0^{2\pi} \hat{r} \times \boldsymbol{E}^i \cdot \hat{z}\mathrm{e}^{-\mathrm{i}m\phi}\mathrm{e}^{-\mathrm{i}hz}\mathrm{d}\phi$$

$$= -\xi \frac{\mathrm{d}J_m(\lambda r_0)}{\mathrm{d}(\lambda r_0)} I_{m,\mathrm{TE}}(\zeta) - \frac{hm}{k_0} J_m(\lambda r_0) I_{m,\mathrm{TM}}(\zeta) \qquad (6.1.16)$$

把式 (6.1.16) 代入式 (6.1.9)，则可得式 (6.1.9) 与式 (4.1.23) 是一致的。同理可证明式 (6.1.10) ~ 式 (6.1.12) 分别与 4.1.2 小节的式 (4.1.24) ~ 式 (4.1.26) 是一致的。

式 (6.1.9) ~ 式 (6.1.12) 中等号右边的项在单轴各向异性圆柱表面的积分用数值方法进行计算，其中关于 z 的无穷积分需要进行截断，为 $z = -N\lambda_0 \to N\lambda_0$。截断数 N 需要尝试着连续取较大的正整数来确定，直到数值结果满足一定的精度 (三个或三个以上有效数字) 为止。计算程序中，N 一般取 10 或 10 以上即可。

当式 (6.1.9) ~ 式 (6.1.12) 中等号右边的面积分计算出来之后，由它们组成的方程组即可求出未知的展开系数 $\alpha_m(\zeta)$、$\beta_m(\zeta)$、$F_{m1}(\zeta)$ 和 $F_{m2}(\zeta)$，进而可求出场分布和其他有关参量。本节计算如式 (4.1.27) 和式 (4.1.28) 所定义的近场和内场归一化强度分布。

下面计算如图 4.1.2 和图 4.1.3 所示单轴各向异性圆柱对波束散射的近场和内场的归一化强度分布。以 TE 模式的高斯波束为例给出了 Matlab 程序，其数值结果与 4.1.2 小节的结果一致，本节不再进行计算，读者可自行验证。

程序:

```
bochang=0.6328e-6;%入射波长
k0=2*pi/bochang;
%单轴各向异性圆柱参数
a1=sqrt(3)*k0;a1s=a1^2;
a2=sqrt(2)*k0;a2s=a2^2;
k1=a1;
%圆柱横截面半径
r0=5*bochang;
%波束入射角
bita=pi/4;
z0=0*bochang;
%梯形法求在圆柱表面的积分
stepph=0.01*pi;
phai=(0:stepph:2*pi).';lphai=length(phai);rphai=phai.';
juph=diag(stepph/2*([0,ones(1,lphai-1)]+[ones(1,lphai-1),0]));
x=r0*cos(phai);y=r0*sin(phai);
stepz=0.01*bochang;
z=-12*bochang:stepz:12*bochang;lz=length(z);rz=z.';
juz=diag(stepz/2*([0,ones(1,lz-1)]+[ones(1,lz-1),0]));
xz=x*ones(1,lz);yz=y*ones(1,lz);zz=ones(lphai,1)*z;
x1=cos(bita)*xz+sin(bita)*zz;y1=yz;z1=z0-sin(bita)*xz+cos(bita)
    *zz;
%高斯波束的三阶近似描述
w0=3*bochang;%高斯波束的束腰半径
s=1/(k0*w0);
zetax=x1/w0;yitay=y1/w0;srou=zetax.^2+yitay.^2;
ksaiz=z1*s/w0;Q=1./(i-2*ksaiz);
zfai0=i*Q.*exp(-i*Q.*srou).*exp(i*k0*z1);
Ex1=-s^2*2*Q.^2.*zetax.*yitay.*zfai0;
Ey1=(1+s^2*(i*Q.^3.*srou.^2-Q.^2.*srou-2*Q.^2.*yitay.^2)).*
    zfai0;
Ez1=(s*2*Q.*yitay+s^3*(-6*Q.^3.*srou.*yitay+2*i*Q.^4.*srou.^2.*
    yitay)).*zfai0;
Hx1=-(1+s^2*(i*Q.^3.*srou.^2-Q.^2.*srou-2*Q.^2.*zetax.^2)).*
    zfai0;
Hy1=-Ex1;Hz1=-(s*2*Q.*zetax+s^3*(-6*Q.^3.*srou.*zetax+2*i*Q.^4.
    *srou.^2.*zetax)).*zfai0;
%
Ex=cos(bita)*Ex1-sin(bita)*Ez1;Ey=Ey1;Ez=sin(bita)*Ex1
    +cos(bita)*Ez1;
```

```
Hx=cos(bita)*Hx1-sin(bita)*Hz1;Hy=Hy1;Hz=sin(bita)*Hx1
    +cos(bita)*Hz1;
%求和与积分用
js=30;%m的截断数
step1=0.01*pi;
%做伪色图用
fai=0;fai1=pi;
x1=0:0.05*bochang:5*bochang;
x2=5*bochang:-0.05*bochang:0.05*bochang;
xx1=5.05*bochang:0.05*bochang:15*bochang;
xx2=15*bochang:-0.05*bochang:5.05*bochang;
z1=(15*bochang:-0.05*bochang:-15*bochang).';
%求散射场和内场
Eisr1=0;Eisfai1=0;Eisz1=0;Eisr2=0;Eisfai2=0;Eisz2=0;
Eiwr1=0;Eiwfai1=0;Eiwz1=0;Eiwr2=0;Eiwfai2=0;Eiwz2=0;
for m=-js:js
  mm=abs(m)
  Esr1=0;Esfai1=0;Esz1=0;Esr2=0;Esfai2=0;Esz2=0;
  Ewr1=0;Ewfai1=0;Ewz1=0;Ewr2=0;Ewfai2=0;Ewz2=0;
for ksai=step1:step1:pi-step1
    h=k0*cos(ksai);
lamda=k0*sin(ksai);
    lamda1=sqrt(k1^2-h^2);
    k2=sqrt(a1s*a2s+(a1s-a2s)*h^2)/a1;
    lamda2=sqrt(k2^2-h^2);
    beta2e=-i*a1s*a2/sqrt((a1s-h^2)*(a1s*a2s+(a1s-a2s)*h^2));
    gama2e=-(a1s-a2s)/a1s*a1*a2*h*sqrt(a1s-h^2)/(a1s*a2s+(a1s-
         a2s)*h^2);
    zeta=lamda*r0;zeta1=lamda1*r0;zeta2=lamda2*r0;
    a11=zeta*1/2*(besselh(m-1,zeta)-besselh(m+1,zeta));
    a12=cos(ksai)*m*besselh(m,zeta);
    a13=-zeta1*1/2*(besselj(m-1,zeta1)-besselj(m+1,zeta1));
    a14=-besselj(m,zeta2)*(beta2e*h*m/k2-i*m*gama2e);
    a21=0;a22=zeta^2*besselh(m,zeta);
 a23=0;a24=-k0/k2*zeta2^2*besselj(m,zeta2)*(beta2e+gama2e*i*h*k2
    /lamda2^2);
    a31=a12;a32=a11;a33=-m*cos(ksai)*besselj(m,zeta1);
         a34=-k2/k0*beta2e*zeta2*1/2*(besselj(m-1,zeta2)-
             besselj(m+1,zeta2));
    a41=a22;a42=0;a43=-zeta1^2*besselj(m,zeta1);a44=0;
      b1=exp(-i*m*rphai).*cos(rphai)*juph*Ey*juz*exp(-i*h*rz)
```

```
            -exp(-i*m*rphai).*sin(rphai)*juph*Ex*juz*exp(-i*h*
            rz);
      b1=b1*zeta/(2*pi)^2;
      b2=exp(-i*m*rphai)*juph*Ez*juz*exp(-i*h*rz);
      b2=-b2*k0*r0*zeta/(2*pi)^2; b3=exp(-i*m*rphai).*cos(rphai)*
         juph*Hy*juz*exp(-i*h*rz)-exp(-i*m*rphai).*sin(rphai)*
         juph*Hx*juz*exp(-i*h*rz);
      b3=i*b3*zeta/(2*pi)^2;
      b4=exp(-i*m*rphai)*juph*Hz*juz*exp(-i*h*rz);
      b4=-i*b4*k0*r0*zeta/(2*pi)^2;
%构造方程组求展开系数
      a=[a11,a12,a13,a14;a21,a22,a23,a24;a31,a32,a33,a34;
        a41,a42,a43,a44];
      b=[b1;b2;b3;b4];
xy=a\b;
%
         Esr1=Esr1+exp(i*h*z1)*step1*(xy(1)*i*lamda/2*(besselh
            (m-1,lamda*xx1)+besselh(m+1,lamda*xx1))+xy(2)*i*
            cos(ksai)*lamda*1/2*(besselh(m-1,lamda*xx1)-
            besselh(m+1,lamda*xx1)));
         Esfai1=Esfai1+exp(i*h*z1)*step1*(xy(1)*(-1)*lamda*1/2*
            (besselh(m-1,lamda*xx1)-besselh(m+1,lamda*xx1))
            +xy(2)*(-1)*cos(ksai)*lamda/2*(besselh(m-1,
            lamda*xx1)+besselh(m+1,lamda*xx1)));
         Esz1=Esz1+exp(i*h*z1)*step1*(xy(2)*sin(ksai)*lamda*
            besselh(m,lamda*xx1));
%
         Esr2=Esr2+exp(i*h*z1)*step1*(xy(1)*i*lamda/2*(besselh
            (m-1,lamda*xx2)+besselh(m+1,lamda*xx2))+xy(2)*i*
            cos(ksai)*lamda*1/2*(besselh(m-1,lamda*xx2)-
            besselh(m+1,lamda*xx2)));
         Esfai2=Esfai2+exp(i*h*z1)*step1*(xy(1)*(-1)*lamda*1/2*
            (besselh(m-1,lamda*xx2)-besselh(m+1,lamda*xx2))+
            xy(2)*(-1)*cos(ksai)*lamda/2*(besselh(m-1,lamda*
            xx2)+besselh(m+1,lamda*xx2)));
         Esz2=Esz2+exp(i*h*z1)*step1*(xy(2)*sin(ksai)*lamda*
            besselh(m,lamda*xx2));
%
         Ewr1=Ewr1+exp(i*h*z1)*step1*xy(3)*i*lamda1/2*(besselj
            (m-1,lamda1*x1)+besselj(m+1,lamda1*x1))+exp(i*h*
            z1)*step1*xy(4)*(beta2e*i*h/k2+gama2e)*lamda2*1/2*
```

```
                (besselj(m-1,lamda2*x1)-besselj(m+1,lamda2*x1));
            Ewfai1=Ewfai1+exp(i*h*z1)*step1*xy(3)*(-1)*lamda1*1/2*
                (besselj(m-1,lamda1*x1)-besselj(m+1,lamda1*x1))
                +exp(i*h*z1)*step1*xy(4)*(beta2e*(-1)*h/k2+i*
                gama2e)*lamda2/2*(besselj(m-1,lamda2*x1)+besselj
                (m+1,lamda2*x1));
        Ewz1=Ewz1+exp(i*h*z1)*step1*xy(4)*(beta2e*lamda2^2/k2+i*h*
            gama2e)*besselj(m,lamda2*x1);
%
        Ewr2=Ewr2+exp(i*h*z1)*step1*xy(3)*i*lamda1/2*(besselj
            (m-1,lamda1*x2)+besselj(m+1,lamda1*x2))+exp(i*h*
            z1)*step1*xy(4)*(beta2e*i*h/k2+gama2e)*lamda2*1/2*
            (besselj(m-1,lamda2*x2)-besselj(m+1,lamda2*x2));
        Ewfai2=Ewfai2+exp(i*h*z1)*step1*xy(3)*(-1)*lamda1*1/2*
                (besselj(m-1,lamda1*x2)-besselj(m+1,lamda1*x2))
                +exp(i*h*z1)*step1*xy(4)*(beta2e*(-1)*h/k2+i*
                gama2e)*lamda2/2*(besselj(m-1,lamda2*x2)+besselj
                (m+1,lamda2*x2));
        Ewz2=Ewz2+exp(i*h*z1)*step1*xy(4)*(beta2e*lamda2^2/k2+i*h*
            gama2e)*besselj(m,lamda2*x2);
end
  Eisr1=Eisr1+exp(i*m*fai)*Esr1;
  Eisfai1=Eisfai1+exp(i*m*fai)*Esfai1;
  Eisz1=Eisz1+exp(i*m*fai)*Esz1;
  Eisr2=Eisr2+exp(i*m*fai1)*Esr2;
  Eisfai2=Eisfai2+exp(i*m*fai1)*Esfai2;
  Eisz2=Eisz2+exp(i*m*fai1)*Esz2;
  Eiwr1=Eiwr1+exp(i*m*fai)*Ewr1;
  Eiwfai1=Eiwfai1+exp(i*m*fai)*Ewfai1;
  Eiwz1=Eiwz1+exp(i*m*fai)*Ewz1;
  Eiwr2=Eiwr2+exp(i*m*fai1)*Ewr2;
  Eiwfai2=Eiwfai2+exp(i*m*fai1)*Ewfai2;
  Eiwz2=Eiwz2+exp(i*m*fai1)*Ewz2;
end
lxx1=length(xx1);lxx2=length(xx2);lz1=length(z1);
zxx1=repmat(xx1,lz1,1);zxx2=repmat(-xx2,lz1,1);zx1=repmat(z1,1,
      lxx1);zx2=repmat(z1,1,lxx2);
%
x1=cos(bita)*zxx1+sin(bita)*zx1;y1=zeros(lz1,lxx1);z1=z0-sin
    (bita)*zxx1+cos(bita)*zx1;
%高斯波束
```

```
zetax=x1/w0;yitay=y1/w0;srou=zetax.^2+yitay.^2;
ksaiz=z1*s/w0;Q=1./(i-2*ksaiz);
zfai0=i*Q.*exp(-i*Q.*srou).*exp(i*k0*z1);
Ex1=-s^2*2*Q.^2.*zetax.*yitay.*zfai0;
Ey1=(1+s^2*(i*Q.^3.*srou.^2-Q.^2.*srou-2*Q.^2.*yitay.^2)).*
    zfai0;
Ez1=(s*2*Q.*yitay+s^3*(-6*Q.^3.*srou.*yitay+2*i*Q.^4.*srou.^2.*
    yitay)).*zfai0;
Eiir1=cos(bita)*Ex1-sin(bita)*Ez1;Eiifai1=Ey1;Eiiz1=sin(bita)*
    Ex1+cos(bita)*Ez1;
%
x1=cos(bita)*zxx2+sin(bita)*zx2;y1=zeros(lz1,lxx2);z1=z0-sin
    (bita)*zxx2+cos(bita)*zx2;
%高斯波束
zetax=x1/w0;yitay=y1/w0;srou=zetax.^2+yitay.^2;
ksaiz=z1*s/w0;Q=1./(i-2*ksaiz);
zfai0=i*Q.*exp(-i*Q.*srou).*exp(i*k0*z1);
Ex1=-s^2*2*Q.^2.*zetax.*yitay.*zfai0;
Ey1=(1+s^2*(i*Q.^3.*srou.^2-Q.^2.*srou-2*Q.^2.*yitay.^2)).*
    zfai0;
Ez1=(s*2*Q.*yitay+s^3*(-6*Q.^3.*srou.*yitay+2*i*Q.^4.*srou.^2.*
    yitay)).*zfai0;
Eiir2=-1*(cos(bita)*Ex1-sin(bita)*Ez1);Eiifai2=-Ey1;
Eiiz2=sin(bita)*Ex1+cos(bita)*Ez1;
%求散射强度分布
C1=abs(Eiir2+Eisr2).^2+abs(Eiifai2+Eisfai2).^2+abs(Eiiz2+Eisz2)
    .^2;
%C1=abs(Eisr2).^2+abs(Eisfai2).^2+abs(Eisz2).^2;
C2=abs(Eiwr2).^2+abs(Eiwfai2).^2+abs(Eiwz2).^2;
C3=abs(Eiwr1).^2+abs(Eiwfai1).^2+abs(Eiwz1).^2;
C4=abs(Eiir1+Eisr1).^2+abs(Eiifai1+Eisfai1).^2+abs(Eiiz1+Eisz1)
    .^2;
%C=[sqrt(C1),sqrt(C2),sqrt(C3),sqrt(C4)];
C=[C1,C2,C3,C4];
X=-15:0.05:15;
Z=(15:-0.05:-15)';
pcolor(X,Z,C);
shading interp
```

下面计算第 5 章介绍的 $\text{TEM}_{10}^{(x')}$ 模厄米–高斯波束、$\text{TEM}_{dn}^{(\text{rad})}$ 模拉盖尔–高斯波束和零阶贝塞尔波束入射单轴各向异性圆柱 ($r_0 = 5\lambda_0$, $a_1^2 = 3k_0^2$, $a_2^2 = 2k_0^2$,

$\mu = \mu_0$) 在 xOz 平面上的归一化强度分布, 分别如图 6.1.2 ~ 图 6.1.4 所示。此时只需把本小节所提供程序中的高斯波束描述换成相应波束的描述即可。图 6.1.2 中 $\mathrm{TEM}_{10}^{(x')}$ 模厄米–高斯波束参数为 $z_0 = 0$, $\beta = \pi/4$, $w_0 = 3\lambda_0$。图 6.1.3 中 $\mathrm{TEM}_{\mathrm{dn}}^{(\mathrm{rad})}$ 模拉盖尔–高斯波束参数为 $z_0 = 0$, $\beta = \pi/4$, $w_0 = 3\lambda_0$。图 6.1.4 中零阶贝塞尔波束参数为 $z_0 = 0$, $\beta = \pi/4$, $\psi = \pi/3$。

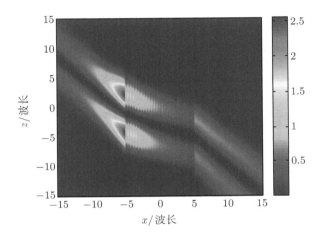

图 6.1.2　单轴各向异性圆柱对 $\mathrm{TEM}_{10}^{(x')}$ 模厄米–高斯波束散射的归一化强度分布

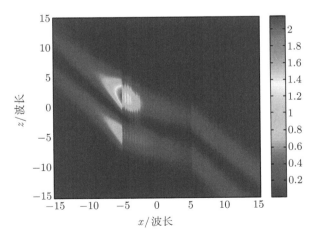

图 6.1.3　单轴各向异性圆柱对 $\mathrm{TEM}_{\mathrm{dn}}^{(\mathrm{rad})}$ 模拉盖尔–高斯波束散射的归一化强度分布

从图 6.1.2 ~ 图 6.1.4 可看出, 单轴各向异性圆柱的反射较小, $\mathrm{TEM}_{\mathrm{dn}}^{(\mathrm{rad})}$ 模拉盖尔–高斯波束经过单轴各向异性圆柱后的波形畸变较大, 零阶贝塞尔波束经过单轴各向异性圆柱传播一段距离后与入射时较一致。

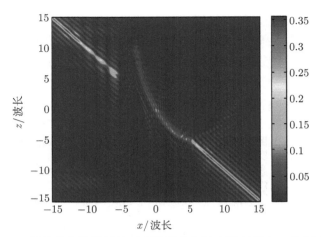

图 6.1.4   单轴各向异性圆柱对零阶贝塞尔波束散射的归一化强度分布

6.1.2   回旋各向异性圆柱对任意波束的散射

把图 6.1.1 中的单轴各向异性圆柱换成回旋各向异性圆柱，就成为本小节介绍的回旋各向异性圆柱对任意波束散射的示意图。

采用与 6.1.1 小节相同的理论步骤，其中回旋各向异性圆柱的散射场仍可表示为式 (6.1.1) 和式 (6.1.2)，内部场仍然可表示为式 (6.1.3) 和式 (6.1.4) 的形式，且已在 4.1.4 小节中给出。对于回旋各向异性圆柱的情况，对应于式 (6.1.9) ∼ 式 (6.1.12)，有如下的形式：

$$
\xi \frac{\mathrm{d}}{\mathrm{d}\xi} H_m^{(1)}(\xi)\alpha_m(\zeta) + \frac{hm}{k_0} H_m^{(1)}(\xi)\beta_m(\zeta)
$$

$$
- \sum_{q=1}^{2} F_{mq}(\zeta) \left[\alpha_q^e(\zeta)\xi_q \frac{\mathrm{d}}{\mathrm{d}\xi_q} J_m(\xi_q) + \beta_q^e(\zeta)\frac{hm}{k_q} J_m(\xi_q) - \gamma_q^e(\zeta)\mathrm{i}m J_m(\xi_q) \right]
$$

$$
= \left(\frac{1}{2\pi}\right)^2 \frac{1}{E_0} \xi \int_{-\infty}^{\infty} \mathrm{d}z \int_0^{2\pi} \hat{r} \times \boldsymbol{E}^i \cdot \hat{z}\mathrm{e}^{-\mathrm{i}m\phi}\mathrm{e}^{-\mathrm{i}hz}\mathrm{d}\phi \tag{6.1.17}
$$

$$
\xi^2 H_m^{(1)}(\xi)\beta_m(\zeta) - \sum_{q=1}^{2} F_{mq}(\zeta) \frac{k_0}{k_q}\xi_q^2 J_m(\xi_q) \left[\beta_q^e(\zeta) + \gamma_q^e(\zeta)\frac{\mathrm{i}h k_q}{\lambda_q^2} \right]
$$

$$
= \left(\frac{1}{2\pi}\right)^2 \frac{1}{E_0} (k_0 r_0)^2 \sin\zeta \int_{-\infty}^{\infty} \mathrm{d}z \int_0^{2\pi} \hat{r} \times \boldsymbol{E}^i \cdot \hat{\phi}\mathrm{e}^{-\mathrm{i}m\phi}\mathrm{e}^{-\mathrm{i}hz}\mathrm{d}\phi \tag{6.1.18}
$$

$$\frac{hm}{k_0} H_m^{(1)}(\xi) \alpha_m(\zeta) + \xi \frac{\mathrm{d}}{\mathrm{d}\xi} H_m^{(1)}(\xi) \beta_m(\zeta)$$

$$- \frac{\mu_0}{\mu} \sum_{q=1}^{2} F_{mq}(\zeta) \frac{k_q}{k_0} \left[\beta_q^e(\zeta) \xi_q \frac{\mathrm{d}}{\mathrm{d}\xi_q} J_m(\xi_q) + \alpha_q^e(\zeta) \frac{hm}{k_q} J_m(\xi_q) \right]$$

$$= \mathrm{i}\eta_0 \frac{1}{E_0} \left(\frac{1}{2\pi} \right)^2 \xi \int_{-\infty}^{\infty} \mathrm{d}z \int_0^{2\pi} \hat{r} \times \boldsymbol{H}^i \cdot \hat{z} \mathrm{e}^{-\mathrm{i}m\phi} \mathrm{e}^{-\mathrm{i}hz} \mathrm{d}\phi \qquad (6.1.19)$$

$$\xi^2 H_m^{(1)}(\xi) \alpha_m(\zeta) - \frac{\mu_0}{\mu} \sum_{q=1}^{2} F_{mq}(\zeta) \xi_q^2 J_m(\xi_q) \alpha_q^e(\zeta)$$

$$= \mathrm{i}\eta_0 \frac{1}{E_0} \left(\frac{1}{2\pi} \right)^2 (k_0 r_0)^2 \sin\zeta \int_{-\infty}^{\infty} \mathrm{d}z \int_0^{2\pi} \hat{r} \times \boldsymbol{H}^i \cdot \hat{\phi} \mathrm{e}^{-\mathrm{i}m\phi} \mathrm{e}^{-\mathrm{i}hz} \mathrm{d}\phi$$

$$(6.1.20)$$

各参数与 4.1.4 小节中的一致 ($\xi = \lambda r_0$、$\xi_1 = \lambda_1 r_0$ 和 $\xi_2 = \lambda_2 r_0$)。

与单轴各向异性圆柱同理，由式 (6.1.17) $\sim$ 式 (6.1.20) 组成的方程组可求出散射场和内场的展开系数，进而求出场分布。

下面计算如图 6.1.1 所示回旋各向异性圆柱 (参数为 $r_0 = 5\lambda_0$，$a_1^2 = 3k_0^2$，$a_2^2 = 2k_0^2$，$a_3^2 = 4k_0^2$，$\mu = \mu_0$) 对波束散射近场和内场的归一化强度分布。

同样，可以由程序验证 4.1.4 小节用解析方法计算的回旋各向异性圆柱对高斯波束散射的结果与本节用投影法计算的结果一致，在此不再提供二者的比较，只给出 $\mathrm{TEM}_{10}^{(x')}$ 模厄米–高斯波束、$\mathrm{TEM}_{\mathrm{dn}}^{(\mathrm{rad})}$ 模拉盖尔–高斯波束和零阶贝塞尔波束入射时的结果。图 6.1.5 中 $\mathrm{TEM}_{10}^{(x')}$ 模厄米–高斯波束参数为 $z_0 = 0$, $\beta = \pi/3$, $w_0 = 3\lambda_0$。图 6.1.6 中 $\mathrm{TEM}_{\mathrm{dn}}^{(\mathrm{rad})}$ 模拉盖尔–高斯波束参数为 $z_0 = 0$, $\beta = \pi/3$, $w_0 = 3\lambda_0$。图 6.1.7 中零阶贝塞尔波束参数为 $z_0 = 0$, $\beta = \pi/3$, $\psi = \pi/3$。

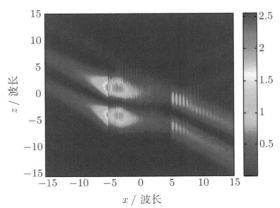

图 6.1.5　回旋各向异性圆柱对 $\mathrm{TEM}_{10}^{(x')}$ 模厄米–高斯波束散射的归一化强度分布

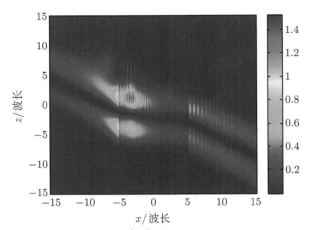

图 6.1.6   回旋各向异性圆柱对 $\mathrm{TEM}_{\mathrm{dn}}^{(\mathrm{rad})}$ 模拉盖尔–高斯波束散射的归一化强度分布

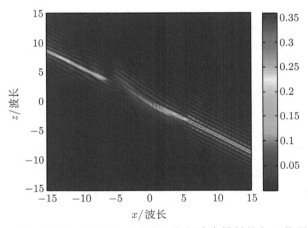

图 6.1.7   回旋各向异性圆柱对零阶贝塞尔波束散射的归一化强度分布

从图 6.1.5 ~ 图 6.1.7 可看出回旋各向异性圆柱有明显的反射,$\mathrm{TEM}_{10}^{(x')}$ 模厄米–高斯波束和 $\mathrm{TEM}_{\mathrm{dn}}^{(\mathrm{rad})}$ 模拉盖尔–高斯波束经过回旋各向异性圆柱后的波形畸变均较大,而零阶贝塞尔波束经过回旋各向异性圆柱传播一段距离后与入射时较一致。

6.1.3   单轴各向异性手征圆柱对任意波束的散射

把图 6.1.1 中的单轴各向异性圆柱换成单轴各向异性手征圆柱,就是本小节介绍的单轴各向异性手征圆柱对任意波束散射的示意图。

采用与 6.1.1 小节相同的理论步骤,其中单轴各向异性手征圆柱的散射场仍可表示为式 (6.1.1) 和式 (6.1.2),内部场的圆柱矢量波函数展开式已在 4.1.5 小节中给出,即式 (4.1.66) 和式 (4.1.70)。对于单轴各向异性手征圆柱的情况,对应于

式 (6.1.9) ~ 式 (6.1.12)，有如下的形式：

$$\left(\frac{1}{2\pi}\right)^2 \frac{1}{E_0}\xi \int_{-\infty}^{\infty} \mathrm{d}z \int_0^{2\pi} \hat{r} \times \boldsymbol{E}^i \cdot \hat{z}\mathrm{e}^{-\mathrm{i}m\phi}\mathrm{e}^{-\mathrm{i}hz}\mathrm{d}\phi$$

$$= \xi\frac{\mathrm{d}}{\mathrm{d}\xi}H_m^{(1)}(\xi)\alpha_m(\zeta) + \frac{hm}{k_0}H_m^{(1)}(\xi)\beta_m(\zeta)$$

$$- \sum_{q=1}^2 F_{mq}(\zeta)\left[A_q^e(\zeta)\xi_q\frac{\mathrm{d}}{\mathrm{d}\xi_q}J_m(\xi_q) + B_q^e(\zeta)\frac{hm}{k_q}J_m(\xi_q) - C_q^e(\zeta)\mathrm{i}mJ_m(\xi_q)\right] \tag{6.1.21}$$

$$\left(\frac{1}{2\pi}\right)^2 \frac{1}{E_0}(k_0r_0)^2\sin\zeta \int_{-\infty}^{\infty} \mathrm{d}z \int_0^{2\pi} \hat{r} \times \boldsymbol{E}^i \cdot \hat{\phi}\mathrm{e}^{-\mathrm{i}m\phi}\mathrm{e}^{-\mathrm{i}hz}\mathrm{d}\phi$$

$$= \xi^2 H_m^{(1)}(\xi)\beta_m(\zeta) - \sum_{q=1}^2 F_{mq}(\zeta)\frac{k_0}{k_q}\xi_q^2 J_m(\xi_q)\left[B_q^e(\zeta) + C_q^e(\zeta)\frac{\mathrm{i}hk_q}{\lambda_q^2}\right] \tag{6.1.22}$$

$$\mathrm{i}\eta_0\frac{1}{E_0}\left(\frac{1}{2\pi}\right)^2 \xi \int_{-\infty}^{\infty} \mathrm{d}z \int_0^{2\pi} \hat{r} \times \boldsymbol{H}^i \cdot \hat{z}\mathrm{e}^{-\mathrm{i}m\phi}\mathrm{e}^{-\mathrm{i}hz}\mathrm{d}\phi$$

$$= \frac{hm}{k_0}H_m^{(1)}(\xi)\alpha_m(\zeta) + \xi\frac{\mathrm{d}}{\mathrm{d}\xi}H_m^{(1)}(\xi)\beta_m(\zeta)$$

$$- \frac{\mu_0}{\mu}\sum_{q=1}^2 F_{mq}(\zeta)\left[A_q^h(\zeta)\xi_q\frac{\mathrm{d}}{\mathrm{d}\xi_q}J_m(\xi_q) + B_q^h(\zeta)\frac{hm}{k_q}J_m(\xi_q) - C_q^h(\zeta)\mathrm{i}mJ_m(\xi_q)\right] \tag{6.1.23}$$

$$\mathrm{i}\eta_0\frac{1}{E_0}\left(\frac{1}{2\pi}\right)^2 (k_0r_0)^2\sin\zeta \int_{-\infty}^{\infty} \mathrm{d}z \int_0^{2\pi} \hat{r} \times \boldsymbol{H}^i \cdot \hat{\phi}\mathrm{e}^{-\mathrm{i}m\phi}\mathrm{e}^{-\mathrm{i}hz}\mathrm{d}\phi$$

$$= \xi^2 H_m^{(1)}(\xi)\alpha_m(\zeta) - \frac{\mu_0}{\mu}\sum_{q=1}^2 F_{mq}(\zeta)\frac{k_0}{k_q}\xi_q^2 J_m(\xi_q)\left[B_q^h(\zeta) + C_q^h(\zeta)\frac{\mathrm{i}hk_q}{\lambda_q^2}\right] \tag{6.1.24}$$

各参数与 4.1.5 小节中的一致。

由式 (6.1.21) ~ 式 (6.1.24) 组成的方程组可求出散射场和内场的展开系数，进而求出如式 (4.1.27) 和式 (4.1.28) 所定义近场和内场的归一化强度分布。

同样，仍然可以由程序验证第 4 章采用解析方法计算的单轴各向异性手征圆柱对高斯波束散射的结果与本节采用投影法计算的结果一致，在此也不再提供二者的比较。与 6.1.1 和 6.1.2 小节一致，也只给出 $\mathrm{TEM}_{10}^{(x')}$ 模厄米–高斯波束、$\mathrm{TEM}_{\mathrm{dn}}^{(\mathrm{rad})}$ 模拉盖尔–高斯波束和零阶贝塞尔波束入射时的数值结果。

图 6.1.8 ~ 图 6.1.10 分别为计算如图 6.1.1 所示的单轴各向异性手征圆柱 (参数均为 $r_0 = 5\lambda_0$, $k_t = k_0$, $\varepsilon_z/\varepsilon_t = 2$, $\mu = \mu_0$, $\beta = \pi/3$) 对不同波束散射的归一化强度分布。图 6.1.8 中 $\mathrm{TEM}_{10}^{(x')}$ 模厄米–高斯波束参数为 $z_0 = 0$, $w_0 = 3\lambda_0$。图 6.1.9 中 $\mathrm{TEM}_{\mathrm{dn}}^{(\mathrm{rad})}$ 模拉盖尔–高斯波束参数为 $z_0 = 0$, $w_0 = 3\lambda_0$。图 6.1.10 中零阶贝塞尔波束参数为 $z_0 = 0$, $\psi = \pi/3$。

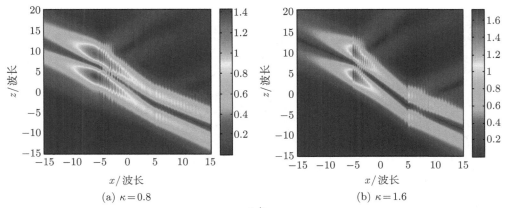

(a) $\kappa = 0.8$ (b) $\kappa = 1.6$

图 6.1.8　单轴各向异性手征圆柱对 $\mathrm{TEM}_{10}^{(x')}$ 模厄米–高斯波束散射的归一化强度分布

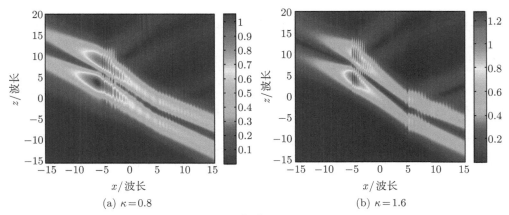

(a) $\kappa = 0.8$ (b) $\kappa = 1.6$

图 6.1.9　单轴各向异性手征圆柱对 $\mathrm{TEM}_{\mathrm{dn}}^{(\mathrm{rad})}$ 模拉盖尔–高斯波束散射的归一化强度分布

从图 6.1.8 ~ 图 6.1.10 可以看出单轴各向异性手征圆柱对入射波束有更强的反射，包括在圆柱外部和内部。$\mathrm{TEM}_{10}^{(x')}$ 模厄米–高斯波束和 $\mathrm{TEM}_{\mathrm{dn}}^{(\mathrm{rad})}$ 模拉盖尔–高斯波束经过单轴各向异性手征圆柱后波束有明显的扩展或分裂现象。零阶

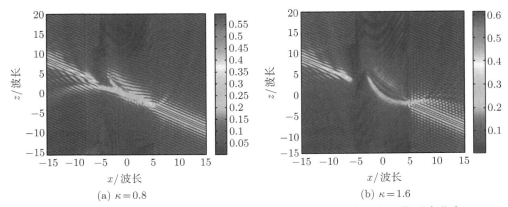

(a) $\kappa = 0.8$　　　　　　　　　　　(b) $\kappa = 1.6$

图 6.1.10　单轴各向异性手征圆柱对零阶贝塞尔波束散射的归一化强度分布

贝塞尔波束通过单轴各向异性手征圆柱传播时经历更多的反射和折射, 但仍然具有传播出圆柱一段距离后与入射时较一致的特性。

6.2　任意波束经过各向异性平板的传输

6.2.1　任意波束经过单轴各向异性平板的传输

把图 4.2.1 中的入射高斯波束换成任意波束, 就成为如图 6.2.1 所示的任意

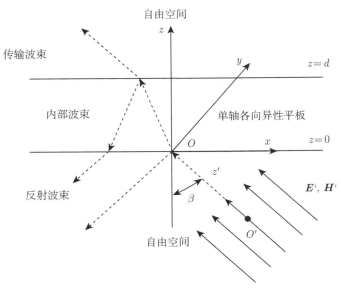

图 6.2.1　任意波束入射到单轴各向异性平板的示意图

波束入射到单轴各向异性平板的示意图。波束在直角坐标系 $O'x'y'z'$(波束坐标系)中描述，传播方向 $O'z'$ 在直角坐标系 $Oxyz$ 的 xOz 平面内，且与 Oz 轴的夹角为 β。原点 O 在 $O'x'y'z'$ 中的坐标为 $(0,0,z_0)$，平面 $z=0$ 和 $z=d$ 是无限大单轴各向异性平板与自由空间的分界面。

波束入射到分界面 $z=0$ 上的反射波束仍然可用如式 (4.2.4) 和式 (4.2.5) 的圆柱矢量波函数展开式表示，重写如下：

$$\boldsymbol{E}^r = \sum_{m=-\infty}^{\infty} \int_0^{\frac{\pi}{2}} \left[a_m(\zeta)\boldsymbol{m}_{m\lambda}^{(1)}(-h) + b_m(\zeta)\boldsymbol{n}_{m\lambda}^{(1)}(-h) \right] \exp(-\mathrm{i}hz)\mathrm{d}\zeta \qquad (6.2.1)$$

$$\boldsymbol{H}^r = -\mathrm{i}\frac{1}{\eta_0} \sum_{m=-\infty}^{\infty} \int_0^{\frac{\pi}{2}} \left[a_m(\zeta)\boldsymbol{n}_{m\lambda}^{(1)}(-h) + b_m(\zeta)\boldsymbol{m}_{m\lambda}^{(1)}(-h) \right] \exp(-\mathrm{i}hz)\mathrm{d}\zeta \quad (6.2.2)$$

单轴各向异性平板内部场的圆柱矢量波函数展开式在 4.2.1 小节已给出，其中向分界面 $z=d$ 传播波束的展开式重写如下：

$$\boldsymbol{E}_1^w = \sum_{q=1}^{2} \sum_{m=-\infty}^{\infty} \int_0^{\frac{\pi}{2}} E_{mq}(\zeta)\left[\alpha_q^e(\zeta)\boldsymbol{m}_{m\lambda}^{(1)}(h_q) \right.$$
$$\left. + \beta_q^e(\zeta)\boldsymbol{n}_{m\lambda}^{(1)}(h_q) + \gamma_q^e(\zeta)\boldsymbol{l}_{m\lambda}^{(1)}(h_q) \right]\mathrm{e}^{\mathrm{i}h_q z}\mathrm{d}\zeta \qquad (6.2.3)$$

$$\boldsymbol{H}_1^w = -\mathrm{i}\frac{1}{\eta_0}\frac{\mu_0}{\mu} \sum_{q=1}^{2} \sum_{m=-\infty}^{\infty} \int_0^{\frac{\pi}{2}} E_{mq}(\zeta)\frac{k_q}{k_0}\left[\alpha_q^e(\zeta)\boldsymbol{n}_{m\lambda}^{(1)}(h_q) + \beta_q^e(\zeta)\boldsymbol{m}_{m\lambda}^{(1)}(h_q) \right]\mathrm{e}^{\mathrm{i}h_q z}\mathrm{d}\zeta$$
$$(6.2.4)$$

向分界面 $z=0$ 传播波束的展开式为

$$\boldsymbol{E}_2^w = \sum_{q=1}^{2} \sum_{m=-\infty}^{\infty} \int_0^{\frac{\pi}{2}} F_{mq}(\zeta)\left[\alpha_q^e(\zeta)\boldsymbol{m}_{m\lambda}^{(1)}(-h_q) \right.$$
$$\left. + \beta_q^e(\zeta)\boldsymbol{n}_{m\lambda}^{(1)}(-h_q) - \gamma_q^e(\zeta)l_{m\lambda}^{(1)}(-h_q) \right]\mathrm{e}^{-\mathrm{i}h_q z}\mathrm{d}\zeta \qquad (6.2.5)$$

$$\boldsymbol{H}_2^w = -\mathrm{i}\frac{1}{\eta_0}\frac{\mu_0}{\mu} \sum_{q=1}^{2} \sum_{m=-\infty}^{\infty} \int_0^{\frac{\pi}{2}} F_{mq}(\zeta)\frac{k_q}{k_0}\left[\alpha_q^e(\zeta)\boldsymbol{n}_{m\lambda}^{(1)}(-h_q) \right.$$
$$\left. + \beta_q^e(\zeta)\boldsymbol{m}_{m\lambda}^{(1)}(-h_q) \right]\mathrm{e}^{-\mathrm{i}h_q z}\mathrm{d}\zeta \qquad (6.2.6)$$

式 (6.2.3) ～ 式 (6.2.6) 中的有关参数与式 (4.2.7) ～ 式 (4.2.11) 中给出的参数定义一致。

传输波束 ($z > d$ 区域内的场 $\boldsymbol{E}^t$ 和 $\boldsymbol{H}^t$) 仍可用式 (4.2.15) 和式 (4.2.16) 表示。

在分界面 $z = 0$ 上的边界条件可表示为

$$\hat{z} \times (\boldsymbol{E}^i + \boldsymbol{E}^r) = \hat{z} \times (\boldsymbol{E}_1^w + \boldsymbol{E}_2^w) \tag{6.2.7}$$

$$\hat{z} \times (\boldsymbol{H}^i + \boldsymbol{H}^r) = \hat{z} \times (\boldsymbol{H}_1^w + \boldsymbol{H}_2^w) \tag{6.2.8}$$

其中，$\boldsymbol{E}^i$ 和 $\boldsymbol{H}^i$ 分别为入射波束的电场和磁场强度。

在式 (6.2.7) 和式 (6.2.8) 两边分别点乘圆柱矢量波函数 $\boldsymbol{n}_{(-m')\lambda'}^{(1)}(h')$ 和 $\boldsymbol{m}_{(-m')\lambda'}^{(1)}(h')$，其中 $\lambda' = k_0 \sin\psi$ 和 $h' = k_0 \cos\psi$，并在分界面 $z = 0$ 上进行面积分可得

$$-a_m(\zeta) + E_{m1}(\zeta) + F_{m1}(\zeta) = \frac{1}{2\pi\mathrm{i}(-1)^m}\frac{k_0}{\lambda}\int_0^\infty r\mathrm{d}r\int_0^{2\pi}\boldsymbol{E}^i \times \boldsymbol{n}_{(-m)\lambda}^{(1)}(h)\cdot\hat{z}\mathrm{d}\phi \tag{6.2.9}$$

$$\frac{h}{k_0}b_m(\zeta) + [E_{m2}(\zeta) - F_{m2}(\zeta)]\left[\beta_2^e(\zeta)\frac{h_2}{k_2} - \mathrm{i}\gamma_2^e(\zeta)\right]$$

$$= \frac{\mathrm{i}}{2\pi(-1)^m}\frac{h}{\lambda}\int_0^\infty r\mathrm{d}r\int_0^{2\pi}\boldsymbol{E}^i \times \boldsymbol{m}_{(-m)\lambda}^{(1)}(h)\cdot\hat{z}\mathrm{d}\phi \tag{6.2.10}$$

$$\frac{h}{k_0}a_m(\zeta) + [E_{m1}(\zeta) - F_{m1}(\zeta)]\frac{h_1}{k_0}$$

$$= \frac{\mathrm{i}}{2\pi(-1)^m}\frac{h}{\lambda}\mathrm{i}\eta_0\int_0^\infty r\mathrm{d}r\int_0^{2\pi}\boldsymbol{H}^i \times \boldsymbol{m}_{(-m)\lambda}^{(1)}(h)\cdot\hat{z}\mathrm{d}\phi \tag{6.2.11}$$

$$b_m(\zeta) - [E_{m2}(\zeta) + F_{m2}(\zeta)]\frac{k_2}{k_0}\beta_2^e(\zeta)$$

$$= \frac{\mathrm{i}}{2\pi(-1)^m}\frac{k_0}{\lambda}\mathrm{i}\eta_0\int_0^\infty r\mathrm{d}r\int_0^{2\pi}\boldsymbol{H}^i \times \boldsymbol{n}_{(-m)\lambda}^{(1)}(h)\cdot\hat{z}\mathrm{d}\phi \tag{6.2.12}$$

从式 (6.2.7) 和式 (6.2.8) 推导式 (6.2.9) ～ 式 (6.2.12) 的过程中，用到了如下的关系式：

$$\sum_{m=-\infty}^{\infty}\int_0^{\frac{\pi}{2}}\mathrm{d}\zeta\int_0^\infty r\mathrm{d}r\int_0^{2\pi}\boldsymbol{m}_{m\lambda}^{(1)}(h_q) \times \boldsymbol{m}_{(-m')\lambda'}^{(1)}(h')\cdot\hat{z}\mathrm{d}\phi = 0 \tag{6.2.13}$$

$$\sum_{m=-\infty}^{\infty} \int_0^{\frac{\pi}{2}} \mathrm{d}\zeta \int_0^{\infty} r\mathrm{d}r \int_0^{2\pi} \boldsymbol{n}_{m\lambda}^{(1)}(h_q) \times \boldsymbol{m}_{(-m')\lambda'}^{(1)}(h') \cdot \hat{z}\mathrm{d}\phi = -2\pi\mathrm{i}(-1)^{m'} \frac{h_q}{k_q}\frac{\lambda'}{h'}$$

$$(6.2.14)$$

$$\sum_{m=-\infty}^{\infty} \int_0^{\frac{\pi}{2}} \mathrm{d}\zeta \int_0^{\infty} r\mathrm{d}r \int_0^{2\pi} \boldsymbol{m}_{m\lambda}^{(1)}(h_q) \times \boldsymbol{n}_{(-m')\lambda'}^{(1)}(h') \cdot \hat{z}\mathrm{d}\phi = 2\pi\mathrm{i}(-1)^{m'} \sin\psi$$

$$(6.2.15)$$

$$\sum_{m=-\infty}^{\infty} \int_0^{\frac{\pi}{2}} \mathrm{d}\zeta \int_0^{\infty} r\mathrm{d}r \int_0^{2\pi} \boldsymbol{n}_{m\lambda}^{(1)}(h_q) \times \boldsymbol{n}_{(-m')\lambda'}^{(1)}(h') \cdot \hat{z}\mathrm{d}\phi = 0 \qquad (6.2.16)$$

$$\sum_{m=-\infty}^{\infty} \int_0^{\frac{\pi}{2}} \mathrm{d}\zeta \int_0^{\infty} r\mathrm{d}r \int_0^{2\pi} \boldsymbol{l}_{m\lambda}^{(1)}(h_q) \times \boldsymbol{m}_{(-m')\lambda'}^{(1)}(h') \cdot \hat{z}\mathrm{d}\phi = -2\pi(-1)^{m'}\frac{\lambda'}{h'} \quad (6.2.17)$$

$$\sum_{m=-\infty}^{\infty} \int_0^{\infty} r\mathrm{d}r \int_0^{2\pi} \boldsymbol{l}_{m\lambda}^{(1)}(h_q) \times \boldsymbol{n}_{(-m')\lambda'}^{(1)}(h') \cdot \hat{z}\mathrm{d}\phi = 0 \qquad (6.2.18)$$

$$\frac{\delta(\lambda - \lambda')}{\lambda} = \int_0^{\infty} J_n(\lambda r)J_n(\lambda' r)r\mathrm{d}r \qquad (6.2.19)$$

其中，$\lambda = k_0\sin\zeta$；$h = k_0\cos\zeta$；$h_q = \sqrt{k_q^2 - \lambda^2}$ $(q=1,2)$。

下面以式 (6.2.13) 和式 (6.2.14) 为例证明。

考虑 2.1.3 小节中圆柱矢量波函数的表达式，则可得关系式：

$$\sum_{m=-\infty}^{\infty} \int_0^{\frac{\pi}{2}} \mathrm{d}\zeta \int_0^{\infty} r\mathrm{d}r \int_0^{2\pi} \boldsymbol{m}_{m\lambda}^{(1)}(h_q) \times \boldsymbol{m}_{(-m')\lambda'}^{(1)}(h') \cdot \hat{z}\mathrm{d}\phi$$

$$= -2\pi \int_0^{\frac{\pi}{2}} \mathrm{d}\zeta \int_0^{\infty} r\mathrm{d}r \left[\mathrm{i}\frac{m'}{r} J_{m'}(\lambda r)\frac{\partial}{\partial r} J_{(-m')}(\lambda' r) + \frac{\partial}{\partial r} J_{m'}(\lambda r)\mathrm{i}\frac{m'}{r} J_{(-m')}(\lambda' r) \right]$$

$$(6.2.20)$$

在推导式 (6.2.20) 时用到了如式 (2.2.7) 所示的复指数函数的正交性。

考虑到 2.2.2 小节中贝塞尔函数有递推关系式 (2.2.50) 和式 (2.2.51)，以及 $J_{(-n)}(x) = (-1)^n J_n(x)$，则式 (6.2.20) 可化为

$$\sum_{m=-\infty}^{\infty} \int_0^{\frac{\pi}{2}} \mathrm{d}\zeta \int_0^{\infty} r\mathrm{d}r \int_0^{2\pi} \boldsymbol{m}_{m\lambda}^{(1)}(h_q) \times \boldsymbol{m}_{(-m')\lambda'}^{(1)}(h') \cdot \hat{z}\mathrm{d}\phi$$

$$= -2\pi(-1)^{m'} \int_0^{\frac{\pi}{2}} \mathrm{d}\zeta\lambda\lambda' \int_0^{\infty} \frac{1}{2} \left[J_{m'-1}(\lambda r)J_{m'-1}(\lambda' r) - J_{m'+1}(\lambda r)J_{m'+1}(\lambda' r) \right] r\mathrm{d}r$$

$$(6.2.21)$$

考虑到式 (6.2.19)，则由式 (6.2.21) 可以证明式 (6.2.13)。

同理，考虑 2.1.3 小节中圆柱矢量波函数的表达式，则可得关系式：

$$\sum_{m=-\infty}^{\infty} \int_0^{\frac{\pi}{2}} d\zeta \int_0^{\infty} r dr \int_0^{2\pi} \boldsymbol{n}_{m\lambda}^{(1)}(h_q) \times \boldsymbol{m}_{(-m')\lambda'}^{(1)}(h') \cdot \hat{z} d\phi$$

$$= -2\pi i (-1)^{m'} \int_0^{\frac{\pi}{2}} d\zeta \frac{h_q}{k_q} \lambda\lambda' \int_0^{\infty} r dr \left[\frac{\partial}{\partial(\lambda r)} J_{m'}(\lambda r) \frac{\partial}{\partial(\lambda' r)} J_{m'}(\lambda' r) \right.$$

$$\left. + \frac{m'}{\lambda r} J_{m'}(\lambda r) \frac{m'}{\lambda' r} J_{m'}(\lambda' r) \right] \tag{6.2.22}$$

接下来，采用与从式 (6.2.20) 推导式 (6.2.21) 相同的思路，则可得式 (6.2.14)。

在推导式 (6.2.13) 和式 (6.2.14) 时用到了关系式 $\delta(\lambda - \lambda') = \frac{\delta(\zeta - \psi)}{k_0 \cos \psi}$。

应用式 (6.2.13) ～ 式 (6.2.19) 可以方便地推导出式 (6.2.9) ～ 式 (6.2.12)，还需注意的是，在推导的最后结果中还需要把 ψ 用 ζ 来代替 (只是表示符号的代替) 才能得到式 (6.2.9) ～ 式 (6.2.12)。

式 (6.2.7) 和式 (6.2.8) 与 4.2.1 小节的式 (4.2.17) 是一致的，则式 (6.2.9) ～ 式 (6.2.12) 与式 (4.2.19) ～ 式 (4.2.22) 也是一致的，以式 (6.2.9) 为例证明如下。

设入射波束具有如式 (4.2.1) ～ 式 (4.2.3) 的圆柱矢量波函数展开式。由于式 (6.2.9) 中 ζ 的取值为 $0 \sim \pi/2$，考虑在推导式 (6.2.13) ～ 式 (6.2.18) 时用到了式 (6.2.19)，所以有

$$\int_0^{\infty} r dr \int_0^{2\pi} \boldsymbol{E}^i \times \boldsymbol{n}_{(-m)\lambda}^{(1)}(h) \cdot \hat{z} d\phi = \int_0^{\infty} r dr \int_0^{2\pi} \boldsymbol{E}_1^i \times \boldsymbol{n}_{(-m)\lambda}^{(1)}(h) \cdot \hat{z} d\phi$$

$$= \sum_{m'=-\infty}^{\infty} \int_0^{\frac{\pi}{2}} d\psi \int_0^{\infty} r dr \int_0^{2\pi} \left[I_{m,\text{TE}}(\psi) \boldsymbol{m}_{m\lambda'}^{(1)}(h') \right.$$

$$\left. + I_{m,\text{TM}}(\psi) \boldsymbol{n}_{m\lambda'}^{(1)}(h') \right] \times \boldsymbol{n}_{(-m)\lambda}^{(1)}(h) \cdot \hat{z} d\phi \tag{6.2.23}$$

考虑到式 (6.2.15) 和式 (6.2.16)，则式 (6.2.23) 可化为

$$\int_0^{\infty} r dr \int_0^{2\pi} \boldsymbol{E}^i \times \boldsymbol{n}_{(-m)\lambda}^{(1)}(h) \cdot \hat{z} d\phi = I_{m,\text{TE}}(\zeta) 2\pi i (-1)^m \sin \zeta \tag{6.2.24}$$

把式 (6.2.24) 代入式 (6.2.9)，可得式 (4.2.19)。同理，可证明式 (6.2.10) ～ 式 (6.2.12) 与式 (4.2.20) ～ 式 (4.2.22) 是一致的，这也证明了本小节方法的正确性。

式 (6.2.9) ～ 式 (6.2.12) 等号右边包含入射电磁场的面积分, 一般情况下需要用数值的方法进行计算。关于坐标 r, 可以截断为 $r = 0$ 到 $N\lambda_0$(λ_0 为入射波束波长), N(截断数) 的确定需尝试着连续取较大的正整数, 直到获得一定精度的数值结果为止。在计算中, N 取 15 时一般可得到三个及三个以上有效数字精度的结果。

在分界面 $z = d$ 上的边界条件仍然由式 (4.2.18) 给出, 用式 (4.2.23) ～ 式 (4.2.26) 来具体表示。

式 (6.2.9) ～ 式 (6.2.12) 和式 (4.2.23) ～ 式 (4.2.26) 组成了一个关于未知展开系数 $a_m(\zeta)$、$b_m(\zeta)$、$c_m(\zeta)$、$d_m(\zeta)$、$E_{mq}(\zeta)$ 和 $F_{mq}(\zeta)(q = 1, 2)$ 的方程组, 求解方程组可得到展开系数, 进而求出场分布和有关参数。

本小节计算如式 (4.2.27) ～ 式 (4.2.29) 所定义的近场和内场归一化强度分布。

下面以 TE 模式的入射高斯波束为例, 提供了计算如图 4.2.1 和图 4.2.3 所示的高斯波束经过单轴各向异性平板的近场和内场归一化强度分布的 Matlab 程序。由该程序可验证其数值结果与 4.2.1 小节的一致性, 本小节不再进行计算以及二者的比较, 读者可自行验证。下面只给出 $\mathrm{TEM}_{10}^{(x')}$ 模厄米–高斯波束、$\mathrm{TEM}_{\mathrm{dn}}^{(\mathrm{rad})}$ 模拉盖尔–高斯波束和零阶贝塞尔波束入射时的数值结果。此时只需把程序中的高斯波束的描述换成相应波束的描述即可。

程序:

```
%入射高斯波束参数
bochang=0.6328e-6;k0=2*pi/bochang;
w0=3*bochang;s=1/(k0*w0);
z0=0*bochang;
%平板厚度
d=10*bochang;
%单轴各向异性媒质参数
a1=sqrt(3)*k0;a1s=a1^2;
a2=sqrt(2)*k0;a2s=a2^2;
k1=a1;
%高斯波束入射角
bita=pi/3;
%在z=0平面上求面积分用
stepr=0.005*bochang;
r=0:stepr:12*bochang;
rinv=r.';lr=length(r);
steph=0.005*pi;
phai=0:steph:2*pi;
phinv=phai.';
lphai=length(phai);
```

```
reph=repmat(phai,lr,1);
rju=diag(stepr/2*([0,ones(1,lr-1)]+[ones(1,lr-1),0]));
phju=diag(steph/2*([0,ones(1,lphai-1)]+[ones(1,lphai-1),0]));
%
x=rinv*cos(phai);
y=rinv*sin(phai);
x1=x*cos(bita);
y1=y;
z1=z0-x*sin(bita);
%高斯波束三阶近似描述
zetax=x1/w0;yitay=y1/w0;ksaiz=z1*s/w0;
Q=1./(i-2*ksaiz);srou=zetax.^2+yitay.^2;
zfai0=i*Q.*exp(-i*Q.*srou).*exp(i*k0*z1);
Ex1=-s^2*2*Q.^2.*zetax.*yitay.*zfai0;
Ey1=(1+s^2*(i*Q.^3.*srou.^2-Q.^2.*srou-2*Q.^2.*yitay.^2)).*
    zfai0;
Ez1=(s*2*Q.*yitay+s^3*(-6*Q.^3.*srou.*yitay+2*i*Q.^4.*srou.^2.*
    yitay)).*zfai0;
Hx1=-(1+s^2*(i*Q.^3.*srou.^2-Q.^2.*srou-2*Q.^2.*zetax.^2)).*
    zfai0;
Hy1=-Ex1;Hz1=-(s*2*Q.*zetax+s^3*(-6*Q.^3.*srou.*zetax+2*i*Q
    .^4.*srou.^2.*zetax)).*zfai0;
%
Ex=cos(bita)*Ex1-sin(bita)*Ez1;Ey=Ey1;
Hx=cos(bita)*Hx1-sin(bita)*Hz1;Hy=Hy1;
%
Er=Ex.*cos(reph)+Ey.*sin(reph);Efai=-Ex.*sin(reph)+Ey.*cos(reph
    );
Hr=Hx.*cos(reph)+Hy.*sin(reph);Hfai=-Hx.*sin(reph)+Hy.*cos(reph
    );
%求和与求积分用
js=30;
step1=0.005*pi;
%xoz平面
fai=0;fai1=pi;
x1=0:0.05*bochang:15*bochang;
x2=20*bochang:-0.05*bochang:0.05*bochang;
%三个区域
Z1=(-0.05*bochang:-0.05*bochang:-15*bochang)';
Z2=(10*bochang:-0.05*bochang:0*bochang)';
Z3=(20*bochang:-0.05*bochang:10.05*bochang)';
```

```
%求反射场、内部场和传输场
Eirr1=0;Eirfai1=0;Eirz1=0;Eirr2=0;Eirfai2=0;Eirz2=0;
Eiw1r1=0;Eiw1fai1=0;Eiw1z1=0;Eiw1r2=0;Eiw1fai2=0;Eiw1z2=0;
Eiw2r1=0;Eiw2fai1=0;Eiw2z1=0;Eiw2r2=0;Eiw2fai2=0;Eiw2z2=0;
Eitr1=0;Eitfai1=0;Eitz1=0;Eitr2=0;Eitfai2=0;Eitz2=0;
for m=-js:js
    mm=abs(m)
    Err1=0;Erfai1=0;Erz1=0;Err2=0;Erfai2=0;Erz2=0;
    Ew1r1=0;Ew1fai1=0;Ew1z1=0;Ew1r2=0;Ew1fai2=0;Ew1z2=0;
    Ew2r1=0;Ew2fai1=0;Ew2z1=0;Ew2r2=0;Ew2fai2=0;Ew2z2=0;
    Etr1=0;Etfai1=0;Etz1=0;Etr2=0;Etfai2=0;Etz2=0;
for ksai=0.01*pi:step1:pi/2-0.01*pi
        h=k0*cos(ksai);
lamda=k0*sin(ksai);
        k2=sqrt(a1s*a2s-(a1s-a2s)*lamda^2)/a2;
        h1=sqrt(k1^2-lamda^2);
        h2=sqrt(k2^2-lamda^2);
        beta2e=-i*a2^3/lamda/sqrt(a1s*a2s-(a1s-a2s)*lamda^2);
gama2e=-(a1s-a2s)*a2/a1*lamda*sqrt(a2s-lamda^2)/(a1s*a2s-(a1s-
        a2s)*lamda^2);
yinzi=beta2e*h2/k2-i*gama2e;
%贝塞尔函数的导数
        Jm1=r/2.*(besselj(m-1,lamda*r)-besselj(m+1,lamda*r));
%n倍的贝塞尔函数除以其宗量
        Jm2=r/2.*(besselj(m-1,lamda*r)+besselj(m+1,lamda*r));
%
        Em=i*h/(2*pi)*(Jm1*rju*(-Er)+i*Jm2*rju*Efai)*phju*exp(-
            i*m*phinv);
En=h/(i*2*pi)*(Jm2*rju*Er-i*Jm1*rju*Efai)*phju*exp(-i*m*
    phinv);
        Hm=-h/(2*pi)*(Jm1*rju*(-Hr)+i*Jm2*rju*Hfai)*phju*exp(-i
            *m*phinv);
Hn=-h/(2*pi)*(Jm2*rju*Hr-i*Jm1*rju*Hfai)*phju*exp(-i*m*phinv);
%构造方程组
        aTE=[-1,1,1,0;cos(ksai),h1/k0,-h1/k0,0;0,exp(i*h1*d),exp
            (-i*h1*d),-exp(i*h*d);0,exp(i*h1*d),-exp(-i*h1*d),-h
            /h1*exp(i*h*d)];
bTE=[En;Hm;0;0];
xTE=aTE\bTE;
    am=xTE(1);Em1=xTE(2);Fm1=xTE(3);cm=xTE(4);
    aTM=[cos(ksai),yinzi,-yinzi,0;1,-k2/k0*beta2e,-k2/k0*beta2e
```

```
        ,0;0,yinzi*exp(i*h2*d),-yinzi*exp(-i*h2*d),-cos(ksai)*
        exp(i*h*d);0,beta2e*exp(i*h2*d),beta2e*exp(-i*h2*d),-k0
        /k2*exp(i*h*d)];
bTM=[Em;Hn;0;0];
xTM=aTM\bTM;
    bm=xTM(1);Em2=xTM(2);Fm2=xTM(3);dm=xTM(4);
%%%%%%%%%%%%
        Err1=Err1+exp(-i*h*Z1)*step1*(am*i*lamda/2*(besselj(m-1,
            lamda*x1)+besselj(m+1,lamda*x1))+bm*i*(-1)*cos
            (ksai)*lamda/2*(besselj(m-1,lamda*x1)-besselj
            (m+1,lamda*x1)));
        Erfai1=Erfai1+exp(-i*h*Z1)*step1*(am*(-1)*lamda/2*
                (besselj(m-1,lamda*x1)-besselj(m+1,lamda*x1))+bm*
                cos(ksai)*lamda/2*(besselj(m-1,lamda*x1)+besselj
                (m+1,lamda*x1)));
    Erz1=Erz1+exp(-i*h*Z1)*step1*(bm*sin(ksai)*lamda*besselj(m,
        lamda*x1));
%
        Err2=Err2+exp(-i*h*Z1)*step1*(am*i*lamda/2*(besselj
                (m-1,lamda*x2)+besselj(m+1,lamda*x2))+bm*i*(-1)
                *cos(ksai)*lamda/2*(besselj(m-1,lamda*x2)-
                besselj(m+1,lamda*x2)));
        Erfai2=Erfai2+exp(-i*h*Z1)*step1*(am*(-1)*lamda/2*
                (besselj(m-1,lamda*x2)-besselj(m+1,lamda*x2))
                +bm*cos(ksai)*lamda/2*(besselj(m-1,lamda*x2)
                +besselj(m+1,lamda*x2)));
        Erz2=Erz2+exp(-i*h*Z1)*step1*(bm*sin(ksai)*lamda*
                besselj(m,lamda*x2));
    %%%%%%%%%%%%
        Ew1r1=Ew1r1+exp(i*h1*Z2)*step1*Em1*i*lamda/2*
                (besselj(m-1,lamda*x1)+besselj(m+1,lamda*
                x1))+exp(i*h2*Z2)*step1*Em2*(beta2e*i*h2/k2
                +gama2e)*lamda/2*(besselj(m-1,lamda*x1)-
                besselj(m+1,lamda*x1));
        Ew1fai1=Ew1fai1+exp(i*h1*Z2)*step1*Em1*(-1)*lamda/2*
                (besselj(m-1,lamda*x1)-besselj(m+1,lamda*
                x1))+exp(i*h2*Z2)*step1*Em2*(beta2e*(-1)*h2/
                k2+i*gama2e)*lamda/2*(besselj(m-1,lamda*x1)+
                besselj(m+1,lamda*x1));
        Ew1z1=Ew1z1+exp(i*h2*Z2)*step1*Em2*(beta2e*lamda^2/
                k2+i*h2*gama2e)*besselj(m,lamda*x1);
```

```
%
        Ew1r2=Ew1r2+exp(i*h1*Z2)*step1*Em1*i*lamda/2*
            (besselj(m-1,lamda*x2)+besselj(m+1,lamda*
            x2))+exp(i*h2*Z2)*step1*Em2*(beta2e*i*h2/k2
            +gama2e*lamda/2*(besselj(m-1,lamda*x2)-
            besselj(m+1,lamda*x2));
        Ew1fai2=Ew1fai2+exp(i*h1*Z2)*step1*Em1*(-1)*lamda
            /2*(besselj(m-1,lamda*x2)-besselj(m+1,lamda*
            x2))+exp(i*h2*Z2)*step1*Em2*(beta2e*(-1)*h2
            /k2+i*gama2e)*lamda/2*(besselj(m-1,lamda*x2)
            +besselj(m+1,lamda*x2));
        Ew1z2=Ew1z2+exp(i*h2*Z2)*step1*Em2*(beta2e*lamda^2/
            k2+i*h2*gama2e)*besselj(m,lamda*x2);
%%%%%%%%%%%%%
        Ew2r1=Ew2r1+exp(-i*h1*Z2)*step1*Fm1*i*lamda/2*
            (besselj(m-1,lamda*x1)+besselj(m+1,lamda*
            x1))-exp(-i*h2*Z2)*step1*Fm2*(beta2e*i*h2/
            k2+gama2e)*lamda/2*(besselj(m-1,lamda*x1)-
            besselj(m+1,lamda*x1));
        Ew2fai1=Ew2fai1+exp(-i*h1*Z2)*step1*Fm1*(-1)*lamda/
            2*(besselj(m-1,lamda*x1)-besselj(m+1,lamda*
            x1))+exp(-i*h2*Z2)*step1*Fm2*(beta2e*h2/k2
            -i*gama2e)*lamda/2*(besselj(m-1,lamda*x1)+
            besselj(m+1,lamda*x1));
        Ew2z1=Ew2z1+exp(-i*h2*Z2)*step1*Fm2*(beta2e*lamda^2
            /k2+i*h2*gama2e)*besselj(m,lamda*x1);
%
        Ew2r2=Ew2r2+exp(-i*h1*Z2)*step1*Fm1*i*lamda/2*
            (besselj(m-1,lamda*x2)+besselj(m+1,lamda*
            x2))-exp(-i*h2*Z2)*step1*Fm2*(beta2e*i*h2/
            k2+gama2e)*lamda/2*(besselj(m-1,lamda*x2)
            -besselj(m+1,lamda*x2));
        Ew2fai2=Ew2fai2+exp(-i*h1*Z2)*step1*Fm1*(-1)*lamda
            /2*(besselj(m-1,lamda*x2)-besselj(m+1,lamda*
            x2))+exp(-i*h2*Z2)*step1*Fm2*(beta2e*h2/k2-
            i*gama2e)*lamda/2*(besselj(m-1,lamda*x2)+
            besselj(m+1,lamda*x2));
        Ew2z2=Ew2z2+exp(-i*h2*Z2)*step1*Fm2*(beta2e*lamda^2/
            k2+i*h2*gama2e)*besselj(m,lamda*x2);
%%%%%%%%%%%%%
        Etr1=Etr1+exp(i*h*Z3)*step1*(cm*i*lamda/2*(besselj
```

```
                  (m-1,lamda*x1)+besselj(m+1,lamda*x1))+dm*i*cos
                  (ksai)*lamda/2*(besselj(m-1,lamda*x1)-besselj
                  (m+1,lamda*x1)));
          Etfai1=Etfai1+exp(i*h*Z3)*step1*(cm*(-1)*lamda/2*
                  (besselj(m-1,lamda*x1)-besselj(m+1,lamda*x1))
                  +dm*(-1)*cos(ksai)*lamda/2*(besselj(m-1,lamda
                  *x1)+besselj(m+1,lamda*x1)));
         Etz1=Etz1+exp(i*h*Z3)*step1*(dm*sin(ksai)*lamda*
                  besselj(m,lamda*x1));
%

          Etr2=Etr2+exp(i*h*Z3)*step1*(cm*i*lamda/2*(besselj
                  (m-1,lamda*x2)+besselj(m+1,lamda*x2))+dm*i*cos
                  (ksai)*lamda/2*(besselj(m-1,lamda*x2)-besselj
                  (m+1,lamda*x2)));
          Etfai2=Etfai2+exp(i*h*Z3)*step1*(cm*(-1)*lamda/2*
                  (besselj(m-1,lamda*x2)-besselj(m+1,lamda*
                  x2))+dm*(-1)*cos(ksai)*lamda/2*(besselj(m-1,
                  lamda*x2)+besselj(m+1,lamda*x2)));
          Etz2=Etz2+exp(i*h*Z3)*step1*(dm*sin(ksai)*lamda*
                  besselj(m,lamda*x2));
end
%
 Eirr1=Eirr1+exp(i*m*fai)*Err1;
 Eirfai1=Eirfai1+exp(i*m*fai)*Erfai1;
 Eirz1=Eirz1+exp(i*m*fai)*Erz1;
 Eirr2=Eirr2+exp(i*m*fai1)*Err2;
 Eirfai2=Eirfai2+exp(i*m*fai1)*Erfai2;
 Eirz2=Eirz2+exp(i*m*fai1)*Erz2;
%
 Eiw1r1=Eiw1r1+exp(i*m*fai)*Ew1r1;
 Eiw1fai1=Eiw1fai1+exp(i*m*fai)*Ew1fai1;
 Eiw1z1=Eiw1z1+exp(i*m*fai)*Ew1z1;
 Eiw1r2=Eiw1r2+exp(i*m*fai1)*Ew1r2;
 Eiw1fai2=Eiw1fai2+exp(i*m*fai1)*Ew1fai2;
 Eiw1z2=Eiw1z2+exp(i*m*fai1)*Ew1z2;
%
 Eiw2r1=Eiw2r1+exp(i*m*fai)*Ew2r1;
 Eiw2fai1=Eiw2fai1+exp(i*m*fai)*Ew2fai1;
 Eiw2z1=Eiw2z1+exp(i*m*fai)*Ew2z1;
 Eiw2r2=Eiw2r2+exp(i*m*fai1)*Ew2r2;
 Eiw2fai2=Eiw2fai2+exp(i*m*fai1)*Ew2fai2;
```

```
 Eiw2z2=Eiw2z2+exp(i*m*fai1)*Ew2z2;
%
 Eitr1=Eitr1+exp(i*m*fai)*Etr1;
 Eitfai1=Eitfai1+exp(i*m*fai)*Etfai1;
 Eitz1=Eitz1+exp(i*m*fai)*Etz1;
 Eitr2=Eitr2+exp(i*m*fai1)*Etr2;
 Eitfai2=Eitfai2+exp(i*m*fai1)*Etfai2;
 Eitz2=Eitz2+exp(i*m*fai1)*Etz2;
end
x=0:0.05*bochang:15*bochang;
z=(-0.05*bochang:-0.05*bochang:-15*bochang)';
[X,Z]=meshgrid(x,z);
x1=X*cos(bita)+Z*sin(bita);y1=0;
z1=z0-X*sin(bita)+Z*cos(bita);
%高斯波束
zetax=x1/w0;yitay=y1/w0;ksaiz=z1*s/w0;
Q=1./(i-2*ksaiz);srou=zetax.^2+yitay.^2;
zfai0=i*Q.*exp(-i*Q.*srou).*exp(i*k0*z1);
Ex1=-s^2*2*Q.^2.*zetax.*yitay.*zfai0;
Ey1=(1+s^2*(i*Q.^3.*srou.^2-Q.^2.*srou-2*Q.^2.*yitay.^2)).*
    zfai0;
Ez1=(s*2*Q.*yitay+s^3*(-6*Q.^3.*srou.*yitay+2*i*Q.^4.*srou.^2.
    *yitay)).*zfai0;
%
Ex=cos(bita)*Ex1-sin(bita)*Ez1;Ey=Ey1;Ez=sin(bita)*Ex1+cos
    (bita)*Ez1;
%
Eiir1=Ex;Eiifai1=Ey;Eiiz1=Ez;
%%%%
x=-20*bochang:0.05*bochang:-0.05*bochang;
z=(-0.05*bochang:-0.05*bochang:-15*bochang)';
[X,Z]=meshgrid(x,z);
x1=X*cos(bita)+Z*sin(bita);
y1=0;
z1=z0-X*sin(bita)+Z*cos(bita);
%高斯波束
zetax=x1/w0;yitay=y1/w0;ksaiz=z1*s/w0;
Q=1./(i-2*ksaiz);srou=zetax.^2+yitay.^2;
zfai0=i*Q.*exp(-i*Q.*srou).*exp(i*k0*z1);
Ex1=-s^2*2*Q.^2.*zetax.*yitay.*zfai0;
Ey1=(1+s^2*(i*Q.^3.*srou.^2-Q.^2.*srou-2*Q.^2.*yitay.^2)).*
```

```
    zfai0;
Ez1=(s*2*Q.*yitay+s^3*(-6*Q.^3.*srou.*yitay+2*i*Q.^4.*srou.^2.*
    yitay)).*zfai0;
%
Ex=cos(bita)*Ex1-sin(bita)*Ez1;Ey=Ey1;Ez=sin(bita)*Ex1+cos(bita
    )*Ez1;
%
Eiir2=-Ex;Eiifai2=-Ey;Eiiz2=Ez;
%画伪色图
C1=[abs(Eiir2+Eirr2).^2+abs(Eiifai2+Eirfai2).^2+abs(Eiiz2+
    Eirz2).^2,abs(Eiir1+Eirr1).^2+abs(Eiifai1+Eirfai1).^2
    +abs(Eiiz1+Eirz1).^2];
C2=[abs(Eiw1r2+Eiw2r2).^2+abs(Eiw1fai2+Eiw2fai2).^2+abs
    (Eiw1z2+Eiw2z2).^2,
    abs(Eiw1r1+Eiw2r1).^2+abs(Eiw1fai1+Eiw2fai1).^2+abs(Eiw1z1
    +Eiw2z1).^2];
C3=[abs(Eitr2).^2+abs(Eitfai2).^2+abs(Eitz2).^2,abs(Eitr1).
    ^2+abs(Eitfai1).^2+abs(Eitz1).^2];
C=[C3;C2;C1];
X=-20:0.05:15;
Z=(20:-0.05:-15)';
pcolor(X,Z,C);
shading interp
```

下面给出不同波束入射单轴各向异性平板 (参数为 $d = 10\lambda_0$, $a_1^2 = 3k_0^2$, $a_2^2 = 2k_0^2$, $\mu = \mu_0$) 时在不同平面上的归一化强度分布。图 6.2.2(a) 和 (b) 分别为 $\mathrm{TEM}_{10}^{(x')}$ 模厄米–高斯波束 (参数 $z_0 = 0$, $w_0 = 3\lambda_0$, $\beta = \pi/3$) 在 xOz 平面和 $z = 0$ 平面上的归一化强度分布，与之相对比，图 6.2.2(c) 和 (d) 分别为其入射单轴各向异性平板时在 xOz 平面和 $z = d$ 平面上的归一化强度分布。

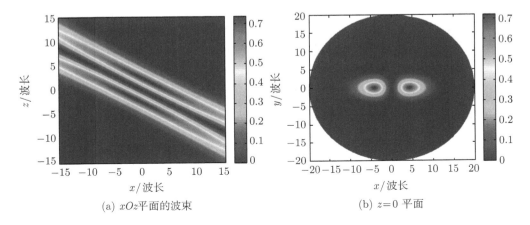

(a) xOz平面的波束　　　　　　　　　　(b) $z=0$ 平面

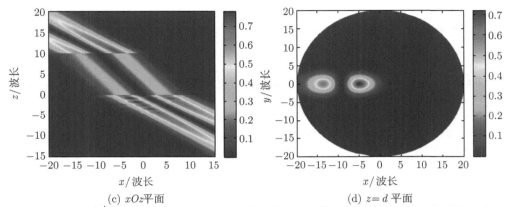

(c) xOz平面   (d) $z=d$ 平面

图 6.2.2 $\mathrm{TEM}_{10}^{(x')}$ 模厄米–高斯波束及其入射单轴各向异性平板时在不同平面上的归一化强
度分布

图 6.2.3(a) 和 (b) 分别为 $\mathrm{TEM}_{dn}^{(\mathrm{rad})}$ 模拉盖尔–高斯波束 ($z_0 = 0$, $w_0 = 3\lambda_0$,

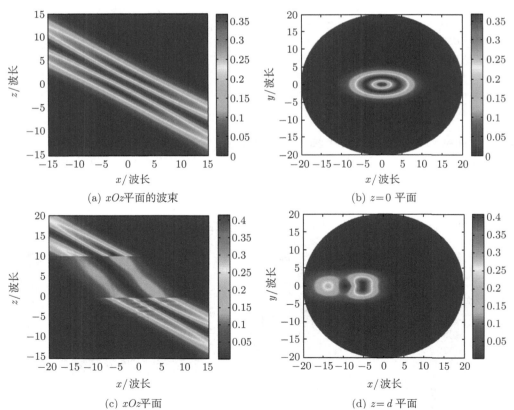

(a) xOz平面的波束   (b) $z=0$ 平面

(c) xOz平面   (d) $z=d$ 平面

图 6.2.3 $\mathrm{TEM}_{dn}^{(\mathrm{rad})}$ 模拉盖尔–高斯波束及其入射单轴各向异性平板时在不同平面上的归一化
强度分布

$\beta = \pi/3$) 在 xOz 平面和 $z = 0$ 平面上的归一化强度分布, 与之相对比, 图 6.2.3(c) 和 (d) 分别为其入射单轴各向异性平板时在 xOz 平面和 $z = d$ 平面上的归一化强度分布。

设零阶贝塞尔波束的参数为 $z_0 = 0$, $\psi = \pi/3$, $\beta = \pi/3$, 其在 xOz 平面上的归一化强度分布如图 6.2.4(a) 所示, 当零阶贝塞尔波束经过单轴各向异性平板传播时在 xOz 平面上的归一化强度分布如图 6.2.4(b) 所示。

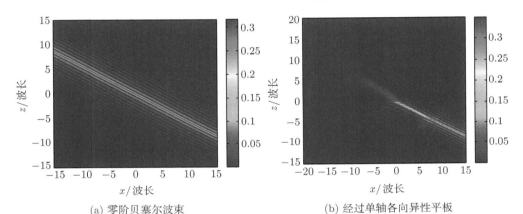

(a) 零阶贝塞尔波束　　　　　　　　　　(b) 经过单轴各向异性平板

图 6.2.4　零阶贝塞尔波束及其经过单轴各向异性平板传播时在 xOz 平面上的归一化强度分布

从图 6.2.2 ~ 图 6.2.4 可以看出, $\mathrm{TEM}_{\mathrm{dn}}^{(\mathrm{rad})}$ 模拉盖尔–高斯波束经过单轴各向异性平板后波形的畸变比 $\mathrm{TEM}_{10}^{(x')}$ 模厄米–高斯波束更明显, 而零阶贝塞尔波束经过单轴各向异性平板后传输波束的强度很小。

6.2.2　任意波束经过回旋各向异性平板的传输

把图 6.2.1 中的单轴各向异性平板换成回旋各向异性平板, 就成为本小节介绍的任意波束经过回旋各向异性平板传输的示意图。

采用与 6.2.1 小节相同的理论步骤, 其中分界面 $z = 0$ 上的反射波束仍由式 (6.2.1) 和式 (6.2.2) 表示, 回旋各向异性平板内部场的圆柱矢量波函数展开式已在 4.2.2 小节中给出, 即式 (4.2.30) 和式 (4.2.37) ~ 式 (4.2.39), 传输波束仍可用式 (4.2.15) 和式 (4.2.16) 表示。

对于回旋各向异性平板的情况, 对应于式 (6.2.9) ~ 式 (6.2.12), 有如下的形式:

$$-a_m(\zeta) + \sum_{q=1}^{2} [E_{mq}(\zeta) + F_{mq}(\zeta)]\alpha_q^e(\zeta)$$

$$= \frac{1}{2\pi\mathrm{i}(-1)^m} \frac{k_0}{\lambda} \int_0^\infty r\mathrm{d}r \int_0^{2\pi} \boldsymbol{E}^i \times \boldsymbol{n}_{(-m)\lambda}^{(1)} \cdot \hat{z}\mathrm{d}\phi \qquad (6.2.25)$$

$$\frac{h}{k_0}b_m(\zeta) + \sum_{q=1}^{2}\left[E_{mq}(\zeta) + F_{mq}(\zeta)\right]\left[\beta_q^e(\zeta)\frac{h_q}{k_q} - \mathrm{i}\gamma_q^e(\zeta)\right]$$

$$= \frac{\mathrm{i}}{2\pi(-1)^m}\frac{h}{\lambda}\int_0^{\infty}r\mathrm{d}r\int_0^{2\pi}\boldsymbol{E}^i \times \boldsymbol{m}_{(-m)\lambda}^{(1)}\cdot\hat{z}\mathrm{d}\phi \qquad (6.2.26)$$

$$\frac{h}{k_0}a_m(\zeta) + \frac{\mu_0}{\mu}\sum_{q=1}^{2}\left[E_{mq}(\zeta) - F_{mq}(\zeta)\right]\alpha_q^e(\zeta)\frac{h_q}{k_0}$$

$$= \frac{\mathrm{i}}{2\pi(-1)^m}\frac{h}{\lambda}\mathrm{i}\eta_0\int_0^{\infty}r\mathrm{d}r\int_0^{2\pi}\boldsymbol{H}^i \times \boldsymbol{m}_{(-m)\lambda}^{(1)}\cdot\hat{z}\mathrm{d}\phi \qquad (6.2.27)$$

$$b_m(\zeta) - \frac{\mu_0}{\mu}\sum_{q=1}^{2}\left[E_{mq}(\zeta) - F_{mq}(\zeta)\right]\beta_q^e(\zeta)\frac{k_q}{k_0}$$

$$= \frac{\mathrm{i}}{2\pi(-1)^m}\frac{k_0}{\lambda}\mathrm{i}\eta_0\int_0^{\infty}r\mathrm{d}r\int_0^{2\pi}\boldsymbol{H}^i \times \boldsymbol{n}_{(-m)\lambda}^{(1)}\cdot\hat{z}\mathrm{d}\phi \qquad (6.2.28)$$

与单轴各向异性平板一样,可以证明:当已知入射波束的圆柱矢量波函数展开式,则式 (6.2.25) ~ 式 (6.2.28) 与 4.2.2 小节的式 (4.2.40) ~ 式 (4.2.43) 是一致的。

式 (6.2.25) ~ 式 (6.2.28) 对应于在分界面 $z = 0$ 上的边界条件,而对应于在分界面 $z = d$ 上的边界条件,仍由式 (4.2.44) ~ 式 (4.2.47) 表示。

式 (6.2.25) ~ 式 (6.2.28) 和式 (4.2.44) ~ 式 (4.2.47) 组成了一个关于反射波束、平板内部波束和传输波束未知展开系数的方程组,求解方程组可得到展开系数,进而求出场分布和有关参数。本小节计算如式 (4.2.27) ~ 式 (4.2.29) 所定义的近场和内场归一化强度分布。

图 6.2.5 和图 6.2.6 分别是 $\mathrm{TEM}_{10}^{(x')}$ 模厄米–高斯波束 (与图 6.2.2(a) 和 (b)

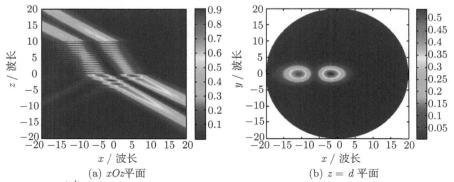

(a) xOz平面   (b) $z = d$ 平面

图 6.2.5 $\mathrm{TEM}_{10}^{(x')}$ 模厄米–高斯波束经过回旋各向异性平板传输时在不同平面上的归一化强度分布

相对应) 和 $\mathrm{TEM}_{\mathrm{dn}}^{(\mathrm{rad})}$ 模拉盖尔–高斯波束 (与图 6.2.3(a) 和 (b) 相对应) 经过回旋各向异性平板传输时的归一化强度分布，参数均为 $z_0 = 0$, $w_0 = 3\lambda_0$, $\beta = \pi/3$。

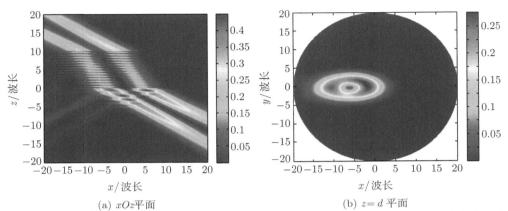

(a) xOz平面　　　　　　　　　　　　　　　　(b) $z = d$ 平面

图 6.2.6　$\mathrm{TEM}_{\mathrm{dn}}^{(\mathrm{rad})}$ 模拉盖尔–高斯波束经过回旋各向异性平板传输时在不同平面上的归一化强度分布

与单轴各向异性平板一样，下面只给出 $\mathrm{TEM}_{10}^{(x')}$ 模厄米–高斯波束、$\mathrm{TEM}_{\mathrm{dn}}^{(\mathrm{rad})}$ 模拉盖尔–高斯波束和零阶贝塞尔波束经过回旋各向异性平板 ($d = 10\lambda_0$, $a_1^2 = 3k_0^2$, $a_2^2 = 2k_0^2$, $a_3^2 = 4k_0^2$, $\mu = \mu_0$) 传输时的归一化强度分布。图 6.2.7 是零阶贝塞尔波束 ($z_0 = 0$, $\psi = \pi/3$, $\beta = \pi/3$) 经过回旋各向异性平板传输时在 xOz 平面上的归一化强度分布。

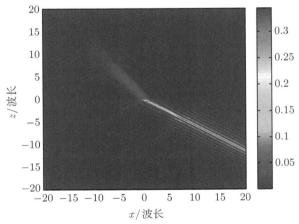

图 6.2.7　零阶贝塞尔波束经过回旋各向异性平板传输时在 xOz 平面上的归一化强度分布

6.2.3　任意波束经过单轴各向异性手征平板的传输

把图 6.2.1 中的单轴各向异性平板换成单轴各向异性手征平板，就成为本小节介绍的任意波束经过单轴各向异性手征平板传输的示意图。

采用与 6.2.1 小节相同的理论步骤，其中分界面 $z=0$ 上的反射波束仍由式 (6.2.1) 和式 (6.2.2) 表示，单轴各向异性手征平板内部场的圆柱矢量波函数展开式已在 4.2.3 小节中给出，即式 (4.2.48) 和式 (4.2.52) $\sim$ 式 (4.2.54)，传输波束仍可用式 (4.2.15) 和式 (4.2.16) 表示。

对于单轴各向异性手征平板的情况，对应于式 (6.2.9) $\sim$ 式 (6.2.12)，即对应于在分界面 $z=0$ 上的边界条件，此时有如下的形式：

$$\frac{h}{k_0}b_m(\zeta)+\sum_{q=1}^{2}\left[E_{mq}(\zeta)-F_{mq}(\zeta)\right]\left[\beta_q^e(\zeta)\frac{h_q}{k_q}-\mathrm{i}\gamma_q^e(\zeta)\right]$$

$$=\frac{\mathrm{i}}{2\pi(-1)^m}\frac{h}{\lambda}\int_0^\infty r\mathrm{d}r\int_0^{2\pi}\boldsymbol{E}^i\,|_{z=0}\times\boldsymbol{m}_{(-m)\lambda}^{(1)}\cdot\hat{z}\mathrm{d}\phi \tag{6.2.29}$$

$$-a_m(\zeta)+\sum_{q=1}^{2}\left[E_{mq}(\zeta)+F_{mq}(\zeta)\right]\alpha_q^e(\zeta)$$

$$=\frac{1}{2\pi\mathrm{i}(-1)^{m'}}\frac{k_0}{\lambda}\int_0^\infty r\mathrm{d}r\int_0^{2\pi}\boldsymbol{E}^i\,|_{z=0}\times\boldsymbol{n}_{(-m)\lambda}^{(1)}\cdot\hat{z}\mathrm{d}\phi \tag{6.2.30}$$

$$\frac{h}{k_0}a_m(\zeta)+\sum_{q=1}^{2}\left[E_{mq}(\zeta)-F_{mq}(\zeta)\right]\left[\beta_q^h(\zeta)\frac{h_q}{k_q}-\mathrm{i}\gamma_q^h(\zeta)\right]$$

$$=\frac{\mathrm{i}}{2\pi(-1)^m}\frac{h}{\lambda}\mathrm{i}\eta_0\int_0^\infty r\mathrm{d}r\int_0^{2\pi}\boldsymbol{H}^i\,|_{z=0}\times\boldsymbol{m}_{(-m)\lambda}^{(1)}\cdot\hat{z}\mathrm{d}\phi \tag{6.2.31}$$

$$b_m(\zeta)-\sum_{q=1}^{2}\left[E_{mq}(\zeta)+F_{mq}(\zeta)\right]\alpha_q^h(\zeta)$$

$$=\frac{\mathrm{i}}{2\pi(-1)^{m'}}\frac{k_0}{\lambda}\mathrm{i}\eta_0\int_0^\infty r\mathrm{d}r\int_0^{2\pi}\boldsymbol{H}^i\,|_{z=0}\times\boldsymbol{n}_{(-m)\lambda}^{(1)}\cdot\hat{z}\mathrm{d}\phi \tag{6.2.32}$$

与单轴各向异性平板一样，可以证明：当已知入射波束的圆柱矢量波函数展开式，则式 (6.2.29) $\sim$ 式 (6.2.32) 与 4.2.3 小节的式 (4.2.58) $\sim$ 式 (4.2.61) 是一致的。

式 (6.2.29) $\sim$ 式 (6.2.32) 对应于在分界面 $z=0$ 上的边界条件，而对应于在分界面 $z=d$ 上的边界条件，仍由式 (4.2.62) $\sim$ 式 (4.2.65) 表示。

式 (6.2.29) $\sim$ 式 (6.2.32) 和式 (4.2.62) $\sim$ 式 (4.2.65) 组成了一个关于反射波束、平板内部波束和传输波束未知展开系数的方程组，求解方程组可得到展开系数，进而求出场分布和有关参数。本小节仍然计算如式 (4.2.27) $\sim$ 式 (4.2.29) 所定义的近场和内场归一化强度分布。

与单轴各向异性平板一样，下面给出 $\mathrm{TEM}_{10}^{(x')}$ 模厄米–高斯波束、$\mathrm{TEM}_{dn}^{(rad)}$ 模拉盖尔–高斯波束和零阶贝塞尔波束经过单轴各向异性手征平板 ($d=10\lambda_0$, $k_t = k_0$, $\varepsilon_z/\varepsilon_t = 2$, $\mu = \mu_0$, $\beta = \pi/3$) 传输时的归一化强度分布。

图 6.2.8 是 $\mathrm{TEM}_{10}^{(x')}$ 模厄米–高斯波束 (参数均为 $z_0 = 0$, $w_0 = 3\lambda_0$, $\beta = \pi/3$, 与图 6.2.2(a) 和 (b) 相对应) 经过单轴各向异性手征平板传输时在不同平面上的归一化强度分布。其中，图 6.2.8(a) 和 (b) 对应 $\kappa = 0.4$, 图 6.2.8(c) 和 (d) 对应 $\kappa = 0.8$, 图 6.2.8(e) 和 (f) 对应 $\kappa = 1.6$。

图 6.2.9 是 $\mathrm{TEM}_{dn}^{(rad)}$ 模拉盖尔–高斯波束 (参数均为 $z_0 = 0$, $w_0 = 3\lambda_0$, $\beta = \pi/3$, 与图 6.2.3(a) 和 (b) 相对应) 经过单轴各向异性手征平板传输时在不同平面上的归一化强度分布。其中，图 6.2.9(a) 和 (b) 对应 $\kappa = 0.4$, 图 6.2.9(c) 和 (d) 对应 $\kappa = 0.8$, 图 6.2.9(e) 和 (f) 对应 $\kappa = 1.6$。

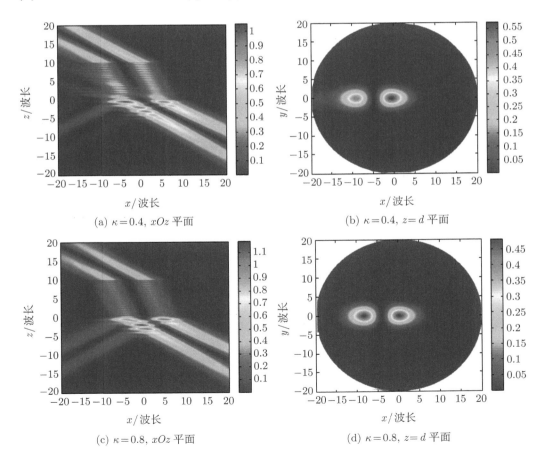

(a) $\kappa=0.4$, xOz 平面　　　(b) $\kappa=0.4$, $z=d$ 平面

(c) $\kappa=0.8$, xOz 平面　　　(d) $\kappa=0.8$, $z=d$ 平面

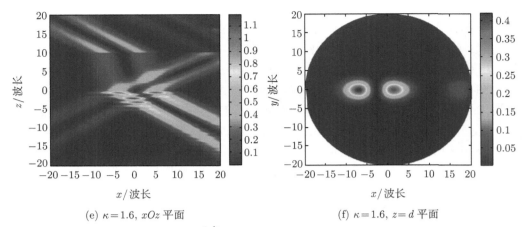

(e) $\kappa = 1.6$, xOz 平面　　　　　　　　　　　(f) $\kappa = 1.6$, $z = d$ 平面

图 6.2.8　在 κ 取不同值时，$\mathrm{TEM}_{10}^{(x')}$ 模厄米–高斯波束经过单轴各向异性手征平板传输时在 xOz 平面和 $z = d$ 平面上的归一化强度分布

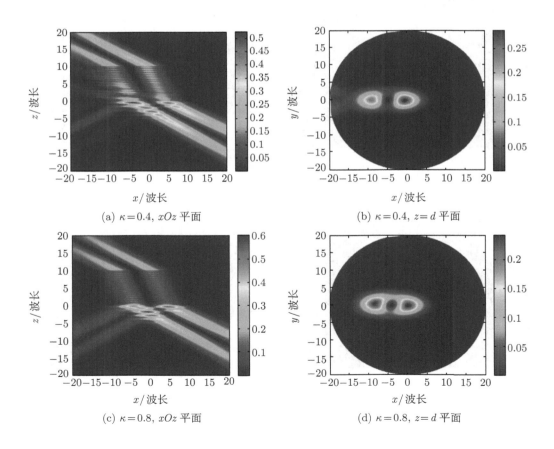

(a) $\kappa = 0.4$, xOz 平面　　　　　　　　　　　(b) $\kappa = 0.4$, $z = d$ 平面

(c) $\kappa = 0.8$, xOz 平面　　　　　　　　　　　(d) $\kappa = 0.8$, $z = d$ 平面

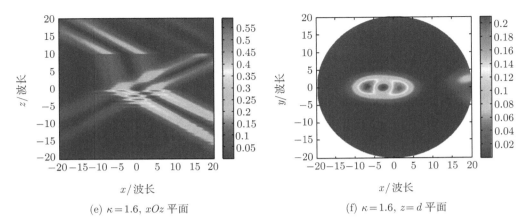

(e) $\kappa=1.6$, xOz 平面　　　　　　　　(f) $\kappa=1.6$, $z=d$ 平面

图 6.2.9　在 κ 取不同值时，$\text{TEM}_{dn}^{(rad)}$ 模拉盖尔–高斯波束经过单轴各向异性手征平板传输时在 xOz 平面和 $z=d$ 平面上的归一化强度分布

　　图 6.2.10 是零阶贝塞尔波束经过单轴各向异性手征平板传输时的归一化强度分布。其中，图 6.2.10(a) 对应 $\kappa=0.4$，图 6.2.10(b) 对应 $\kappa=0.8$，图 6.2.10(c) 对应 $\kappa=1.6$。

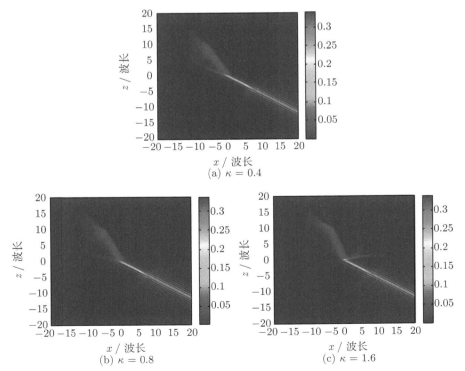

(a) $\kappa=0.4$

(b) $\kappa=0.8$　　　　　　　　　　(c) $\kappa=1.6$

图 6.2.10　零阶贝塞尔波束经过单轴各向异性手征平板传输时的归一化强度分布

从图 6.2.8 ∼ 图 6.2.10 可以看出,对于 $\mathrm{TEM}_{10}^{(x')}$ 模厄米–高斯波束和 $\mathrm{TEM}_{dn}^{(\mathrm{rad})}$ 模拉盖尔–高斯波束,当手征参数较小时 ($\kappa = 0.4$) 波束经过单轴各向异性手征平板具有明显的分裂现象;当手征参数适中时 ($\kappa = 0.8$) 分裂现象消失;当手征参数较大时 ($\kappa = 1.6$) 分裂现象重现,且出现了明显的负折射现象。对于零阶贝塞尔波束入射的情况,传输波束的强度一直比较小。

本章给出的理论和结果为计算任意波束经过各向异性圆柱和平板传输的半解析解,并以高斯波束入射单轴各向异性圆柱和平板为例给出了计算归一化强度分布的 Matlab 程序。理论上,如果已知任意波束的表达式,无论是其电场、磁场强度各分量在直角坐标系、球坐标系和圆柱坐标系等中的表达式,还是用相应的矢量波函数展开,本章的理论都是直接适用的。

问题与思考

(1) 6.1.1 小节中对式 (6.1.9) 与式 (4.1.23) 的一致性进行了证明,证明式 (6.1.10) ∼ 式 (6.1.12) 分别与 4.1.2 小节的式 (4.1.24) ∼ 式 (4.1.26) 的一致性。

(2) 在 6.1.1 小节提供的程序中把高斯波束换成 $\mathrm{TEM}_{10}^{(x')}$ 模厄米–高斯波束、$\mathrm{TEM}_{dn}^{(\mathrm{rad})}$ 模拉盖尔–高斯波束和零阶贝塞尔波束,并计算单轴各向异性圆柱对上述波束散射的归一化强度分布。

(3) 证明式 (6.1.17) ∼ 式 (6.1.20) 与式 (4.1.62) ∼ 式 (4.1.65) 的一致性。

(4) 证明式 (6.1.21) ∼ 式 (6.1.24) 与式 (4.1.74) ∼ 式 (4.1.77) 的一致性。

(5) 对于入射平面波,式 (6.1.9) ∼ 式 (6.1.12) 中等号右边的积分有解析结果,证明:

已知平面波

$$\boldsymbol{E}^i = \hat{y}E_0 \mathrm{e}^{\mathrm{i}k_0(-x\sin\alpha + z\cos\alpha)}, \quad \boldsymbol{H}^i = -\frac{E_0}{\eta_0}(\sin\alpha\hat{z} + \cos\alpha\hat{x})\mathrm{e}^{\mathrm{i}k_0(-x\sin\alpha + z\cos\alpha)}$$

则此时有

$$\int_{-\infty}^{\infty}\mathrm{d}z\int_0^{2\pi}\hat{r}\times\boldsymbol{E}^i\cdot\hat{z}\mathrm{e}^{-\mathrm{i}m\phi}\mathrm{e}^{-\mathrm{i}hz}\mathrm{d}\phi = E_0\frac{(2\pi)^2}{k_0\sin\zeta}(-\mathrm{i})^{m-1}\frac{\mathrm{d}}{\mathrm{d}\xi}J_m(\xi)\delta(\alpha - \zeta)$$

其中,$\delta(\alpha - \zeta)$ 为狄拉克 δ 函数。

推导

$$\int_{-\infty}^{\infty}\mathrm{d}z\int_0^{2\pi}\hat{r}\times\boldsymbol{H}^i\cdot\hat{z}\mathrm{e}^{-\mathrm{i}m\phi}\mathrm{e}^{-\mathrm{i}hz}\mathrm{d}\phi$$

和

$$\int_{-\infty}^{\infty}\mathrm{d}z\int_0^{2\pi}\hat{r}\times\boldsymbol{H}^i\cdot\hat{\phi}\mathrm{e}^{-\mathrm{i}m\phi}\mathrm{e}^{-\mathrm{i}hz}\mathrm{d}\phi$$

的积分结果。

提示：考虑式 (2.2.42) 可得

$$
\mathrm{e}^{\mathrm{i}k_0(-x\sin\alpha+z\cos\alpha)} = \mathrm{e}^{\mathrm{i}k_0\cos\alpha z} \sum_{m'=-\infty}^{\infty} \mathrm{i}^{m'} J_{m'}(k_0 r\sin\alpha)\mathrm{e}^{\mathrm{i}m'\phi}\mathrm{e}^{-\mathrm{i}m'\pi},
$$

并考虑式 (2.2.7) 复指数函数的正交性和式 (2.2.50)、式 (2.2.51) 即可证明。

(6) 6.2.1 小节中对式 (6.2.9) 与式 (4.2.19) 的一致性进行了证明，证明式 (6.2.10) ~ 式 (6.2.12) 分别与式 (4.2.20) ~ 式 (4.2.22) 的一致性。

(7) 把 6.2.1 小节提供的程序改编成用来计算 $\mathrm{TEM}_{10}^{(x')}$ 模厄米–高斯波束和 $\mathrm{TEM}_{\mathrm{dn}}^{(\mathrm{rad})}$ 模拉盖尔–高斯波束经过单轴各向异性平板传输时的归一化强度分布。

(8) 把 6.2.1 小节提供的程序改编成用来计算高斯波束经过回旋各向异性平板传输时的归一化强度分布。

(9) 把 6.2.1 小节提供的程序改编成用来计算高斯波束经过单轴各向异性手征平板传输时的归一化强度分布。

(10) 对于平面波，式 (6.2.9) ~ 式 (6.2.12) 中等号右边的积分有解析结果，证明：

已知平面波

$$
\boldsymbol{E}^i = \hat{y}E_0\mathrm{e}^{\mathrm{i}k_0(-x\sin\alpha+z\cos\alpha)}, \quad \boldsymbol{H}^i = -\frac{E_0}{\eta_0}(\sin\alpha\hat{z} + \cos\alpha\hat{x})\mathrm{e}^{\mathrm{i}k_0(-x\sin\alpha+z\cos\alpha)}
$$

则有

$$
\int_0^\infty r\mathrm{d}r \int_0^{2\pi} \boldsymbol{E}^i|_{z=0} \times \boldsymbol{n}_{(-m)\lambda}^{(1)} \cdot \hat{z}\mathrm{d}\phi = 2\pi\mathrm{i}^m\delta(\zeta-\alpha)/k_0
$$

其中，$\delta(\zeta-\alpha)$ 为狄拉克 δ 函数。

试推导

$$
\int_0^\infty r\mathrm{d}r \int_0^{2\pi} \boldsymbol{H}^i|_{z=0} \times \boldsymbol{m}_{(-m)\lambda}^{(1)} \cdot \hat{z}\mathrm{d}\phi
$$

和

$$
\int_0^\infty r\mathrm{d}r \int_0^{2\pi} \boldsymbol{H}^i|_{z=0} \times \boldsymbol{n}_{(-m)\lambda}^{(1)} \cdot \hat{z}\mathrm{d}\phi
$$

的结果。

参 考 文 献

[1] KATTAWAR G W, PLASS G N. Electromagnetic scattering from absorbing spheres[J]. Applied Optics, 1967, 6(8): 1377-1382.

[2] KERKER M, WANG D S, GILES C L. Electromagnetic scattering by magnetic spheres[J]. Journal of the Optical Society of America, 1983, 73(6): 765-767.

[3] BORGHESE F, DENTI P, SAIJA R, et al. Multiple electromagnetic scattering from a cluster of spheres. I. Theory[J]. Aerosol Science and Technology, 1984, 3(2): 227-235.

[4] BARBER P W, HILL S C. Light scattering by particles: Computational methods[M]. New Jersey: World Scientific, 1990.

[5] XU Y. Electromagnetic scattering by an aggregate of spheres[J]. Applied Optics, 1995, 34(21): 4573-4588.

[6] WRIEDT T. Generalized Multipole Techniques for Electromagnetic and Light Scattering[M]. Amsterdam: Elsevier, 1999.

[7] WISCOMBE W J. Mie Scattering Calculations: Advances in Technique and Fast, Vector-speed Computer Codes[M]. Boulder: University Corporation for Atmospheric Research, 1979.

[8] WISCOMBE W J. Improved Mie scattering algorithms[J]. Applied Optics, 1980, 19(9): 1505-1509.

[9] DE ROOIJ W A, STAP V D, C C A H. Expansion of Mie scattering matrices in generalized spherical functions[J]. Astronomy and Astrophysics, 1984, 131: 237-248.

[10] 王明军, 张华永. 粒子对波束散射的解析和半解析方法 [M]. 北京：科学出版社，2020.

[11] GRAGLIA R, USLENGHI P. Electromagnetic scattering from anisotropic materials, part I: General theory[J]. IEEE Transactions on Antennas and Propagation, 1984, 32(8):867-869.

[12] MONZON J C, DAMASKOS N J. Two-dimensional scattering by a homegeneous anisotropic rod[J]. IEEE Transactions on Antennas and Propagation, 1986, 34(10): 1243-1249.

[13] WU R B, CHEN C H. Variational reaction formulation of scattering problem for anisotropic dielectric cylinders[J]. IEEE Transactions on Antennas and Propagation, 1986, 34(5):640-645.

[14] GRAGLIA R D, USLENGHI P L E, ZICH R S. Moment method with isoparametric elements for three-dimensional anisotropic scatterers[J]. Proceedings of the IEEE, 1989, 77(5):750-760.

[15] VARADAN V V, LAKHTAKIA A. Scattering by three-dimensional anisotropic scatterers[J].IEEE Transactions on Antennas and Propagation, 1989, 37(6):800-802.

[16] MONZON J C. Three-dimensional field expansion in the most general rotationally sym-

metric anisotropic material: Application to scattering by a sphere[J]. IEEE Transactions on Antennas and Propagation, 1989, 37(6):728-735.

[17] PAPADAKIS S N, UZUNOGLU N K, CAPSALIS C N. Scattering of a plane wave by a general anisotropic dielectric ellipsoid[J]. Journal of the Optical Society of America A, 1990, 7(6):991-997.

[18] BEKER B, UMASHANKAR K R, TAFLOVE A. Electromagnetic scattering by arbitrarily shaped two-dimensional perfectly conducting objects coated with homogeneous anisotropic materials[J]. Electromagnetics, 1990, 10(4):387.

[19] BORGHESE F, DENTI P , SAIJA R, et al. Optical properties of model anisotropic particles on or near a perfectly reflecting surface[J]. Journal of the Optical Society of America A, 1995, 12(3):530-540.

[20] WU X B, YASUMOTO K. Three-dimensional scattering by an infinite homogeneous anisotropic circular cylinder: An analytical solution[J]. Journal of Applied Physics,1997, 82(5):1996-2003.

[21] MALYASKIN A V, SHULGA S N. Low frequency scattering of a plane wave by an anisotropic ellipsoid in anisotropic medium[J]. Journal of Communications Technology and Electronics, 2000, 45(10):1052-1058.

[22] GENG Y L, WU X B, LI L W. Mie scattering by a uniaxial anisotropic sphere[J]. Physical Review E Statistical Nonlinear and Soft Matter Physics, 2004, 70(5):056609.

[23] GENG Y L, WU X B. A plane electromagnetic wave scattering by a ferrite sphere[J]. Journal of Electromagnetic Waves and Applications, 2004, 18(2):161-179.

[24] 耿友林, 吴信宝, 官伯然. 两同心各向异性等离子体球电磁散射的解析解 [J]. 微波学报, 2004(4):1-6.

[25] GENG Y L, WU X B, LI L W. Electromagnetic scattering by an imhomogeneous plasma anisotropic sphere of multilayers[J]. IEEE Transactions on Antennas and Propagation, 2005, 53(12): 3982-3989.

[26] TARENTO R J, BENNEMANN K H, JOYES P, et al. Mie scattering of magnetic spheres[J]. Physical Review E, 2004, 69(2):026606.

[27] STOUT B, NEVIÈRE M, POPOV E. Mie scattering by an anisotropic object part I homogeneous sphere[J]. Journal of the Optical Society of America A, 2006, 23(5):1111-1123.

[28] STOUT B, NEVIÈRE M, POPOV E. Mie scattering by an anisotropic object. Part II. Arbitrary-shaped object: Differential theory[J]. Journal of the Optical Society of America A, 2006, 23(5):1124-1134.

[29] Qiu C W, LI L W, YEO T S, et al. Scattering by rotationally symmetric anisotropic spheres: Potential formulation and parametric studies[J]. Physical Review E Statal Nonlinear and Soft Matter Physics, 2007, 75(2):026609.

[30] QIU C W, ZOUHDI S, RAZEK A. Modified spherical wave functions with anisotropy ratio: Application to the analysis of scattering by multilayered anisotropic shells[J]. IEEE Transactions on Antennas and Propagation, 2007, 55(12):3515-3523.

[31] MAO S C, WU Z S. Scattering by an infinite homogenous anisotropic elliptic cylinder

in terms of Mathieu functions and Fourier series[J]. Journal of the Optical Society of America A, 2008, 25(12):2925-2931.

[32] 彭勇. 单轴各向异性介质球的高斯波束散射 [D]. 西安: 西安电子科技大学, 2008.

[33] WU Z S, YUAN Q K, PENG Y, et al. Internal and external electromagnetic fields for on-axis Gaussian beam scattering from a uniaxial anisotropic sphere[J]. Journal of the Optical Society of America A, 2009, 26(8):1778-1787.

[34] MAO S C, WU Z S, LI H Y. Three-dimensional scattering by an infinite homogeneous anisotropic elliptic cylinder in terms of Mathieu functions[J]. Journal of the Optical Society of America A, 2009, 26(11):2282-2291.

[35] DEGIORGIO V, POTENZA M A C, GIGLIO M. Scattering from anisotropic particles: A challenge for the optical theorem[J]. The European Physical Journal E, 2009, 29: 379-382.

[36] 李应乐，王明军，董群峰，等. 介质球的各向异性瑞利散射特性 [J]. 光子学报, 2010(39)：504-507.

[37] LI Y L, WANG M J, DONG Q F, et al. Rayleigh scattering for an electromagnetic anisotropic medium sphere[J]. Chinese Physics Letters, 2010, 27(5):94-97.

[38] 李应乐，王明军，董群锋. 各向异性介质椭球内电场的研究 [J]. 装备环境工程, 2010(7)：1-4.

[39] 李应乐，李瑾，王明军，等. 各向异性圆锥体的平面光波散射特性 [J]. 光学学报, 2011(10)：256-260.

[40] LI Z J, WU Z S, LI H Y. Analysis of electromagnetic scattering by uniaxial anisotropic bispheres[J]. Journal of the Optical Society of America A, 2011, 28(2):118-25.

[41] 李应乐，李瑾，王明军，等. 各向异性介质椭球的瑞利散射特性 [J]. 重庆理工大学学报, 2011(25): 101-106.

[42] 李应乐，李瑾，王明军，等. 基于多尺度理论的电各向异性介质椭球内电场 [J]. 强激光与粒子束，2011(23):1009-1012.

[43] 李应乐，李瑾，王明军，等. 均匀各向异性介质球散射的解析研究 [J]. 光学学报, 2012(32): 275-280.

[44] ZHANG H Y, HUANG Z X, SHI Y. Internal and near surface electromagnetic fields for a uniaxial anisotropic cylinder illuminated with a Gaussian beam[J]. Optics Express, 2013, 21(13): 15645-15653.

[45] LI Z J, WU Z S, BAI L. Electromagnetic scattering from uniaxial anisotropic bispheres located in a Gaussian beam[J]. Journal of Quantitative Spectroscopy and Radiative Transfer, 2013, 126:25-30.

[46] CHEN Z Z, ZHANG H Y, HUANG Z X, et al. Scattering of on-axis Gaussian beam by a uniaxial anisotropic object[J]. Journal of the Optical Society of America A, 2014, 31(11): 2545-2550.

[47] WANG J J, HAN Y P, WU Z F, et al. T-matrix method for electromagnetic scattering by a general anisotropic particle[J]. Journal of Quantitative Spectroscopy and Radiative Transfer, 2015, 162: 66-76.

[48] LI Z J, WU Z S, QU T, et al. Light scattering of a non-diffracting zero-order Bessel

beam by uniaxial anisotropic bispheres[J].Journal of Quantitative Spectroscopy and Radiative Transfer, 2015, 162: 56-65.

[49] LI Z J, WU Z S, QU T, et al. Multiple scattering of a zero-order Bessel beam with arbitrary incidence by an aggregate of uniaxial anisotropic spheres[J].Journal of Quantitative Spectroscopy and Radiative Transfer, 2016, 169: 1-13.

[50] QU T, WU Z, SHANG Q, et al. Scattering of plasma anisotropic spherical particle incident by a high-order Bessel beam[J]. Procedia Engineering, 2015, 102: 167-173.

[51] WANG J J, CHEN A T, HAN Y P, et al. Light scattering from an optically anisotropic particle illuminated by an arbitrary shaped beam[J].Journal of Quantitative Spectroscopy and Radiative Transfer, 2015, 167: 135-144.

[52] QU T, WU Z, SHANG Q, et al. Scattering of an anisotropic sphere by an arbitrarily incident Hermite-Gaussian beam[J].Journal of Quantitative Spectroscopy and Radiative Transfer, 2016, 170: 117-130.

[53] LI Z J, WU Z S, BAI J, et al. General theory on electromagnetic scattering of an off-axis Hermite-Gaussian beam by a rotationally uniaxial anisotropic spheroid[C]. 11th International Symposium on Antennas, Propagation and EM Theory (ISAPE), IEEE, Guilin, 2016: 447-450.

[54] 李瑾, 冯晓毅, 王明军. 各向异性空间中的格林函数 [J]. 陕西理工大学学报 (自然科学版), 2017(33) : 85-88.

[55] CHEN Z, ZHANG H, HUANG Z, et al. Shaped beam scattering by an anisotropic particle[J]. Journal of Quantitative Spectroscopy and Radiative Transfer, 2017, 189: 238-242.

[56] QU T, WU Z, SHANG Q, et al. Scattering and propagation of a Laguerre-Gaussian vortex beam by uniaxial anisotropic bispheres[J]. Journal of Quantitative Spectroscopy and Radiative Transfer, 2018, 209: 1-9.

[57] CHEN Z, ZHANG H, HUANG Z, et al. Shaped beam scattering by an object with a uniaxial anisotropic inclusion[J]. Optics and Laser Technology, 2019, 109: 84-89.

[58] KABURCUK F, DUMAN C. Analysis of light scattering from anisotropic particles using FDTD method[J]. Journal of Modern Optics, 2019, 66(18): 1777-1783.

[59] STRATTON J A. Electromagnetic Theory[M]. New York: Dover Publications, 1941.

[60] KONG J A. Eletromagnetic Waves Theory [M].Cambridge: EMW Publishing, 2008.

[61] LINDELL I V, TRETYAKOV S A, NIKOSKINEN K I, et al. Bw media-media with negative paremeters, capable of supporting backward waves[J]. Microwave and Optical Technology Letters, 2001, 3: 129-133.

[62] LUO H L, REN Z Z. Polarization-sensitive propagation in an anisotropic metamaterial with double-sheeted hyperboloid dispersion relation[J]. Optics Communications, 2007, 281(4): 501-507.

[63] 姜永远, 张永强, 时红艳, 等. 单轴各向异性左手介质表面的 Goos-Hanchen 位移 [J]. 物理学报, 2007(2):798-804.

[64] 程响响. 用磁性异向介质抑制共面天线间的表面波 [J]. 电波科学学报, 2014, 29(6):1140-1146.

[65] 张慧玲, 熊天信. 电磁波在双轴左手介质中的异常反射和折射 [J]. 四川师范大学学报 (自然科学版), 2010, 33(4): 505-508.

[66] JALAL, REZVANI M, ALAMDARLO, et al. Simulation of light interference by a biaxial thin film[J]. Optik-International Journal for Light and Electron Optics, 2017, 130: 393-397.

[67] 孔金欧. 电磁波理论 [M]. 吴季等, 译. 北京：电子工业出版社，2003.

[68] D. 郑钧. 电磁场与波 [M]. 赵姚同, 黎滨洪, 译. 上海：上海交通大学出版社，1984.

[69] KONG J A, Eletromagnetic Waves Theory [M]. Cambridge:EMW Publishing, 2008.

[70] HARRINGTON R F. Time-Harmonic Eletromagneic Fields [M]. New York: McGRAW HILL Book Company,1961.

[71] PENDRY J B, HOLDEN A J, STEWART W J, et al. Extremely low frequency plasmons in metallic mesostuctures [J]. Physical Review Letters, 1996, 76(25): 4773-4776.

[72] 林为干, 符果行, 邬琳若, 等. 电磁场理论 [M]. 北京：人民邮电出版社，1996.

[73] CHENG Q, CUI T J. Reflection and refraction properties of plane waves on the interface of uniaxially anisotropic chiral media [J].Journal of the Optical Society of America A, 2006, 23(12): 3203-3207.

[74] DAVIS L W. Theory of electromagnetic beams[J]. Physical Review A, 1979, 19(3): 1177-1179.

[75] BARTON J P, ALEXANDER D R. Fifth-order corrected electromagnetic field components for a fundamental Gaussian beam[J]. Journal of Applied Physics, 1989, 66(7):2800-2802.

[76] GOUESBET G, MAHEU B, GRÉHAN G. Light scattering from a sphere arbitrarily located in a Gaussian beam, using a Bromwich formulation[J]. Journal of the Optical Society of America A, 1988, 5(9):1427-1443.

[77] GOUESBET G, GRÉHAN G, MAHEU B. Computations of the g_n coefficients in the generalized Lorenz-Mie theory using three different methods[J]. Applied Optics, 1988, 27(23): 4874-4883.

[78] GOUESBET G, GRÉHAN G, MAHEU B. Localized interpretation to compute all the coefficients g_n^m in the generalized lorenz-mie theory[J]. Journal of the Optical Society of America A, 1990, 7(6):998-1007.

[79] DOICU A, WRIEDT T. Computation of the beam-shape coefficients in the generalized Lorenz-Mie theory by using the translational addition theorem for spherical vector wave functions[J]. Applied Optics, 1997, 36(13):2971-2978.

[80] EDMONDS A R, MENDLOWITZ H. Angular momentum in quantum mechanics[J]. Physics Today, 1958, 11(4):34-38.

[81] ZHANG H, HAN Y. Addition theorem for the spherical vector wave functions and its application to the beam shape coefficients[J]. Journal of the Optical Society of America B, 2008, 25(25):255-260.

[82] BARBER P, YEH C. Scattering of electromagnetic waves by arbitrarily shaped dielectric bodies[J]. Applied Optics, 1975, 14(12): 2864-2872.

[83] WANG D S, BARBER P W. Scattering by inhomogeneous nonspherical objects[J].

Applied Optics, 1979, 18(8): 1190-1197.

[84] TAI CT. Dyadic Green's Functions in Electromagnetic Theory[M]. Scranton: International Textbook Company, 1971.

附录 A　投影法在介质球形粒子对波束散射问题中的证明

第 5 章用投影法研究了各向异性粒子对任意波束的散射，对于球形粒子的情况有解析的形式，且可以证明与广义 Mie 理论 (GLMT) 是一致的。为简明起见，下面以各向同性的介质球形粒子为例给出证明。

设图 5.1.1 为任意波束入射介质球形粒子的示意图 (欧勒角 α 和 β 均为零)。散射场仍可表示为式 (5.1.1) 和式 (5.1.2)，介质球形粒子内部场用球矢量波函数展开为

$$\boldsymbol{E}^w = E_0 \sum_{n=1}^{\infty} \sum_{m=-n}^{n} \left[e_{mn} \boldsymbol{M}_{mn}^{r(1)}(k') + f_{mn} \boldsymbol{N}_{mn}^{r(1)}(k') \right] \tag{A1}$$

$$\boldsymbol{H}^w = -\mathrm{i}E_0 \frac{1}{\eta'} \sum_{n=1}^{\infty} \sum_{m=-n}^{n} \left[e_{mn} \boldsymbol{N}_{mn}^{r(1)}(k') + f_{mn} \boldsymbol{M}_{mn}^{r(1)}(k') \right] \tag{A2}$$

其中，$k' = k_0 \tilde{n}$，$\tilde{n}$ 为球形介质相对于自由空间的折射率；$\eta' = \dfrac{\eta_0}{\tilde{n}}$。

边界条件仍为式 (5.1.5) 和式 (5.1.6)，采用投影法的一般步骤，在该边界条件式两边分别点乘球矢量波函数 $\boldsymbol{M}_{m'n'}^{(1)}(k_0)$ 和 $\boldsymbol{N}_{m'n'}^{(1)}(k_0)$，并在球面 S' 上求面积分可得

$$\beta_{mn} \frac{1}{k_0 r_0} \frac{\mathrm{d}}{\mathrm{d}(k_0 r_0)} [k_0 r_0 h_n^{(1)}(k_0 r_0)] - f_{mn} \frac{1}{k' r_0} \frac{\mathrm{d}}{\mathrm{d}(k' r_0)} [k' r_0 j_n(k' r_0)]$$

$$= \frac{-1}{2\pi E_0 j_n(k_0 r_0)(-1)^{m+1} n(n+1) \dfrac{2}{2n+1}} \int_0^{\pi} \int_0^{2\pi} \boldsymbol{E}^i \big|_{r=r_0}$$

$$\times \boldsymbol{M}_{-mn}^{(1)}(k_0) \cdot \hat{r} \sin\theta \mathrm{d}\theta \mathrm{d}\phi \tag{A3}$$

$$\alpha_{mn} h_n^{(1)}(k_0 r_0) - e_{mn} j_n(k' r_0)$$

$$= \frac{-1}{2\pi E_0 \dfrac{1}{k_0 r_0} \dfrac{\mathrm{d}}{\mathrm{d}(k_0 r_0)} [k_0 r_0 j_n(k_0 r_0)](-1)^m n(n+1) \dfrac{2}{2n+1}} \int_0^{\pi} \int_0^{2\pi} \boldsymbol{E}^i \big|_{r=r_0}$$

$$\times \boldsymbol{N}_{-mn}^{(1)}(k_0) \cdot \hat{r} \sin\theta \mathrm{d}\theta \mathrm{d}\phi \tag{A4}$$

$$\alpha_{mn} \frac{1}{k_0 r_0} \frac{\mathrm{d}}{\mathrm{d}(k_0 r_0)} [k_0 r_0 h_n^{(1)}(k_0 r_0)] - e_{mn} \frac{\eta_0}{\eta'} \frac{1}{k' r_0} \frac{\mathrm{d}}{\mathrm{d}(k' r_0)} [k' r_0 j_n(k' r_0)]$$

$$= \frac{-\mathrm{i}}{2\pi E_0 j_n(k_0 r_0)(-1)^{m+1} n(n+1) \frac{2}{2n+1}} \int_0^\pi \int_0^{2\pi} \eta_0 \boldsymbol{H}^i|_{r=r_0}$$

$$\times \boldsymbol{M}_{-mn}^{(1)}(k_0) \cdot \hat{r} \sin\theta \mathrm{d}\theta \mathrm{d}\phi \tag{A5}$$

$$\beta_{mn} h_n^{(1)}(k_0 r_0) - f_{mn} \frac{\eta_0}{\eta'} j_n(k' r_0)$$

$$= \frac{-\mathrm{i}}{2\pi E_0 \frac{1}{k_0 r_0} \frac{\mathrm{d}}{\mathrm{d}(k_0 r_0)} [k_0 r_0 j_n(k_0 r_0)](-1)^m n(n+1) \frac{2}{2n+1}} \int_0^\pi \int_0^{2\pi} \eta_0 \boldsymbol{H}^i|_{r=r_0}$$

$$\times \boldsymbol{N}_{-mn}^{(1)}(k_0) \cdot \hat{r} \sin\theta \mathrm{d}\theta \mathrm{d}\phi \tag{A6}$$

在推导式 (A3) ～ 式 (A6) 时，用到了式 (2.1.13) 和式 (2.1.14)。

设入射波束有如式 (3.2.7) 和式 (3.2.8) 的展开式，代入式 (A3) ～ 式 (A6) 可得

$$\beta_{mn} \frac{1}{k_0 r_0} \frac{\mathrm{d}}{\mathrm{d}(k_0 r_0)} [k_0 r_0 h_n^{(1)}(k_0 r_0)] - f_{mn} \frac{1}{k' r_0} \frac{\mathrm{d}}{\mathrm{d}(k' r_0)} [k' r_0 j_n(k' r_0)]$$

$$= -G_{n,\mathrm{TM}}^m \frac{1}{k_0 r_0} \frac{\mathrm{d}}{\mathrm{d}(k_0 r_0)} [k_0 r_0 j_n(k_0 r_0)] \tag{A7}$$

$$\alpha_{mn} h_n^{(1)}(k_0 r_0) - e_{mn} j_n(k' r_0) = -G_{n,\mathrm{TE}}^m j_n(k_0 r_0) \tag{A8}$$

$$\alpha_{mn} \frac{1}{k_0 r_0} \frac{\mathrm{d}}{\mathrm{d}(k_0 r_0)} [k_0 r_0 h_n^{(1)}(k_0 r_0)] - e_{mn} \frac{\eta_0}{\eta'} \frac{1}{k' r_0} \frac{\mathrm{d}}{\mathrm{d}(k' r_0)} [k' r_0 j_n(k' r_0)]$$

$$= -G_{n,\mathrm{TE}}^m \frac{1}{k_0 r_0} \frac{\mathrm{d}}{\mathrm{d}(k_0 r_0)} [k_0 r_0 j_n(k_0 r_0)] \tag{A9}$$

$$\beta_{mn} h_n^{(1)}(k_0 r_0) - f_{mn} \frac{\eta_0}{\eta'} j_n(k' r_0) = -G_{n,\mathrm{TM}}^m j_n(k_0 r_0) \tag{A10}$$

式 (A7) ～ 式 (A10) 与广义 Mie 理论的结果一致。